U0908796

国家中等职业教育改革发展示范学校建设项目成果系列教材

电工技术基础与技能

黎宏生　陈海娟　主　编

黄　琛　覃丹莉　副主编

莫　慧　主　审

科学出版社

北　京

内 容 简 介

本书共8个单元，分别介绍了安全用电、白炽灯照明电路、直流电路、电路的特点、电磁理论、单相正弦交流电路和单户住宅的用电系统，同时安排了一个综合实训项目。

本书是理论与实训相结合的一体化教材。在基础知识的传授上强化了“做中学”的指导思想；在基本技能的训练上，以项目、任务为载体，按照大纲要求本书共设计了5个“实训项目”、1个“综合实训项目”和14个“实践活动”，通过设计安排“知识窗”和“小实验”等板块，强化和巩固了基础知识的学习。

本书可作为中等职业学校电类各专业的通用教材，也可供电工技术初学者参考。

图书在版编目（CIP）数据

电工技术基础与技能／黎宏生，陈海娟主编. —北京：科学出版社，2014
（国家中等职业教育改革发展示范学校建设项目成果系列教材）
ISBN 978-7-03-040773-3

Ⅰ. ①电… Ⅱ. ①黎… ②陈… Ⅲ. ①电工技术－中等专业学校－教材
Ⅳ. ①TM

中国版本图书馆CIP数据核字(2014)第111963号

责任编辑：李太铼 杜 晓／责任校对：马英菊
责任印制：吕春珉／封面设计：耕者设计工作室

科学出版社出版
北京东黄城根北街16号
邮政编码：100717
http://www.sciencep.com

北京虎彩文化传播有限公司印刷
科学出版社发行 各地新华书店经销
*
2014年10月第 一 版 开本：787×1092 1/16
2018年 9 月第四次印刷 印张：13 1/2
字数：320 000

定价：39.00元

（如有印装质量问题，我社负责调换〈虎彩〉）
销售部电话 010-62136230 编辑部电话 010-62130874 (ST03)

前　言

本书是根据国家人力资源和社会保障部颁发的相关工种国家职业标准和职业技能鉴定规范以及机电技术应用专业“四段渐进”工学结合人才培养方案编写的。

职业教育要“以就业为导向”，其教学水平质量，主要体现在学生对专业技能、技巧掌握的熟练程度。因此，专业课教学中的实践操作技能教学是职业技术教育不可或缺的一种教学形式。加强学生操作技能训练，在动手实践中锻炼过硬的本领，是提高职业教育教学水平的关键。

本书内容面向实际，面向岗位，与职业岗位“接轨”，将电工技术基础与技能与实际工作岗位中的实用技能训练相结合，在突出培养学生分析问题、解决问题和实践操作技能的同时，注重培养学生的综合素质和职业能力，以适应行业发展带来的职业岗位变化，突出职业教育的特色和本色，为学生的可持续发展奠定基础。

本书各单元有机地融入了工作岗位中的规程、规范，优化和精简了理论教学内容，主要介绍了电工技术中常用的开关、照明灯具等元器件的识别和检测；常用电工工具、万用表等仪器仪表的使用；白炽灯照明电路、日光灯照明电路、三相配电线路等常用基本电工线路的安装与检测。

本书采用图文并茂的表现形式，精彩展现教材内容，力求给学生营造一个更加直观的认知环境，降低学生的学习难度，激发学生的学习兴趣，以提高学生的实践操作技能，为今后从事生产实际工作奠定基础。

本书由黎宏生、陈海娟主编并负责全书的统稿，黄琛、覃丹莉任副主编。莫慧担任本书主审，提出了许多宝贵意见。黎宏生负责了单元1~3的编写，陈海娟负责了单元4~6的编写，覃丹莉负责了单元7和单元8的编写，黄琛负责了全书实验实训内容的编写，眭千里、黄虔、梁国鸣、唐明艳、郑本伦等老师也参与了本书内容的编写。另外，其中单元1、6、8得到了南宁化工股份有限公司韦学艺高级工程师结合企业情况的修改指导。

由于时间仓促以及编者的水平有限，书中难免存在不足之处，恳请广大读者提出宝贵意见，以便修订时加以完善。

目录

单元 1 安全用电

单元学习目标

知识目标

1. 了解实训室及操作台交、直流供电系统的电源配置。
2. 认识常用电工工具、仪器和仪表，以及它们的作用。
3. 谨记电工实训室安全操作规程、安全电压等安全用电常识，包括人体触电类型及常见原因。
4. 谨记电气火灾的防范及扑救常识 。
5. 掌握预防触电的保护措施 。
6. 了解保护接地原理。
7. 掌握保护接零的方法并了解其在技术中的应用。
8. 了解电气安全操作规程。

能力目标

1. 认识实验台上的交、直流供电的相关配置，正确识别常用电工工具、仪器和仪表，以及它们的作用 。
2. 懂得遵守实训室安全操作规程的重要性 。
3. 会应用安全用电常识及触电预防措施等。
4. 在电气操作中会保护人身和设备安全，防止触电事故发生。
5. 初步掌握触电现场的常用救护措施与处理方法。
6. 掌握试电笔及万用表的使用方法。
7. 学会电工安全操作技能。

 1.1 参观并初识电工实训室

电工实训室是学习电工知识、训练职业技能的重要场所。

在中等职业教育阶段，我们会有较多时间在实训室里操作，了解和熟悉实训室，是学好本课程的先决条件。那么就先看看我们自己的实训室吧!

1.1.1 实训室操作台交流、直流供电系统

图1.1 电工实训操作台

先整体参观电工实训室，对电工实训室的布局、设备设施有一个初步的印象，图1.1是电工实训室的实训操作台。

电工实训室的每个工位都有实训操作台，实训操作台上装有交流、直流电源，输出电压显示表，输出电流显示表，还有漏电保护装置等。它们构成了交、直流供电系统。电工实训室操作台上的交、直流供电系统是怎样配置的呢? 图 1.2(a) 就是实训室交、直流供电系统的总控制台面板。图 1.2(b) 是交流电压的输入控制面板，图 1.2(c) 则是交、直流混合输出控制面板，通过面板开关和调控器件的调整，它可以提供实训中所需要的多种不同的交、直流电压数值。这些是电工实训室的主要设备。

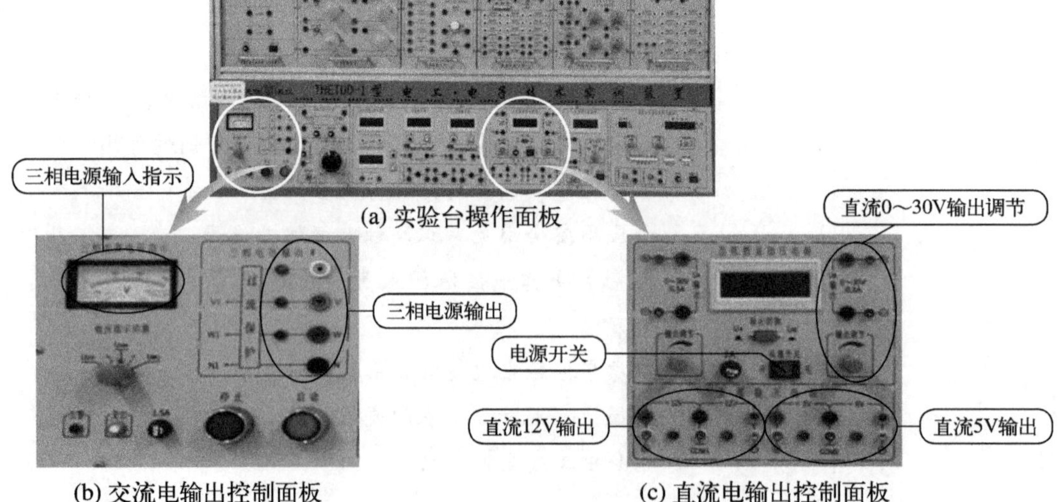

(a) 实验台操作面板

(b) 交流电输出控制面板

(c) 直流电输出控制面板

图1.2 实训室电源操作控制台

1.1.2 认识常用电工工具和仪器、仪表

1. 电工工具

电工工具是电气操作的基本工具。工具不合规格、质量不好或使用不当，都将影响施工质量、降低工作效率，甚至造成事故。电气操作人员必须掌握电工常用工具的结构、性能和正确的使用方法。常用电工通用工具如图1.3所示。

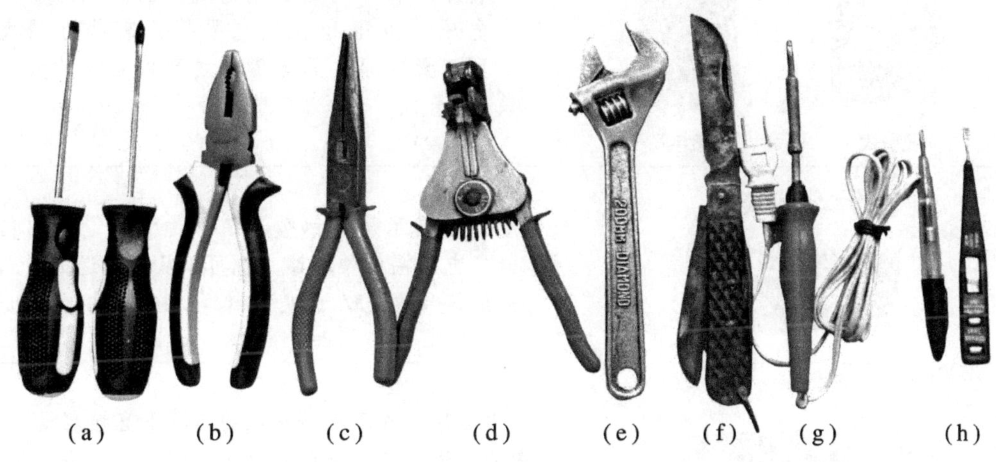

(a) (b) (c) (d) (e) (f) (g) (h)

图1.3 常用电工通用工具

在图1.3中，从左至右依次是：

一字形、十字形螺丝刀：用于旋动螺丝[图1.3(a)]；

钢丝钳：用于剪切导线、金属丝、剥削导线绝缘层、起拔螺丝等[图1.3(b)]；

尖嘴钳：用于在较狭小空间操作及钳夹小零件、金属丝等[图1.3(c)]；

剥线钳：剥削导线线头绝缘层[图1.3(d)]；

扳手：用于旋动带角的螺丝螺母[图1.3(e)]；

电工刀：剥削导线绝缘层，削制其他物品[图1.3(f)]；

电烙铁：焊接电路、元器件[图1.3(g)]；

试电笔：左边一支为氖管式，右边一支为数字式，用于检验线路和电器是否带电[图1.3(h)]。

2. 电工仪器、仪表

在电工实训中，电工测量是不可缺少的一个重要组成部分，它的主要任务是借助各种电工仪器、仪表，对电器设备或电路的相关物理量进行测量，以便了解和掌握电气设备的特性和运行情况，检查电气元器件的质量好坏。可见，认识并正确掌握电工仪器、仪表的使用是十分重要的。

常用电工仪器、仪表见表1.1。

表1.1 常用电工仪器、仪表

仪器仪表	设备图示	功能及用途
万用表	指针式　数字式	万用表又叫多用表、三用表、复用表，是一种多功能、多量程的便携式电工仪表，一般万用表可测量直流电流、直流电压、交流电压、电阻和音频电平等，有些万用表还可测量电容、晶体管共发射极直流放大系数h_{FE}等
示波器		通过显示屏显示被测信号的波形，测出信号、电压幅度和周期，也可以从双通道的输入完成信号的比较（如：相位与相位差的比较）
钳形电流表		主要用于在不剪断导线的情况下直接测量电路中的交流电流。使用中只要选好量程，将待测电流的导线穿过钳口中间即可读数
信号发生器		信号发生器又称信号源或振荡器，在生产实践和科技领域中有着广泛的应用。能够产生多种波形，如三角波、锯齿波、矩形波（含方波）、正弦波等信号。左图是函数信号发生器。函数信号发生器在电路实验和设备检测中具有十分广泛的用途
毫伏表		测量交流电压信号的大小

1.1.3 电工实训室安全操作规程

在电工实训中，安全操作规程是保护人身与设备安全、确保实训顺利进行的重要制度。进入实训室后要严格按照电工实训室安全操作规程开展实训，否则将危及自身或他人及国家财产的安全，电工实训室常用安全操作规程如下。

电工实训室安全操作规程

1. 学生进入实训室后，要服从实训指导教师安排，自觉进入指定的工位，不得私自调换工位，未经同意，不得擅自动用设备、工具和器材。

2. 工作前必须检查工具、测量仪器、仪表和防护用品是否完好。

3. 室内的任何电器设备，未经验电，一律视为有电，不准用手触及，任何接、拆线都必须切断电源后方可进行。

4. 动力配电箱的闸刀开关，严禁带负荷拉开。

5. 带电工作，要在有经验的实训指导教师或电工监护下，并用绝缘垫、云母板、绝缘板等将带电体隔开后，方可带电工作，带电工作必须穿好防护用品，使用有绝缘柄的工具工作，严禁使用锉刀、钢尺等导电工具。

6. 电器设备金属外壳必须妥善接地（接零），接地电阻要符合标准，所有电气设备都不准断开外壳接地线或接零线。

7. 电器或线路拆除后，可能来电的线头必须及时用绝缘带包扎好，高压电器拆除后遗留线头必须短路接地。

8. 高空作业，要系好安全带，使用梯子时，梯子与地面角度以60°为宜，在水泥地上使用梯子要有防滑措施。

9. 使用电动工具，要戴绝缘手套，站在绝缘物上工作。

10. 电机、电器检修完工后，要仔细检查是否有错误和遗忘的地方，必须清点工具零件，以防遗留在设备内造成事故。

11. 动力配电盘、配电箱、开关、变压器等各种电器设备周围不准堆放各种易燃、易爆、潮湿或其他影响操作的物品。

12. 电气设备发生火灾，未切断电源，严禁用水灭火。

13. 若发生事故，要认真分析与查清原因，明确责任，落实防范措施，填好事故报告，并上报指导老师和相关部门。

14. 准确及时填写实训报告，做好相关记录。

实践活动：了解试电笔的构造与使用方法

试电笔是用于检验电气线路和设备是否带有电压（一般60V以上）的工具。常用的试电笔有钢笔式、螺丝刀式、数字式和感应式等几种，其外形如图1.4和图1.5所示。

钢笔式试电笔构造如图1.6所示。

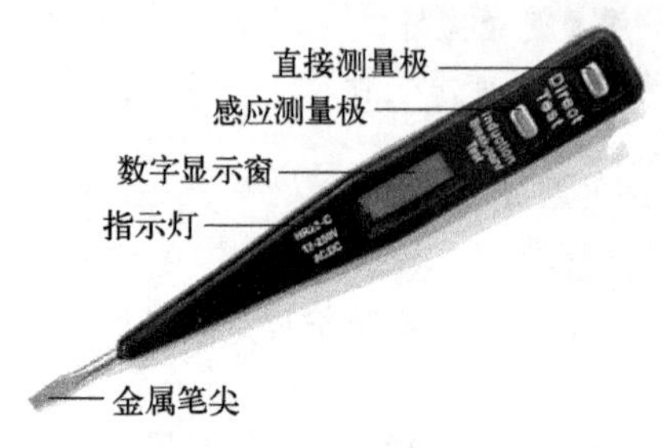

(a) 数字式试电笔

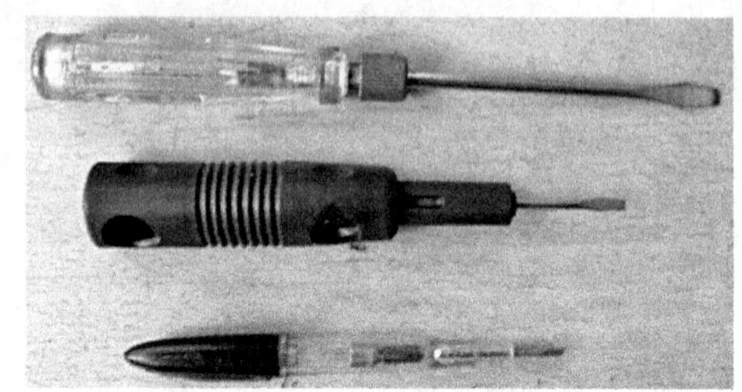

图1.4 试电笔外形

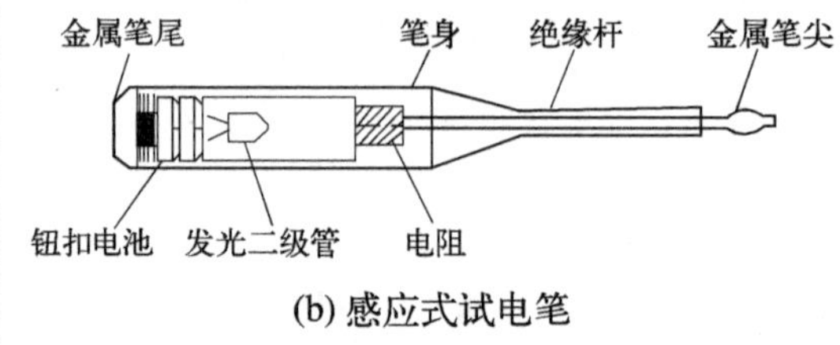

(b) 感应式试电笔

图1.5 感应式试电笔与数字式试电笔

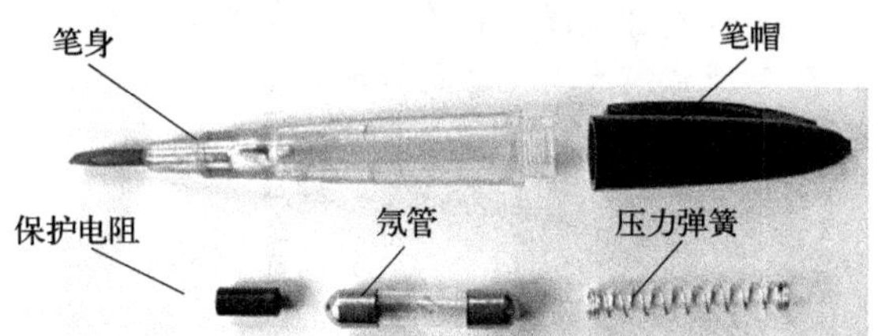

图1.6 试电笔构造

试电笔在使用中应注意如下几个方面：

1) 检查外观，凡外观缺损、无安全电阻、进水、受潮绝对不能使用，勉强使用将会导致操作人员触电。

2) 验电时，使氖管正常发光的电流通路是，带电体→试电笔→人体→大地→带电体形成回路，所以手必须接触试电笔上端的金属笔挂（钢笔式）或金属帽（螺丝刀式、感应式），如图1.7和图1.8所示。数字式试电笔［图1.5(a)］可直接使用，无需接触其金属部分。

关键与要点

试电笔使用前，应先在有电的物体上检验它是否能正常验电，如果是氖管或其他部件损坏、接触不良，不能正常验电，将会造成人们认为已带电的物体无电的误判。那是非常危险的！

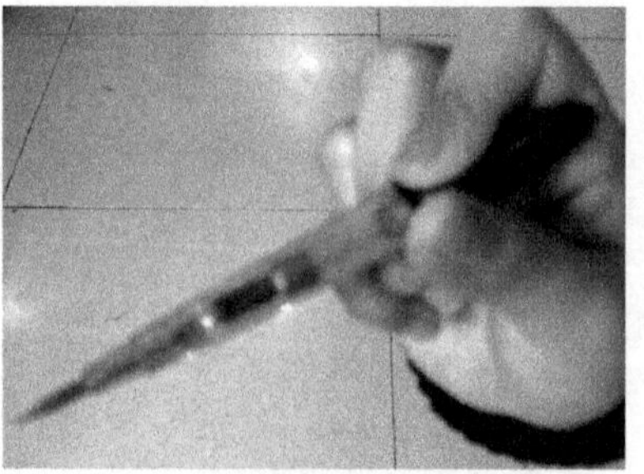

图1.7 钢笔式试电笔握法

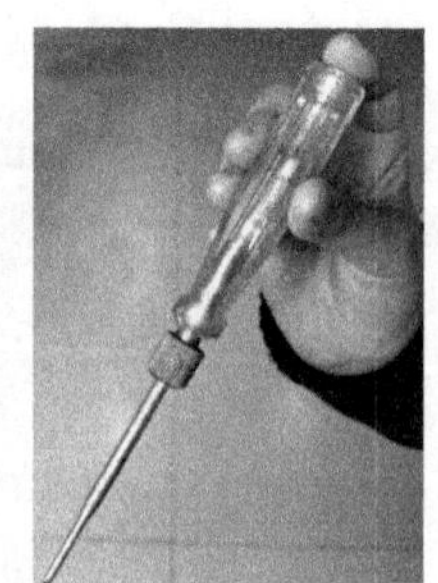

图1.8 螺丝刀式试电笔握法

分别用钢笔式、螺丝刀式、数字式和感应式试电笔检测已通电的操作台或墙壁上三孔电源插座，检测哪些插孔有电，并用“有电”、“无电”字样记入表1.2中。

表1.2 试电笔的使用记录

品种	上孔	左孔	右孔	品种	上孔	左孔	右孔
钢笔式				数字式			
螺丝刀式				感应式			

实践活动：万用表的使用

万用表除了具有检测电路和设备相关参数发现故障的功能外，也是为检查电路、设备的状态而设计的测量仪器。但是，如果不知道万用表正确的使用方法，那就不仅是“手握宝贝不去用”，而且还有损坏仪表的危险。

万用表分为如图1.9所示的指针式万用表（又名机械式万用表）和数字式万用表。无论哪种类型的万用表，它的基本结构都是将电压表、电流表、欧姆表及其他相关仪表的功能集中在一起，能够测量电压、电流、电阻值、电容、电感、电平等基本电气参数。

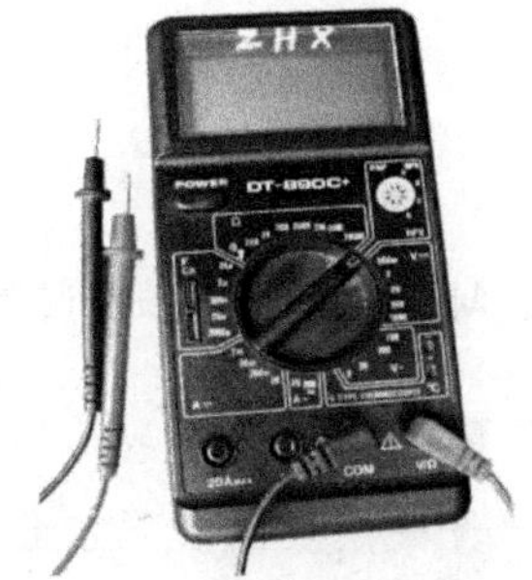

(a) 指针式　　(b) 数字式

图1.9 常见的万用表

下面我们以MF-47型万用表为例来详细了解指针式万用表使用。

一、指针式万用表外型及各部分的名称

指针式万用表测量值为指针显示，易知道变化过程，但准确度低，必须熟练掌握使用方法。

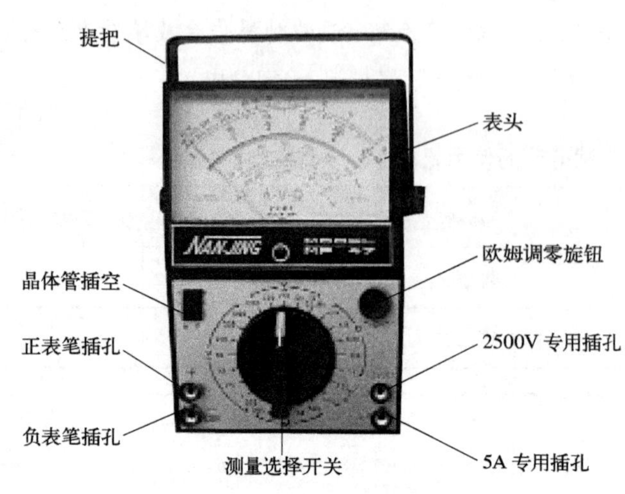

图1.10　MF-47型万用表的面板与外形结构

数字式万用表操作简单，读数方便，灵敏度及精确度高，非常适合初学者使用。

这里我们介绍使用广泛的指针式万用表的使用方法。

MF-47 型万用表的面板及外形结构如图 1.10 所示。

二、表盘刻度线及识别要领

表盘为组合刻度盘，如图 1.11 所示。

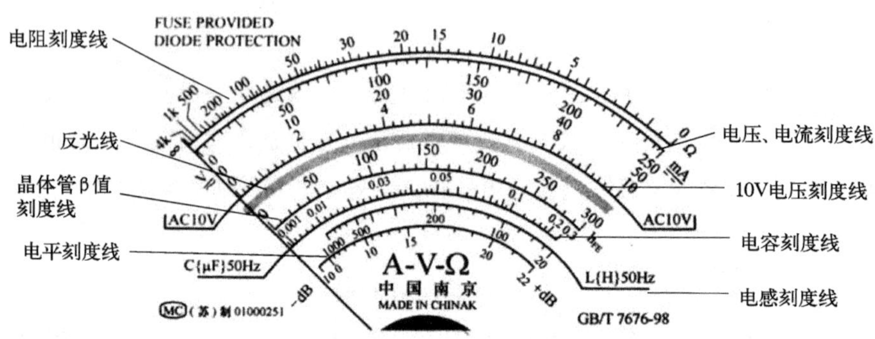

图1.11　MF-47型万用表表盘

三、MF-47 型万用表的转换开关

MF-47 型万用表的转换开关（又叫做量程选择开关）在面板下方正中，如图 1.12 所示。上面的旋钮用于选择测量项目和量程。测量时根据自己要测量的某个项目和所选择的量程（如直流电压、直流电流……所选量程）将开关扳到相应挡位的所选量程上即可。如果不知道被测量的大小，应先从最大量程测起，若指针偏转角度太小，再逐次换到小的合适量程。

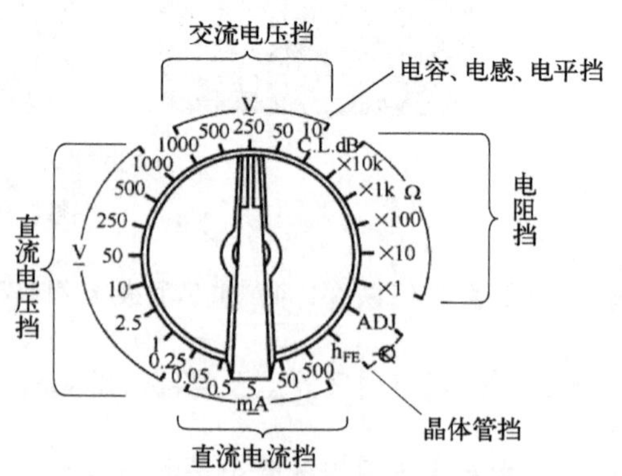

图1.12　MF-47型万用表表盘挡位

四、基本操作方法

(1) 万用表的读法

将万用表水平放置，使指针与反射镜上的影像重合，从正上方观察读数，见图1.13。

(2) 确定量程

当不清楚测量值的范围时，先调整到最高量程，然后一个量程一个量程地下降（图1.14）。

(3) 调整万用表的机械零点位置

用一字型改锥进行调整，使指针与表头的零点重合（图1.15）。

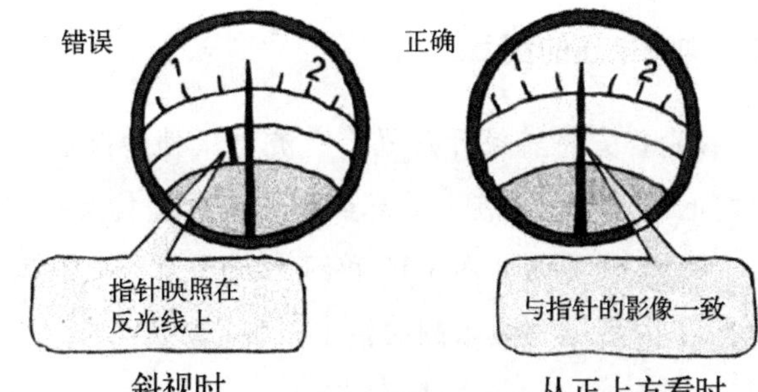

图1.13 万用表的读数技巧

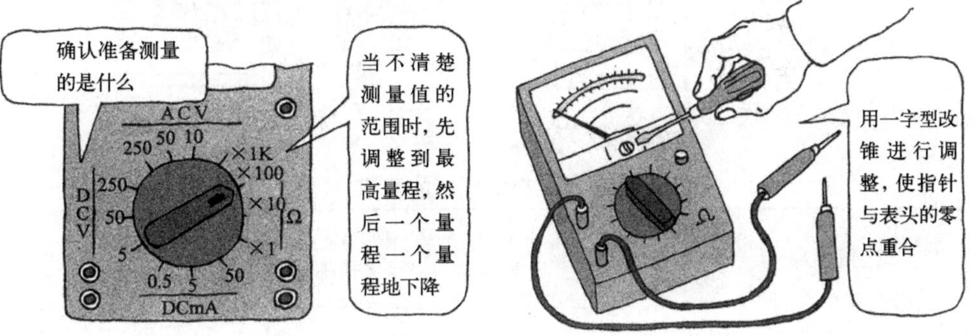

图1.14 确定万用表的量程

图1.15 调整机械零点位置

实践活动：用指针式万用表测量交流电压

一、万用表的读数

无论用万用表测交直流电压还是直流电流，都是看第二条刻度。以测电压为例。

读数方法1：

2.5V挡（分5大格 每大格0.5V 每小格0.05V）

10V挡（分5大格 每大格2V 每小格0.2V）

50V档 直读（分5大格 每大格10 V 每小格1V）

250V挡 直读（分5大格 每大格50V 每小格5V）

500V挡（分5大格 每大格100V 每小格10V）

读数方法2：

（量程÷50格）×指针偏转格数（小格）

二、交流电压的测量

1）首先将转换开关置于交流电压挡的范围，并选择合适的量程。如不能确定所要测量的电压大小，先旋至最高量限（500V）位置。

2）测量方法如图 1.16 和图 1.17 所示，注意测交流电表笔不分正负。

3）测量数据填入到表格中（表1.3）。

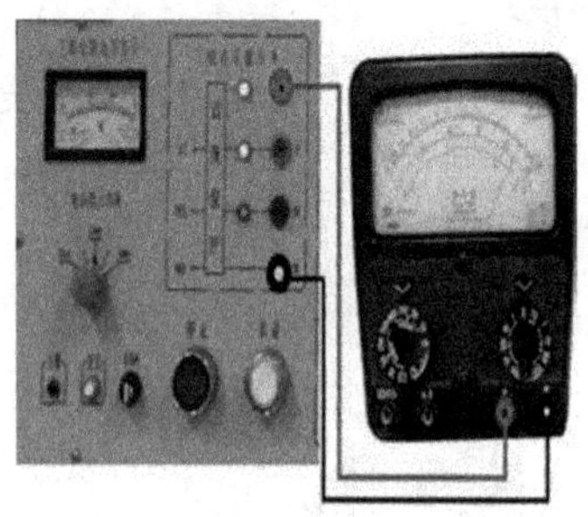

图1.16 测220V的交流电压

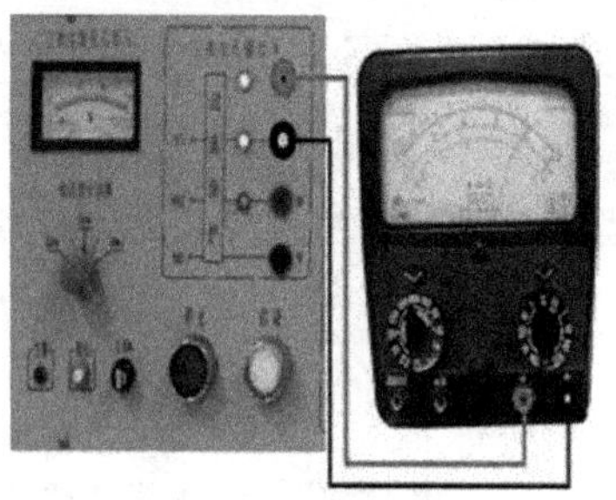

图1.17 测380V的交流电压

表1.3 交流电压的测量

测量内容	选用量程	每大格代表的电压值	每小格代表的电压值	指针偏转格数（几大格几小格）	实际测量电压值
380V					
220V					

说明：此操作演示采用MF-500型万用表，MF-47型万用表的测量方法类似。

1.2 安全用电常识

现代生活中，电已是人们生活、工作和生产不可缺少的能源，但如果不了解安全用电常识，很容易造成电器损坏，引起电气火灾，给人们的生命或财产带来不必要的损失，因此了解安全用电常识是非常重要的。

1.2.1 安全电压

电压越高对人体的危险越大。什么样的电压才是安全的呢？安全电压是指较长时间接触而不致使人致死或致残的电压。

国家标准《安全电压》（GB3805—2008）规定我国安全电压额定值常用等级为42V、36V、24V和12V等四个等级。工程上应根据作业场所（表1.4）、操作条件、使用方式、供电方式、线路状况等因素恰当选用。

特别提示： 我们日常生活用电电压是220V，工业生产中的动力用电的电压是380V，这样的电都是非常危险的。用电时要特别注意安全。

表1.4　常用安全电压等级及适用场合

等 级	适 用 场 合
42V	在有触电危险的场所使用的移动家用电器、手持式电动工具等
36V	潮湿场所，如矿井、地下室、地道、多导电粉尘及类似场所使用的电气线路、照明灯及其他用电器具
24V	工作面积狭窄，操作者易大面积接触带电体的场所，如锅炉、金属容器内、大型金属管道内
12V	因工作需要，人体必须长期带电触及电气线路或设备的场所

1.2.2 人体触电类型及常见的原因

1. 人体触电类型

人体触电是指人体某些部位接触带电物体，人体与带电体或与大地之间形成电流通路，并有电流流经人体的过程。根据人体接触带电体的具体情况，可分为三种触电类型，分别称为单相触电、两相触电、跨步电压触电（图 1.18）。

(1) 单相触电

指人站在地面上，身体的某一部位触及一相带电体，电流通过人体流入大地的触电方式。

(2) 两相触电

指人体两个不同部位同时触碰到同一电源的两相带电体，电流经人体从一相流入另一相的触电方式。显然，这种触电方式是相当危险的，因为两相间的电压比单相触电电压高得多。

(3) 跨步电压触电

指人进入发生接地的高压散流场所时，因两脚所处的电位不同产生电位差，使电流从一脚流经人体后，从另一脚流出的触电方式。

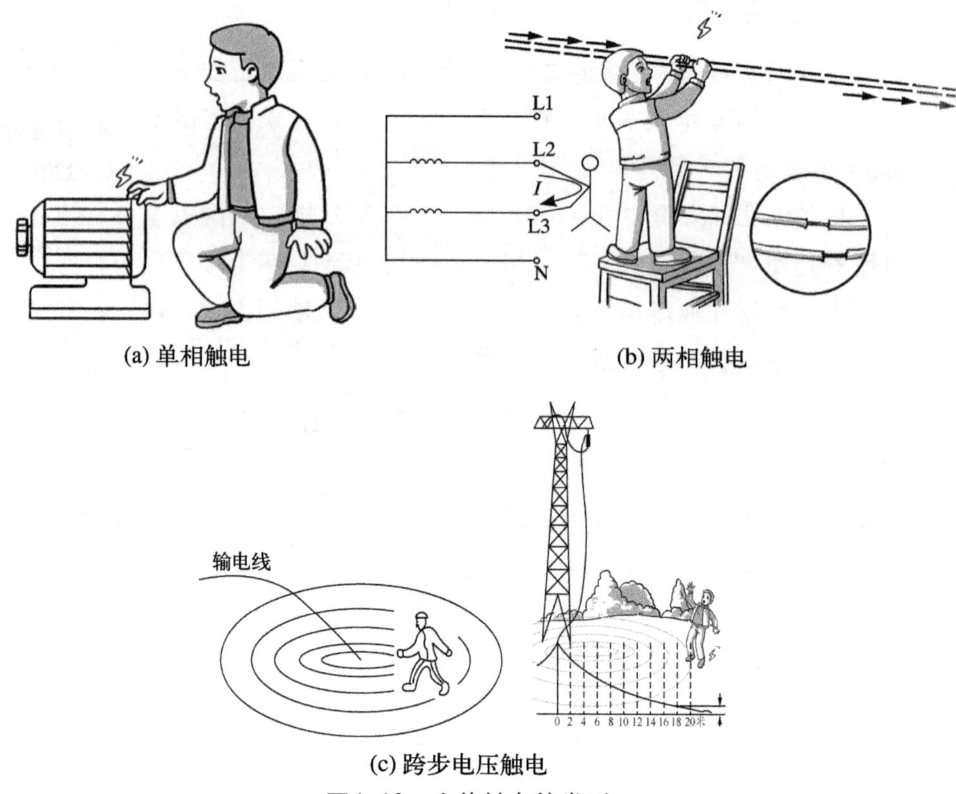

(a) 单相触电　(b) 两相触电

(c) 跨步电压触电

图1.18　人体触电的类型

2. 人体触电的常见原因

在电气操作和日常用电中，因为场所、条件的不同，发生触电的原因多种多样。根据生产和生活中发生触电的原因可归纳为四种类型。

(1) 电气操作制度不严格、不健全或不遵守规章制度

检修电路和电器时使用不合格的工具，没有切实的保安措施；人体与带电体距离过近时无可靠的绝缘措施或屏蔽措施；停电检修时在电源分断处不挂“有人操作，禁止合闸”之类的警告牌；救护他人触电时，自己不采取切实的保护措施；不熟悉电路和电器盲目修理；带电操作不采取有力的保护措施等均可能造成触电。

(2) 用电设备不合要求

电器内部绝缘损坏，金属外壳又没有采用保护接地或保护接零措施，人体经常接触的电器如开关、灯具、移动式电器外壳破损，失去保护作用；存放过久的电器未经检验就勉强使用。

(3) 用电不谨慎

违反电气安全规程，随意拉接电线；随意加大熔断器熔丝规格或用

其他金属丝代替原配套熔丝；在电线，特别是高压线附近放风筝、打鸟，在电线杆上栓牲口；未切断电源移动家用电器；做清洁时用湿布擦拭甚至用水冲洗电器和线路等。

(4) 线路敷设不合规格

室内外导线对地、对建筑物的距离以及导线之间的距离小于允许值，一旦导线受到风吹或其他机械力，可能使相线碰触人或墙体，导致触电。

1.2.3 预防触电的保护措施

预防触电措施很多，归纳起来有六种类型。

1. 间距措施

为避免人、畜过分接近带电体，为防止电气火灾和电器之间因距离过近发生放电，为了操作和维修人员工作的安全方便，所以在带电体与地之间、带电体与带电体之间、带电体与其他设备之间，均应保持一定的安全距离，叫做间距措施。在施工中要按照用电安全规范的要求，采用间距措施。

2. 绝缘措施

用绝缘材料将电器或线路的带电部分保护起来的做法叫绝缘措施。良好的绝缘措施是保证电气设备和线路正常运行和预防触电的重要举措。

3. 屏护措施

用屏护装置将带电体与外界隔离，以杜绝不安全隐患发生的措施称为屏护措施。如常用的电器设备的绝缘外壳、金属外壳、金属网罩、栅栏、变压器周围的围栏等都是屏护装置。

4. 自动断电措施

在电气设备前端的控制电路上设置如漏电保护、过流保护、短路或过载保护、欠压保护等装置，一旦设备或线路异常，这些装置将会动作，自动切断电路而起保护作用。如现代家庭装修的电路上，总开关都用自动空气开关，插头也选用漏电自动断电插头，一旦电路异常，它都会自动切断电路，保护人身和设备安全。

5. 保护接地措施

电气设备的金属外壳都是与内部的带电部分绝缘的。在正常情况下不带电，一旦金属外壳与内部带电体之间的绝缘损坏，就会导致金属外壳带电，人接触它便会触电。为了预防这类触电事故的发生，在技术上采用了将电气设备的金属外壳以及与外壳相连的金属构架与大地做可靠的电气连接而起保护人身安全的作用，这就是安全用电中的保护接地措施。

保护接地是怎样实现保护人身安全的呢？如果是一台没有保护接地装置的电动机，当它的内部绝缘损坏致使外壳带电时，人体一旦接触，就通过人体连通了由带电金属外壳与大地之间的电流通路，金属外壳上的电流经人体流入大地而使人触电，如图1.19所示。

将电动机的金属外壳用导线与大地作可靠的电气连接（图 1.20）后，如果这台电动机绝缘损坏使金属外壳带电，当人体接触它时，金属外壳与大地之间将形成两条并联电流通路：一条是通过保护接地线将电流泄放到大地，另一条是通过人体将电流泄放到大地。在这两条并联电路中，保护接地线电阻很小，通常只有4Ω 左右，而人体电阻最小也在500Ω 以上。根据并联电路中电流与电阻成反比的原理，人体所通过的电流就大大小于通过保护接地线的电流，这时人体就没有触电的感觉。再则，由于保护接地线电阻太小，对电动机与大地之间接近于短路，所以将有大电流通过保护接地线，这种大电流会使电路中的保护设备动作，自动切断电路，从另一层面上保护了人身与设备的安全。

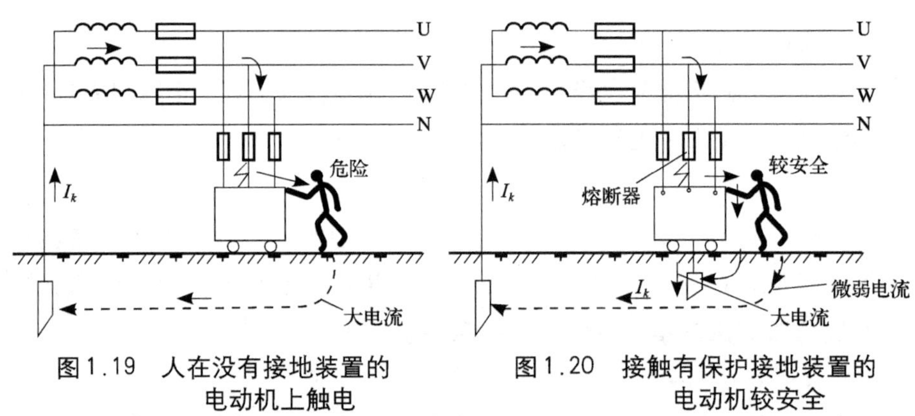

图1.19　人在没有接地装置的电动机上触电

图1.20　接触有保护接地装置的电动机较安全

6. 保护接零措施

保护接零适用于380V／220V的三相四线制中性点接地的供用电系统，它的保护原理如图1.21所示。它与保护接地的区别是，电气设备的金属外壳不直接接地，而是与供用电系统（即三相四线制系统）的中性线相接。当电气设备绝缘损坏，金属外壳带电时，由于保护接零的导线电阻很小，相当于对中性线短路，这种很大的短路电流将使线路的保护装置迅速动作，切断电路，既保护了人身安全又保护了设备安全。

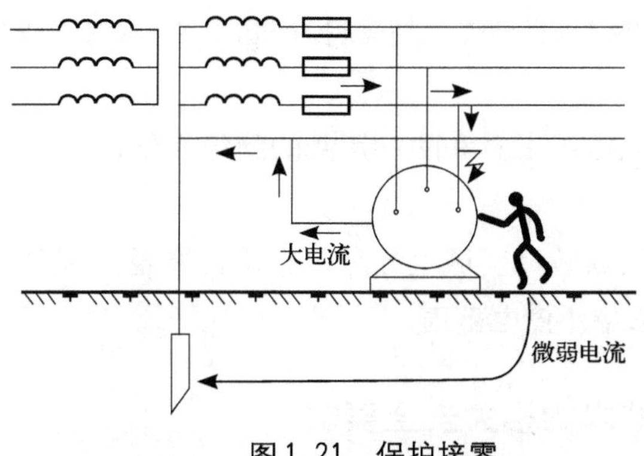

图1.21 保护接零

动脑筋

1. 在生活中你见过哪些电气设备上用了保护接地装置？它们是怎样与大地连接的？加了保护接地装置后为什么不会触电？

2. 在家庭用电的单相交流电路中，无论是三孔插座和三脚插头，它们多用于保护接地还是保护接零？为什么？

3. 保护接地与保护接零为什么能起保护作用？

1.3 常用电气操作安全要求

在电气安全技术方面，对电气线路和设备的安全操作规程详细而具体。这里我们只把实训室和一般电气操作所涉及的电气操作安全要求做一简单介绍。

1.3.1 文明操作的相关安全要求

1) 缺少电气操作知识和技能的人员，不得从事电气操作。

2) 工作严肃认真、小心谨慎。爱护工具、仪器仪表、设备、器材，具有高度的责任感。

3) 工作场地经常保持清洁、整齐，保持符合电气操作的安全环境，工具摆放符合要求。

4) 工作时要求穿长袖衣服，戴绝缘手套，使用绝缘工具，站在绝缘板上作业。对相邻带电体和接地金属体应用绝缘板隔开。

5) 电工工具、仪器仪表和器材选择符合操作要求。

6) 有团队合作精神，与从事相关作业的同事配合默契、互相支持。

7) 操作结束后认真清点工具器材，严防工具、器材遗留在设备内和电线杆塔上。

8) 定期检查电工工具和防护用品的绝缘性能，对不合要求者，必须更换。

9) 在需要切断故障区域电源时，应认真策划，尽量只切断故障区域分路开关，力求缩小停电范围。

1.3.2 操作技术的相关安全要求

1) 严禁在运行中检修电气设备，操作前必须切断电源，检验设备和线路确实无电方可开展工作。如果一次任务未完，下次工作前，必须重新检查电源是否断开，设备和线路是否确实无电。

2) 必须带电操作时，要经过批准，并有专人监护和切实的保护措施。

3) 使用梯子登高操作时，梯子与地面间的角度应保持60°左右，在水泥地面操作时，还应具有防滑措施。

4) 发生电气火灾时，首先切断电源，用二氧化碳灭火器或干粉灭火器扑灭电气火灾，严禁使用水和泡沫灭火器。

5) 停电操作时，应悬挂安全警示牌，严格遵守停电操作规定，切实做好突然来电的防护措施。停电时在分断电源开关后，必须用测电笔检验开关的输出端，确认确实无电后方可操作。

6) 在临近带电体的地方操作时，必须保持足够的安全距离。

7) 总开关操作要求：分断电源时，是先分断负荷开关，再分断隔离开关；接通电源时，先闭合隔离开关，再闭合负荷开关。

8) 对出现故障的设备和线路，不能将就使用，必须及时检修或换新。

9) 不可用湿手接触和湿布揩拭带电电器。

10) 电机和其他电气设备上及附近不得放置杂物。

11) 在潮湿环境中使用移动电器时，应选用额定电压为相应安全电压等级的低压电器。在金属容器内，管道内施工和使用移动电器时，还应选用额定电压为12V的低压电器。

12) 雷雨时不得行走和停留在高压电杆、铁塔和有避雷器的区域。万一高压线路断落在身边或已经在避雷器下面遇到雷电时，应单脚或双脚并拢跳离危险区域。

1.3.3 电气设备安装维修的相关安全要求

1) 电气设备的金属外壳必须可靠接地或接零。严禁切断电气设备的

保护接地线或保护接零线。在单相电气设备中应使用有接地或接零的三脚插头和三孔插座，但要注意不得将金属外壳的保护接地或接零线与工作接地线并在一起插入插座。同理，在三相电路中要选用四脚插头和四孔插座。

2) 拆除电气设备后，对还需继续供电的线路，必须处理好线头的绝缘。

3) 熔断器的容量必须与它所保护的电气设备最大容量相适应，不得随意增大或减小。

4) 在插座上取电时，注意用电器的最大电流不得大于插座的允许电流。

5) 所有用电器的开关和熔断器必须安装在相线上。

6) 对照明器具，必须保持不小于如下对地安全距离：拉线开关1.8m。壁开关1.3m，居民生活用灯头1.8m，办公桌、商店柜台上方吊灯头1.5m；特别潮湿、危险环境、户外灯及生产车间的吊灯2.5m。

7) 36V及以下的低压线路上使用的插座必须与高压线路上使用的插座有明显区别。可以选用无法插入高压插座内的低压插头。

1.3.4 家庭用电的相关安全要求

1) 新购的任何家用电器，必须认真读懂它的使用说明书，在未掌握使用方法和安全要求前，不得轻意使用。

2) 使用单相电器时，力求选用三脚插头和配套三孔插座。其中上方的专用插孔应妥善接地或接零。

3) 对产生有害辐射的电器，如微波炉、电磁炉等，使用人员应保持说明书规定的安全距离。

4) 使用电热器具，必须有人监护，人员离开时应切断电源。对工作温度高的电器，附近不得存放易燃物品。

5) 不得用手移动运行中的电器。必须移动，应先关闭电源，拔下插头。

6) 较长时间不用的电器，应拔下电源插头。对于连接天线和互联网的电器，如电视机、电脑等，在雷雨季节，不用时必须拔下电源插头、天线或网线插头。

7) 电器出现异常温度、响声、气味时，应立即切断电源。

动脑筋

1. 请统计，你家里哪些电器用三脚插头？哪些用两脚插头？再想想为什么。
2. 请调查，除电磁炉、微波炉外，还有哪些家用电器会产生有害辐射？

 *1.4 触电的现场处理措施

在电气操作和日常的生活用电中，虽然我们十分强调安全用电，但要绝对避免触电事故的发生还是有难度的。针对电气化程度的急速提高，特别是我们从事电类技术的人员，除了掌握一般安全用电知识外，必须具备触电现场的抢救知识和技能。在本节，将从三个方面探究触电现场的抢救措施：

1. 使触电者尽快脱离电源。
2. 初步判断触电者受伤程度。
3. 人工呼吸法。

1.4.1 使触电者尽快脱离电源

特别提示：触电急救的要点是动作迅速，救护得法。触电急救的基本原则（八字原则）：迅速、就地、准确、坚持。

发现有人触电，最关键、最首要的措施是使触电者尽快脱离电源。触电现场处理的方法见表1.5。

表1.5 触电现场处理的方法

触电现场处理方法	示意图	操作方法
拉闸 立即切断电源		用绝缘工具夹断电线。用刀、斧、锄等带绝缘柄的工具或硬棒，从电源的来电方向将电线砍断或撬断，切断电线时注意人体切不可接触电线裸露部分和触电者。迅速拉开闸刀或拔去电源插头
拉离 让触电者脱离电源		用手拉触电者的干燥衣服，同时注意自己的安全（可踩在干燥的木板上）

续表

触电现场处理方法	示意图	操作方法
挑开 用绝缘棒拨开触电者身上的电线		用不导电物体如干燥的木棍、竹棒或干布等物使伤员尽快脱离电源，急救者切勿直接接触触电伤员，防止自身触电而影响抢救工作的进行
抛线 抛扬接地软线，使电路跳闸		如果触电者是在电杆上触电，地面的人无法接触，可先将长度足够的无绝缘层软导线一端良好接地，另一端抛扬在触电者接触的架空线上，人为造成对地短路，使该电路保护装置跳闸切断电路

1.4.2 初步判断触电者的受伤程度

触电者脱离电源后，迅速将其安放在通风、凉爽、明亮的地方，让其仰卧，松开衣服及裤带。观察其被电流伤害的情况，根据不同症状采取不同的救治方法，其症状的判断方法及处理思路如表1.6所列。

表1.6 判断触电者症状的方法及处理思路

症状	判断方法	处理思路	图示
呼吸是否存在	观察胸、腹部有无起伏动作。如果不明显，可用小纸条靠近触电者鼻孔，根据小纸条是否摆动判断有无呼吸	如果有呼吸，但感觉头晕、乏力、心悸、出冷汗甚至呕吐，可让其静卧休息 如果神智断续清醒，出现昏迷，应立即请医生治疗 如果呼吸微弱或丧失，应采用口对口人工呼吸法救治	观察伤情
脉搏是否跳动	用耳朵贴近触电者心区，听有无心脏跳动的心音；或者用手指接触颈动脉或股动脉，感知是否有博动。因颈动脉和股动脉位置表浅，搏动幅度大，容易感知	对心跳较正常者，可让其静卧休息。如果心跳微弱、不规则或已经停止者，在请医生的同时，应用胸外心脏压挤人工呼吸法救治	探测颈动脉的搏动

续表

症状	判断方法	处理思路	图示
瞳孔是否放大	瞳孔是受大脑控制的一个自动调节大小的光圈，如果大脑工作正常，瞳孔可根据外界光线的强弱自动调节其大小。处于死亡边缘或已经死亡的人，大脑中枢神经已失去对瞳孔的控制，所以瞳孔会自然放大	瞳孔正常、呼吸尚存，可让其静卧休息；如瞳孔已经放大，应用口对口人工呼吸法和胸外心脏压挤法同时进行施救	正常 已放大 比较瞳孔

1.4.3 人工呼吸法

根据触电者的不同症状，可选用口对口人工呼吸法、胸外心脏压挤法，甚至两种方法并用（表1.7）。

表1.7 人工呼吸法和胸外心脏压挤法的适用范围及动作要点

方法	图示与动作要点
口对口呼吸法	**适用范围**：呼吸微弱甚至停止，但心跳尚存。 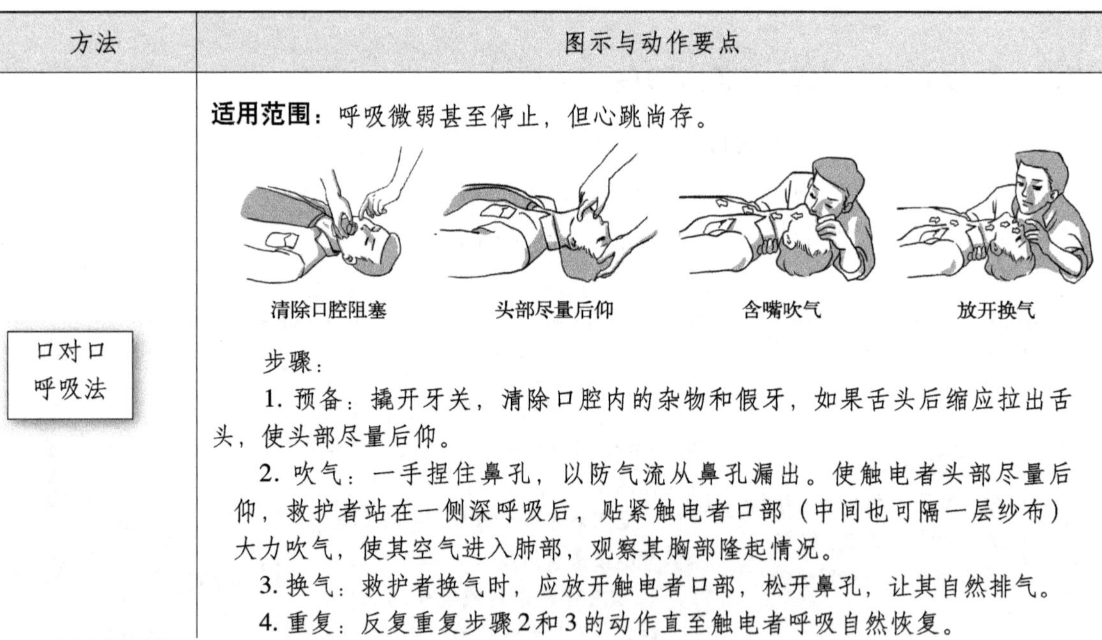 清除口腔阻塞　头部尽量后仰　含嘴吹气　放开换气 步骤： 1. 预备：撬开牙关，清除口腔内的杂物和假牙，如果舌头后缩应拉出舌头，使头部尽量后仰。 2. 吹气：一手捏住鼻孔，以防气流从鼻孔漏出。使触电者头部尽量后仰，救护者站在一侧深呼吸后，贴紧触电者口部（中间也可隔一层纱布）大力吹气，使其空气进入肺部，观察其胸部隆起情况。 3. 换气：救护者换气时，应放开触电者口部，松开鼻孔，让其自然排气。 4. 重复：反复重复步骤2和3的动作直至触电者呼吸自然恢复。

关键与要点

1. 掌握好吹气速度和时间：成年人约14～16次/分，约5秒一个循环，吹气约2秒，换气约3秒。对儿童应18～24次/分，而且吹气量不能太大，也不捏鼻孔。

2. 掌握好吹气压力，刚开始时压力要适当偏大偏快，以后适当减小减慢。

3. 如果触电者口腔咬紧，无法打开时，可用口对鼻吹气，但压力应稍大，时间也要稍长。

续表

<table>
<tr><th>方法</th><th>图示与动作要点</th></tr>
<tr><td>胸外心脏压挤法</td><td>

适用范围：心跳微弱、不规则或停止，但呼吸尚存。

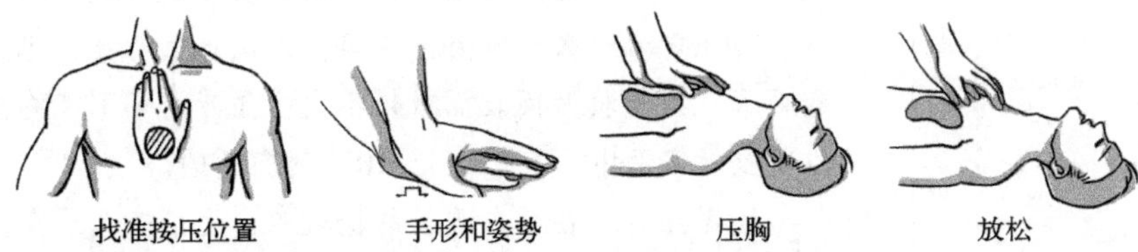

找准按压位置　手形和姿势　压胸　放松

步骤：

1. 准备：触电者仰卧，救护者跪在其两侧，双手交叠，肘关节伸直，找准压点，掌根按于触电者胸骨以下横向1/2处，即两乳头连线中间稍微偏下，中指对准颈部凹膛下边缘。

2. 下压：靠体重、肩、臂的压力下压胸骨下段，使胸廓下陷3～4cm，让心脏受压，心室的血液被挤出并流至全身各部。

3. 放松：双掌突然放松，靠胸廓自身的弹性使胸腔复位，让心脏舒张，在心室形成低压区，全身各部的血液流回心室。

4. 重复：重复2、3步动作，直至触电者心脏恢复自行跳动。

</td></tr>
<tr><td colspan="2">

关键与要点

1. 手形必须正确，压挤胸部着力点在手掌根部。
2. 向脊柱方向压，要有适当节奏和冲击力，但又不能发出太大爆发力，以免损伤骨骼。
3. 压挤时间与放松时间大体一样，每分钟60～70次。
4. 对小孩用单手，每分钟100次左右。

</td></tr>
<tr><td>两法同时并用</td><td>

适用范围：呼吸微弱或停止，心跳微弱、不规则或停止。

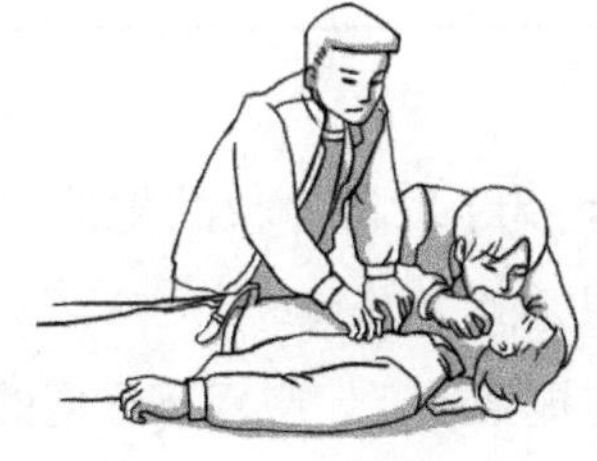

含口吹气，压胸者松手

松开换气，缓缓压胸

步骤：

动作要点同上面两法，其两者配合要点如下：做口对口呼吸法的救护者站立或跪在触电者的一侧，做胸外心脏压挤的救护者跪跨在触电者大腿两侧，各自按照上面的手法和实施要领操作。注意两人必须配合默契：口对口吹气时，压胸者松手使胸廓弹起，实施口对口呼吸的救护者换气时，压胸者下压胸廓，如此反复进行，直至触电者苏醒。

</td></tr>
</table>

注意

无论用哪种方法救治，都要不断观察触电者面部动作。如果发现触电者的眼皮、嘴唇会动，喉头有一定的吞咽动作，说明触电者有一定呼吸能力，应暂停几秒钟，观察自动呼吸情况，如果不行，必须继续。在触电者呼吸未恢复正常前，无论什么情况，包括送医院途中、雷雨天气或抢救时间长而效果不太明显者，都不能终止这种抢救。在这种抢救实例中，有长达7～10小时救活的。

还需注意，在触电现场的抢救中，无论多么严重，都禁止使用强心针！

动脑筋

1. 在你的生活经历（包括溺水事件）中，是否见过有人触电？是否见过使用人工呼吸法？

2. 试想，如果有人触电，你怎样选择合适的方法使触电者尽快脱离电源？

*1.5 电气火灾的扑救

电气设备发生火灾时，为了尽快扑灭火灾又要防止触电事故，一般都在切断电源后才进行扑救。

有时在危急的情况下，如等待切断电源后再进行补救，就会有使火势蔓延扩大的危险，或者断电后会严重影响生产。

当电气设备发生火灾时，为了取得扑救的主动权，扑救就需要在带电的情况下进行，带电灭火时应注意以下几点：

1) 必须在确保安全的前提下进行，应用不导电的灭火剂，如二氧化碳、1211、1301、干粉等进行灭火。不能直接用导电的灭火剂、直射水流、泡沫等进行喷射，否则会造成触电事故。

2) 使用小型二氧化碳、1211、1301、干粉灭火器灭火时，由于其射程较近，要注意保持一定的安全距离。

3) 在灭火人员戴绝缘手套和穿绝缘靴、水枪喷嘴安装接地线的情况下，可以采用喷雾水灭火。

4) 如遇带电导线落于地面，则要防止跨步电压触电，扑救人员要进入该区域灭火时，必须穿上绝缘鞋，戴上绝缘手套，如图1.22所示。

图1.22　带电灭火

实训项目 1 电工安全操作“停送电、低压验电”技能训练

实训目的 1. 掌握停送电原则、低压验电的各项基本操作要领。

2. 了解电工作业各种安全操作规程、规章制度，并严格遵守。

3. 熟练掌握各种低压验电器、验电工具的使用方法，正确进行验电。

4. 培养学生良好的职业道德操守，讲文明、懂礼貌。

安全规范 1. 了解电工安全用电知识及其重要性，增强促进安全用电的思想意识。

2. 正确进行停送电操作，防止误操作，以确保人身及设备安全，消除隐患，杜绝事故的发生。

实训工具、仪表与器材 具体准备见实训表1.1。注意：器材的发放、回收，应合理使用，以保证任务实施有序地进行。

实训表1.1　实训工具、仪表和器材

工具	低压验电器(验电笔)、验电灯等常用验电工具				
仪表	MF47型万用表，MG26、MG27型钳形电流表				
器材	代号	名称	型号	规格	数量
	模块1	“停送电操作模拟演示训练电路”训练模块1			1套
	模块2	“停送电操作模拟演示训练电路”训练模块2			1套
	模块3	“停送电操作模拟演示训练电路”训练模块3			1套

续表

	代号	名称	型号	规格	数量
器材	模块4	“停送电操作模拟演示训练电路”训练模块4			1套
		万用表	MF47型		4只
		验电笔			4支
		验电试灯			8只
		绝缘手套			4双
		绝缘靴			4双
		绝缘垫			若干
质量要求	1. 根据任务操作要求检验已选择的工具、仪表、器材等是否满足要求 2. 检验绝缘用具外观应完整无损，附件、备件齐全 3. 确保各模块能安全可靠使用				

任务一　了解和认识低压电气元件

1. 隔离开关

隔离开关即刀开关，它的作用是接通和断开供电线路。优点是：在断开时能看到明显的断点，以便在检修设备及断电时保证安全。缺点是：没有灭弧装置，不具备断开负荷电流的能力，严禁带负荷拉合闸。在实际应用中常安装在供电线路的断路器之前，达到电源隔离，以确保安全。合闸和分闸状态如实训图1.1和实训图1.2所示。

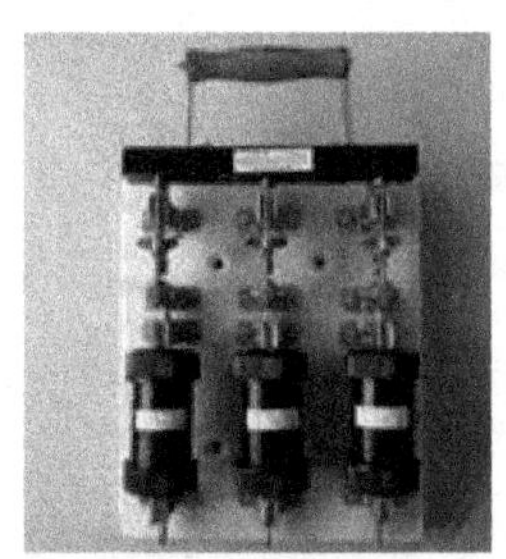
实训图1.1　隔离开关（合闸状态）

实训图1.2　隔离开关（分闸状态）

2. 断路器

断路器即可带负荷操作开关，它的作用是具有接通和断开电流以及切断短路电流的能力。优点是：断路器内装有灭弧装置，在通断负荷电流、短路电流时具有迅速熄灭电弧的作用，同时具有自动跳闸断电功能，允许带负荷拉合闸。缺点是：在断开时看不到明显的断点，不能确保已经断开。常见的各种断路器如实训图1.3~实训图1.9所示。

实训图1.3　三相三线空气断路器

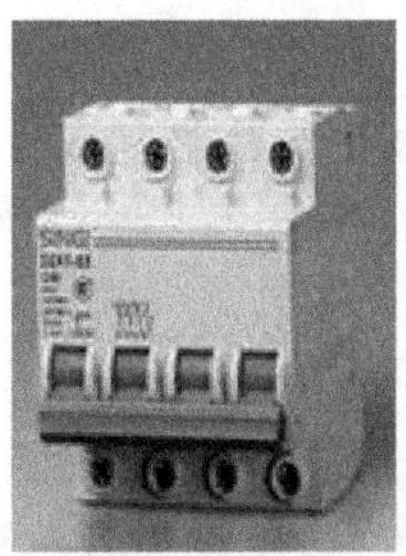

实训图1.4　三相四线空气断路器

实训图1.5　三相三线漏电断路器

实训图1.6　三相四线漏电断路器

实训图1.7　小型断路器系列

实训图1.8　单相漏电断路器

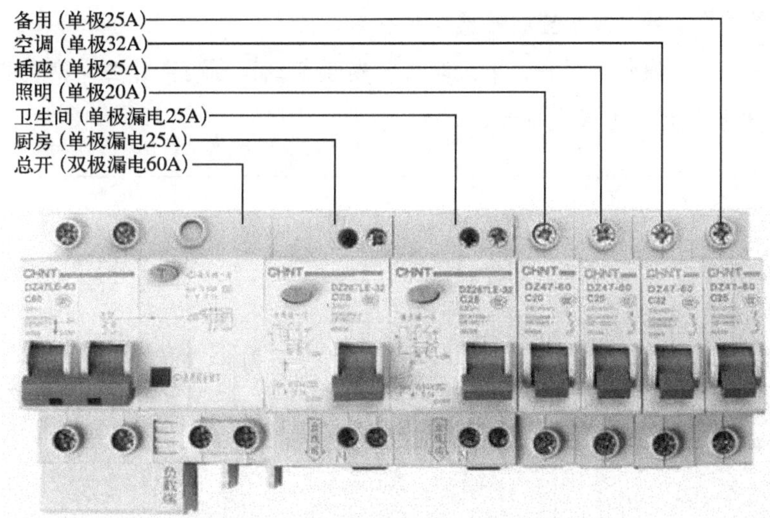

实训图1.9　小型断路器组合及应用

任务二　识读停送电、低压验电操作流程图

1. 了解流程图的意义

了解和正确识读停送电、低压验电操作流程图，是确保规范、安全操作，避免人身和实训设备出现安全隐患的保障。

送电：请示指令→从电源侧合上隔离开关→再合上断路器→依次逐级进行→完成送电。
停电：请示指令→从负荷侧断开断路器→再断开隔离开关→依次逐级进行→完成停电。
验电：1. 验电笔：选用低压验电器(验电笔)→先在有电处验明良好→正确握笔→接触被检测点→观察氖管是否发光，判断亮暗程度：亮→有电；不亮→无电；暗→对地电位低。
2. 万用表：选用万用表进行验电→验明是否存在电位差(略)。
3. 验电灯：选用合适的白炽灯进行验电→验明是否存在电位差。

实训图1.10 停送电、低压验电操作流程图

2. 停送电操作的基本原则

1）停电操作时，必须先断开断路器切断负荷电流或短路电流，再断开隔离开关。

2）送电操作时，先合隔离开关，再合断路器，绝对禁止用隔离开关接通或断开负荷电流。

3）停送电操作操作顺序，在操作时必须遵循下列顺序：送电应该由电源端往负荷端一级一级送电；停电顺序相反，即由负荷端往电源端一级一级停电。目的是为了防止误操作带负荷拉(合)刀开关，进而缩小事故范围。

3. 停送电操作的安全注意事项

1）隔离开关操作完毕，应检查其开、合位置，三相同时情况及触头接触切入深度是否正常。

2）断路器操作完毕，应检查断路器位置状态。

3）特别注意：在操作过程中，若发现带负荷误断或误合隔离开关，则误断的隔离开关不得再合上，误合的隔离开关不得再拉开。

想一想：

1. 送电，先送________________，再送________________。
   停电，先停________________，再停________________。
2. 若误操作，________________拉开的不能再合上，合上的不能再拉开。
3. 验电前必须先确保________________，________________，否则不得用于验电。

任务三 停送电、低压验电操作训练

1. 分组

两人一小组，在实习指导教师的指导下进行操作，一人监护，一人操作。

2. 送电

(1) 遵守指令操作

指令：“报告，准备完毕，请问是否可以送(通)电？”

应答：“可以。”

(2) 送电操作

由电源端往负荷端逐级送电，先合上隔离开关，再合上断路器(严格遵守停送电原则，正确操作隔离开关和断路器)。若操作错误，报警指示灯被点亮。

3. 停电

(1) 遵守指令操作

指令：“报告，操作完毕，请问是否可以停(断)电？”

应答：“可以。”

(2) 停电操作

由负荷端往电源端逐级断电，先断开断路器，再断开隔离开关(严格遵守停送电原则，正确操作隔离开关和断路器)。若操作错误，报警指示灯被点亮。

4. 低压验电

正确选择和使用低压验电工具，遵守安全验电原则。

1）验电前必须先确定验电工具是否良好，是否符合电压等级及绝缘要求，否则不得用于验电。

2）确定测试点或测试对象，正确操作验电工具进行验电，并认真细致地迅速作出判断。

3）认真填写工作记录。

想一想：

1. 隔离开关和断路器在通断操作功能上最大的不同点是什么？
2. 简述若不能进行正确验电，会造成什么后果。

实训成绩评定，见实训表1.2。

实训表1.2　停送电、低压验电操作实训成绩评价表

序号	主要内容	考核要求	评分标准	配分	扣分	自评分	互评分	教师评分
1	安全文明生产	1）要求遵守考场纪律。 2）劳动保护用品穿戴整齐规范，符合安全生产要求。 3）电工工具佩带合理齐全，使用正确。 4）遵守操作规程，听从指令，安全操作。	1）该项属于扣分项。 2）各项考试中，违犯安全文明生产考核要求的任何一项扣2分。 3）考生在不同的技能试题考核中，违犯安全文明生产考核要求同一项内容的，要累计扣分。	本项不配分，只扣分				

续表

序号	主要内容	考核要求	评分标准	配分	扣分	自评分	互评分	教师评分
1	安全文明生产	5）尊重考评员，讲文明礼貌；报告口令及回答问题，要求声音洪亮，吐字清晰；简洁、明朗、准确。 6）考试结束要求清理现场，保持工位整洁	4）当考评员发现考生有重大事故隐患时，要立即予以制止，并每次扣考生安全文明生产总分5分	本项不配分，只扣分				
2	送电操作	1）按要求，口述指令。 2）正确操作隔离开关(合闸)。 3）正确操作断路器(合闸)。 4）送电过程无异常	1）每违反或错误(出错)任1项扣1~10分。 2）出现“错误操作，报警指示灯亮”，扣40分，本项按0分计	40				
3	停电操作	1）按要求，口述指令。 2）正确操作断路器(拉闸)。 3）正确操作隔离开关(拉闸)。 4）停电过程无异常	1）每违反或错误(出错)任1项扣1~10分。 2）出现“错误操作，报警指示灯亮”，扣40分，本项按0分计	40				
4	验电操作	在保证人身和设备安全的前提下，按要求进行各项验电	1）验电笔操作错误扣1~8分。 2）万用表操作错误扣1~6分。 3）试电灯操作错误扣1~6分	20				
备注	否定项：要求遵守考场纪律，不能出现重大事故。出现严重违犯考场纪律或发生重大事故，本次技能考核视为不合格		合计	100				
签名	学生自评签名：________、学生互评签名：________ 教师评分签名：________ 日期：____年____月____日							

巩固与应用

(一) 填空题

1. 发生人体触电的方式常有 ________ 、 ________ 和 ________ 等几种。

2. 发现有人触电，要使触电者尽快脱离电源的方法有 ________ 、 ________ 、 ______ 和 ________ 等几种。

3. 为预防触电，经常采取 ________ 、 ________ 、 ________ 、 ________ 和 ______、______ 等保护措施。

4. 将 ______ 与大地妥善连接称为保护接地。

5. 保护接零适用于 ________ 的________ 供用电系统。

6. 触电现场可以灵活选择使触电者尽快脱离电源的措施有 ________________________、__________、____________、____________ 和 ____________ 等方法。

*7. 发现触电者失去呼吸，应用 ____________ 呼吸法。

*8. 在触电者 ____________ 以及 ____________ 的情况下，必须两种人工呼吸法并用。

(二) 判断题

1. 保护接零适用于中性线不接地的电力系统。（ ）

*2. 用小纸条探测触电者鼻孔气流，是判断他是否有呼吸的重要方法。（ ）

*3. 口对口人工呼吸法对成人应保持每分钟 14～16 个循环。（ ）

*4. 胸外心脏压挤法对成人而言，应保持每分钟 100 个循环。（ ）

(三) 单项选择题

1. 在接地困难的家庭，家用电器中接电源的三脚插头，最粗最长的那个脚的用途是（ ）。

A. 保护接地　B. 工作接地　C. 保护接零　D. 都不是

*2. 探测触电者是否还有心脏跳动最直接的方法是（ ）。

A. 探测鼻孔是否有呼吸　B. 用手指探测颈动脉是否搏动

C. 观察瞳孔是否放大　D. 观察眼皮是否会动

*3. 对成人做口对口人口呼吸法时，每分钟循环的次数为（ ）。

A. 18～24 次　B. 20～26 次　C. 22～28 次　D. 14～16 次

(四) 简答题

1. 你通过参观学校电工实训室，认识了哪些电工工具和仪器仪表？

2. 你了解电工实训室的哪些安全操作规程？它们在实训和今后的操作中有什么作用？

3. 我国常有的安全电压有哪几个等级？它们各适用于哪些场合？

4. 保护接地与保护接零有哪些异同点？

5. 当电气设备绝缘损坏，金属外壳带电时，如果外壳上有保护接地装置，人体接触为什么不易触电？

6. 为什么不能用湿手触摸电器？

*7. 你有哪些方法判断触电者心脏是否还有跳动？

*8. 若发生电气火灾，需要带电灭火，你准备采取哪些安全措施？

(五) 实践题

1. 在野外观察高压电线杆、铁塔或变压器，寻找它的接地装置并分析其特点。(不可靠近接触)

2. 向电工师傅请教：在高压线的铁塔上端，除了有三根较粗的电力输电线外，在铁塔顶部，在跨越山顶或城市的铁塔之间还有一至两根较小的金属线，它是做什么用的？

单元 2 白炽灯照明电路

单元学习目标

知识目标 ☞

1. 了解电路的组成及理解电路模型。
2. 了解常用导电材料、绝缘材料的规格及用途。
3. 了解白炽灯照明电路的工作原理。

能力目标 ☞

1. 会识读简单电路图，识别常用电池外形、特点，了解其应用。
2. 会使用合适的电工工具正确连接导线。
3. 会安装与检测白炽灯照明电路。

 电路的组成

家庭、工厂、学校等所用的电能是怎样来的？显然是由发电厂发出的。它通过电能的输送电路，才能到达用电单位(用户)，可见电路在输电、用电上的极端重要性。本节将讨论电路的基本组成。

小实验 简单电路的构成

将灯泡、开关和电池，通过导线连接起来（图2.1），就形成了一个简单的闭合电路。当开关闭合时，灯泡发光；当开关断开时，灯泡熄灭。我们可以通过这个实验来认识和探讨电路的组成和电路模型。

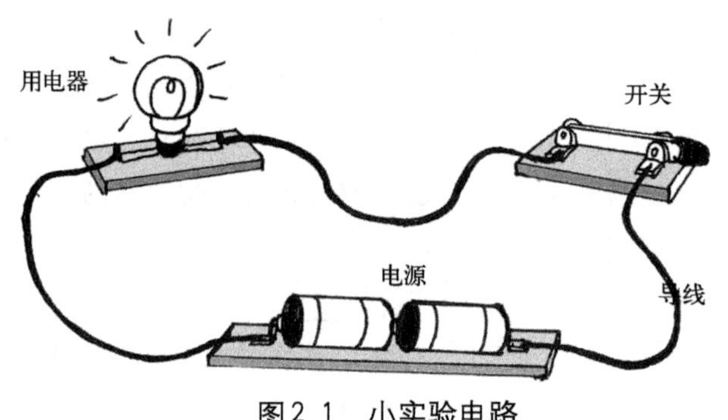

图2.1 小实验电路

从小实验中可以看出这个简单的闭合电路是由电池、灯泡、开关和导线四个部分组成的。我们在生产活动中，通常把它们称为电源（实验电路中的电池）、负载或用电器（实验电路中的灯泡）、控制与保护装置（实验电路中的开关）和导线（图2.2）。它们在电路中的作用如下。

1. 电源

电源为电路提供电能，它是将其他形式的能转换为电能的装置。如干电池、蓄电池将化学能转换为电能，发电机将机械能转换为电能。

2. 负载或用电器

使用电能的装置，是各种用电设备的总称。其作用是将电路送给它的电能转换成其他形式的能。如电灯泡将电能转换为光能和热能，电风扇将电能转换为机械能。

3. 控制与保护装置

控制电路的接通与分断，保护电路和用电设备及操作人员的安全。

4. 导线

将电源、负载、控制与保护设备连接成闭合电路，输送和分配电能。

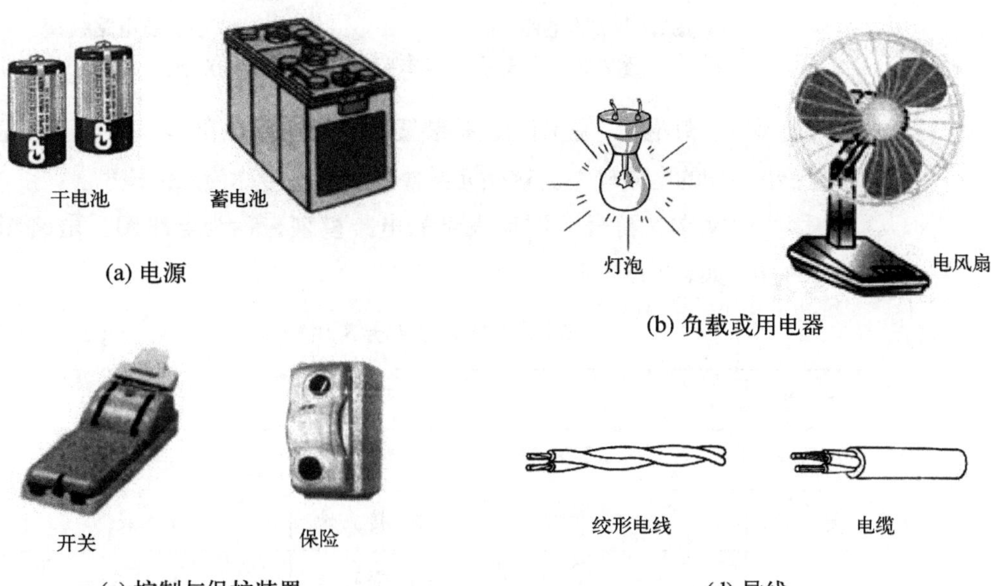

图2.2　组成电路各部分的作用与外形举例

2.2 电路模型

在现实的生产和生活中，电路是多种多样的，而且很复杂。由于组成实际电路的器材、元器件种类繁多，复杂，要绘制出这些实际电路图并清楚地用文字表示出来，几乎是不可能的。所以要将实际电路抽象为电路模型，并用电路图来表示。本节将讨论电路模型。

人们通过简洁的文字、符号、图形，将实际电路和电路中的器材、元器件进行表述，我们把这种书面表示的电路称为电路模型。下面我们还是以小实验的实际电路［图2.3(a)］的电路模型来进行说明。

小实验实际电路图的电路模型如图2.3 (b) 所示。

在图2.3中，我们把实际电路中的电源（电池）用 E 和⊣⊢，负载用 R 和

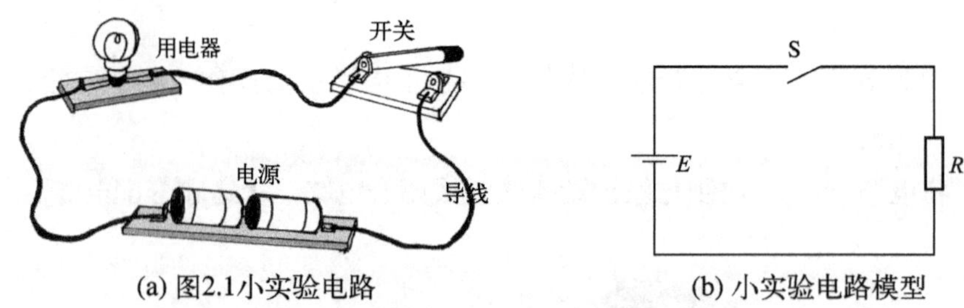

(a) 图2.1小实验电路　　(b) 小实验电路模型

图2.3　小实验实际电路和电路模型的对比

—□—或—⊗—（灯泡），控制与保护装置（开关）用 S 和—⁄—进行了表述，形成了小实验的电路模型。这些元器件的图形符号称为元件模型。

这些由文字、符号、图形表示的电路模型，称为电路图。电路图中常用的符号如表2.1所列。

表2.1　电路图部分常用符号

名　称	符　号	名　称	符　号
电　阻	—□—	电压表	—Ⓥ—
电　池	—|ı—	接　地	⏚ 或 ⊥
电　灯	—⊗—	保险丝	—▭—
开　关	—⁄—	电　容	—||—
电流表	—Ⓐ—	电　感	—⌒⌒⌒—

巩固训练：电路模型的应用表述

在所有能够使用电路的范围，在书面上、在电路图的绘制及识读上都使用电路模型。图2.4(a)是手电筒实际展开电路。请根据所学电路和电路模型知识，绘制表示出手电筒电路的电路模型。

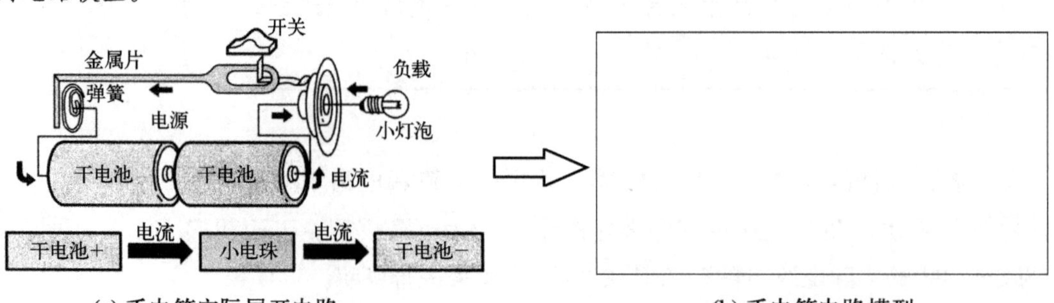

(a) 手电筒实际展开电路　　(b) 手电筒电路模型

图2.4　手电筒电路及其电路模型

知识窗 **常用电池的种类、特点和用途**

电池（图2.5）是电源的一种，是电路的重要组成部分。如果按使用寿命分类，可以分为一次电池和二次电池两大类：一次电池又名原电池，只能一次性使用，一旦电能用完就废弃。二次电池又称可充电电池，它可以反复充放电，使用寿命长。它们的作用都是为用电器具提供电能。

干电池

层叠电池

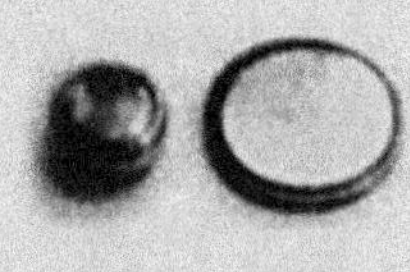

钮扣电池

(a) 一次性电池

镍氢电池

锂电池

铅蓄电池

(b) 可充电电池

图2.5 常用电池类型

干电池

特点：根据材料不同有锌锰、碱锰等类别。其中碱锰干电池又称碱性电池，比锌锰电池性能好。每节电池电压1.5V，体积小。

用途：用作手电筒、收音机、照相机、电子钟表、遥控器、燃气热水器、剃须刀、电动玩具等一般电子产品电源。

层叠电池

特点：相当于几个电池芯的组合，多呈方形，输出电压比干电池高，常用的有6V、9V、15V等规格。

用途：用作电工仪表、麦克风、电动玩具等携带式电器电源。

钮扣电池

特点：体积比上述电池更小，因形同钮扣而得名。常有氧化银、碱性等钮扣电池。

用途：用作电子表、助听器、计算器、小型电动玩具等电器电源。

镍氢电池

特点：可循环充放电 400～1000 次，普通圆柱形镍氢电池为1.2V。存在“记忆”效应，若第一次电未放完就充电，第一次未释放的电压即为以后充放电的起始电压，由此降低了该电池的使用容量。

用途：用途同干电池，可用于一般电子产品。

锂电池

特点：可循环充放电 500～800 次，电池电压根据用电器具的要求而定，如摄像机的锂电池就有用7.2V的。锂电池的突出优点是没有“记忆”效应。

用途：用作手机、照相机、摄像机、对讲机等携带式电器电源。

铅蓄电池

特点：产生和储存电能本领大，多用于大电流、大功率用电设备。每个电池电压为2V，使用中可根据用电设备需要进行多个电池的组合。

用途：用于汽、电瓶车，汽油机，柴油机的启动电源。办公室、医院、学校及影剧院等公共场所的事故照明电源。

特别提示：电池多用有毒有害的化学物质制成。从环境保护和人身安全考虑，凡是不能使用的废弃电池，必须小心处理。不得拆卸、随意丢弃，更不能将其置于火中燃烧，那样将会引起强烈爆炸，危及人身、设备安全。最好的处理办法是深埋于土层中。

动脑筋

1. 图2.6是两个实际电路，你是否能用表2.1规定的符号画出它们的电路模型？

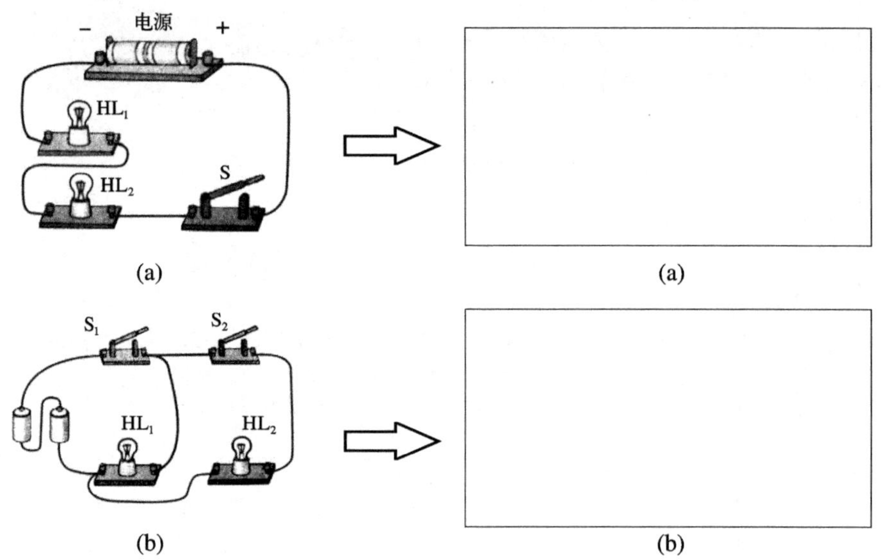

图2.6 请画出上述实际电路的电路模型

2. 在你周围哪些地方有电路存在？

3. 指出你家里和教室中哪些是电源？哪些是控制和保护电器？哪些是负载？

实训项目 2　常用电工材料与导线的连接

实训目的　学会认识电工常用的导电材料和绝缘材料；学会按照工艺要求剖削导线绝缘层；连接线头并恢复绝缘层。

实训器材　常用导电材料：常用裸导线、绝缘导线、漆包线、熔丝。

常用绝缘材料：黑胶带、涤纶胶带、黄蜡布、绝缘管、绝缘板、绝缘漆。

实训导线材料：小截面单股绝缘圆铜芯线（1.5～2.5mm^2），较大截面（4～6mm^2）单股绝缘圆铜芯线，小截面（单股截面1.5mm^2）7股铜芯绝缘导线，1.5mm^{2}铜芯绑扎线。

实训工具　钢丝钳、尖嘴钳、电工刀、电烙铁（带电烙铁支架、焊锡、松香适量）每人一套。

任务一　了解和认识常用导电材料

1. 常用导电材料

常用导电材料按用途的分类如下所示。

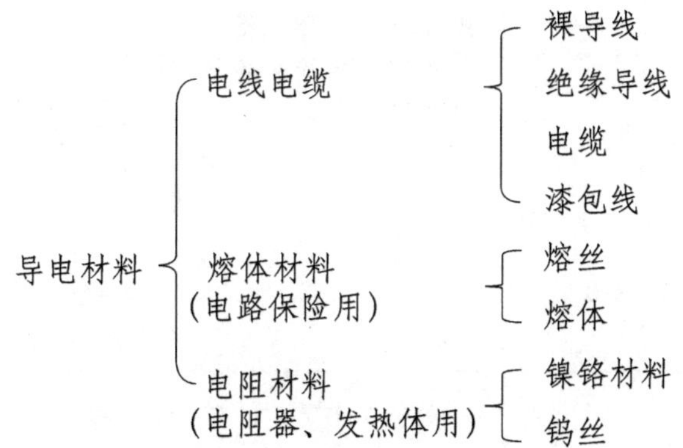

2. 电线电缆

了解和掌握常用电线、电缆的名称、型号与用途是非常重要的。

电线电缆作为传输电流的载体，用途极为广泛，为了适应不同场合，电线电缆的型号、规格繁多。为了便于比较，实训表2.1列出了常用电线电缆的名称、型号、用途及外型以便了解。

选用电线、电缆的依据：

1) 允许载流量应大于负载最大电流值。

为了保证电线、电缆在运行中工作温度不超过最高允许值，在技术上是通过选择线芯横截面来控制电流量的。芯线横截面积越大，允许通过的电流量越大。常用铜芯绝缘导线的允许载流量

实训表2.1 常用电线、电缆的名称、型号与用途

名 称	型 号	规格选用要点	用 途	外 型
聚氯乙烯绝缘铜芯线 聚氯乙烯绝缘铝芯线 裸铜线 铜芯橡皮线 铝芯橡皮线 铝芯氯丁橡皮线	BV BLV BX BLX BLXF	交流500V及以下、负载电流由线径、敷设方式、环境等因素决定	架空线用、室内照明和动力电路上作电流传输用	
聚氯乙烯绝缘铜芯软线	BVR	交流500V及以下(负载电流由线径、敷设方式、环境等因素决定)	活动但移动不频繁场所电源连接线	
聚氯乙烯绝缘双股铜芯绞合软线 聚氯乙烯绝缘双股平行铜芯软线	BVS RBV	交流250V及以下(负载电流由线径、敷设方式、环境温度等决定。多股线还与线芯股数有关)	移动电具、吊灯电源连接线	
绵纱编织橡皮绝缘双根铜芯绞合软线(花线)	BXS		吊灯电源连接线	
聚氯乙烯绝缘护套铜芯软线(双根或三根)	BVV		室内外照明和小容量动力线路敷设	
氯丁橡胶绝缘护套铜芯软线	RHF		250V室内外小型电气工具电源连接线	
聚氯乙烯绝缘护套铜芯软线	RVZ	交流500V及以下(负载电流由线径、敷设方式、环境等因素决定)	交、直流额定电压为500V及以下移动式电具电源连接线	

见实训表2.2。

2）电线、电缆的额定电压应大于线路的峰值电压（最高电压）。

3）有足够的机械强度。

4）绝缘导线的型号命名法。按照国家标准的相关规定，绝缘导线的型号命名由四部分构成（实训图2.1）。

实训表2.2 常用铜芯绝缘导线的允许载流量

横截面积／mm^2	允许截流量／A	
	橡胶绝缘	塑料绝缘
0.75	18	16
1.0	21	19
1.5	27	24
2.0	31	28
2.5	35	32
4.0	45	42
6.0	58	55
10.0	85	75

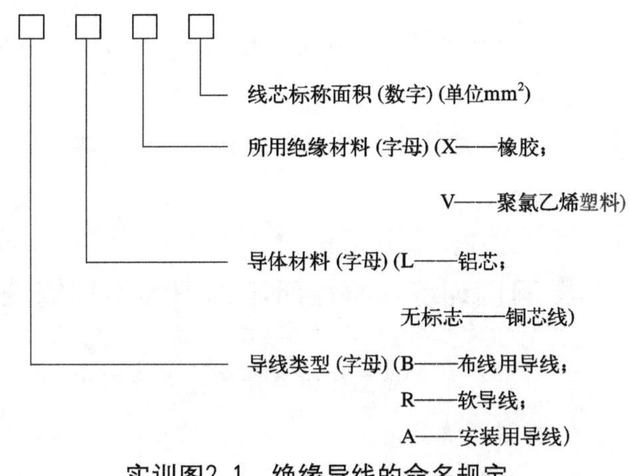

实训图2.1 绝缘导线的命名规定

根据实训图1.1中绝缘导线的命名规定，导线“BVR－1.5”表示横截面积为1.5mm^2的聚氯乙烯铜芯绝缘软导线；“BLX－2.5”表示标称面积为2.5mm^2的铝芯橡胶绝缘导线。

3. 漆包线（电磁线）

漆包线是在裸铜线外面喷涂一层绝缘漆的导线，它的绝缘层就是裸线外层的漆包膜。这层漆包膜绝缘性能好、粘结牢固、均匀光滑，多用于电机、变压器、各种继电器及电工仪表制作电磁绕组用，其产品如实训图2.2所示。

实训图2.2 漆包线产品

4. 常用熔体材料（电路保险用）

(1) 常用熔断器与熔体

熔体材料是构成熔断器的核心材料。熔断器在电路中的保护作用就是通过熔体实现的。一旦电路超过负载电流允许值或温升允许值等，熔断器的熔体动作，切断故障电路，保护了线路和设备。所以熔体都是由熔点低、导电性能好、不易被氧化的合金材料或某种金属材料制成。根据电路的要求不同，熔断器的种类、规格和用途的不同，熔体可制成丝状、带状、片状等。

在电工技术中，由于对熔体的封装不同，常用的有裸熔丝（如用在家用闸刀上的保险丝）、玻璃管熔丝（如用在电器上的熔丝管）、陶瓷管熔丝（如用在螺旋式熔断器中的熔丝管）等。

(2) 熔体材料的选用原则

熔体置于熔断器中，是电路运行安全的重要保障。在选用熔体时，必须遵循下列原则：

1) 照明电路上熔体的选择：熔体额定电流等于负载电流。

2) 日常家用电器，如电视机、电冰箱、洗衣机、电暖器、电烤箱等，熔断额定电流等于或略大于上述所有电器额定电流之和。

3) 电动机类的负载：对于单台电动机，熔体额定电流是电动机额定电流的1.5～2.5倍；对于多台电动机，熔体额定电流是容量最大一台电动机额定电流的1.5～2.5倍加其余电动机额定电流之和。

4) 熔体与电线额定电流的关系：熔体额定电流应等于或小于电线长时间运行的允许电流的80%。

巩固训练：根据所学知识为下列情况选用适合的电线、电缆

1. 某架线工程需要选用在交流500V及以下架空线用的导线。请提供两种导线供选择，并说明情况。

可选用：1) 名称________________ 型号________________

2) 名称________________ 型号________________

2. 某室内装修用电动工具需要在交流250V及以下的电源线，请提供两种导线供选择，并说明其名称和型号。

可选用：1) 名称________________ 型号________________

2) 名称________________ 型号________________

任务二 了解和认识常用电工绝缘材料

绝缘材料的电阻率很高，导电性能差甚至不导电，在电工技术中大量用于制作带电体与外界隔离的材料。自然界绝缘材料种类繁多。

常用电工绝缘材料的主要性能指标有：绝缘耐压强度、耐热等级、绝缘材料的抗拉强度、膨胀系数等。

常用绝缘材料以及用途叙述如下。

实训图2.3 常用薄膜胶带

(1) 薄膜黏带

绝缘黏带的品种之一就是我们平时用于包缠裸线头的黑胶布或涤纶胶带，如实训图2.3所示。它在常温下有良好粘结性能，在包缠裸线头时，可通过自身的黏性将裸线头包缠牢固以保证其绝缘性能和机械强度。

实训图2.4 绝缘管

(2) 绝缘管

绝缘管品种很多，如常用于保护电线电缆的塑料管、橡胶管。使用更为普遍的是绝缘漆管，它被大量用于家用电器、电机、变压器绕组端头引出线接头的保护用绝缘套管，其外形如实训图2.4所示。

(3) 绝缘板

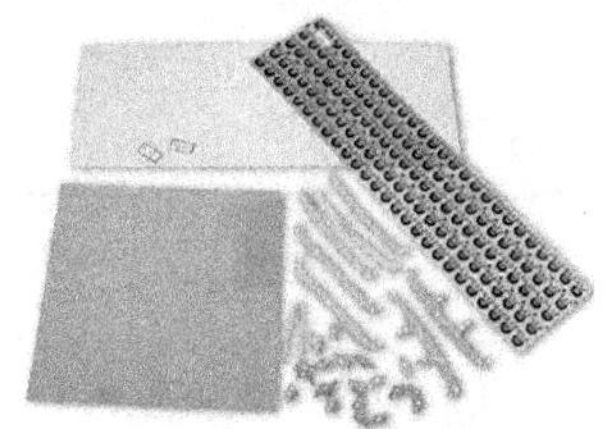

实训图2.5　绝缘板

绝缘板大量用作家用电器中印刷线路板的基材、各种电器的底板、线圈支架、电机槽楔等，它以纸、布、玻璃布等绝缘材料作底材，加入适合的胶黏剂，经过热压、烘焙而成，如实训图2.5所示。绝缘板具有良好的电气与机械性能，所以在电气技术中应用相当广泛。

(4) 绝缘漆、绝缘油

绝缘漆是一种化工产品，由于它的绝缘性能、耐热性能、机械强度均好，常用于浸渍电机、变压器绕组，填充空隙，将绕组粘结成一个绝缘性能好、机械强度高的整体。

绝缘漆的另一类是涂敷漆，它均匀覆盖于电器、零部件、绕组的外表，以防止氧化锈蚀、机械损伤、油污、化学腐蚀等，绝缘油用于变压器等设备绕组的散热和绝缘。

(5) 电工塑料

电工塑料的主要成分是树脂，常用的有酚醛塑料、ABS塑料等，它们具有良好的电气绝缘性能和机械性能。在一定温度下外形尺寸稳定便于加工成形和表面喷涂，主要用于制作各种电器外壳、各类绝缘支架、线圈骨架、底板等。

任务三　常用导线的连接

为了做好这个实训，我们列表介绍常用导线线头加工的工艺要求与操作要点，另外还配了相关的操作示意图，以便于加深理解和掌握动作要领。同时要求按照实训表2.7、实训表2.8、实训表2.10所列的要求，做好实训的记录。

导线连接的具体步骤为：①导线绝缘层的剖削（实训表2.5）；②导线线头的连接（实训表2.6）；③导线连接处绝缘层的恢复。

1. 导线绝缘层的剖削

导线绝缘层剖削的工艺与技术要求如实训表2.3所示。

实训表2.3　导线线头绝缘层的剖削

导线分类	操作工艺示意图	操作工艺与技术要求
塑料绝缘小截面硬铜芯线或铝芯线		① 在需要剖削的线头根部，用钢丝钳钳口适当用力（以不损伤芯线为度）钳住绝缘层；② 左手拉紧导线，右手握紧钢丝钳头部，用力将绝缘层强行拉脱
塑料绝缘软铜芯线		

续表

导线分类	操作工艺示意图	操作工艺与技术要求
塑料绝缘大截面硬铜芯线或铝芯线	45°	① 电工刀与导线成 45°，用刀口切破绝缘层；② 再将电工刀倒成15°～25°倾斜角向前推进，削去上面一侧的绝缘层；③ 将未削去的部分扳翻，齐根削去
塑料护套线		① 按照所需剖削长度，用电工刀刀尖对准两股芯线中间，划开护套层；② 扳翻护套层，齐根切去；③ 按照塑料绝缘小截面硬铜芯线绝缘层的剖削方法用钢丝钳去除每根芯线绝缘层
橡套电缆		
橡皮线		① 用电工刀像剖削塑料护套层的方法去除外层公共橡皮绝缘层；② 用钢丝钳勒去每股芯线的绝缘层
花线	棉纱编织层 橡皮绝缘层 线芯 10mm 棉纱	① 在剖削处用电工刀将棉纱编织层周围切断并拉去；② 参照上面方法用钢丝钳勒去芯线外的橡皮层
铅包线		① 在剖削处用电工刀将铅包层横着切断一圈后拉去；② 用剖削塑料护套线绝缘层的方法去除公共绝缘层和每股芯线的绝缘层

2. 导线线头的连接

导线线头连接的工艺与技术要求如实训表2.4所示。

实训表2.4　导线线头的连接工艺

线头连接类型	操作示意图	操作工艺与技术要求
小截面单股铜芯线的直线连接		① 将去除绝缘层和氧化层的芯线两股交叉，互相在对方绞合2～3圈；② 将两线头自由端扳直，每根自由端在对方芯线上缠绕，缠绕长度为芯线直径的6～8倍；这就是常见的绞接法；③ 剪去多余线头，修整毛刺

续表

线头连接类型	操作示意图	操作工艺与技术要求
大截面单股铜芯线的直线连接	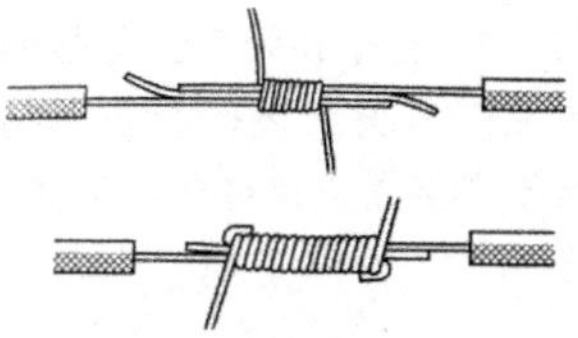	① 在两股线头重叠处填入一根直径相同的芯线，以增大接头处的接触面；② 用一根截面在1.5mm^{2}左右的裸铜线（绑扎线）在上面紧密缠绕，缠绕长度为导线直径的10倍左右；③ 用钢丝钳将芯线线头分别折回，将绑扎线继续缠绕5～6圈后剪去多余部分并修剪毛刺；④ 如果连接的是不同截面的铜导线，先将细导线的芯线在粗导线上紧密缠绕5～6圈，再用钢丝钳将粗导线折回，使其紧贴在较小截面的线芯上，再将细导线继续缠绕4～5圈，剪去多余部分并修整毛刺
小截面单股铜芯线的T型连接	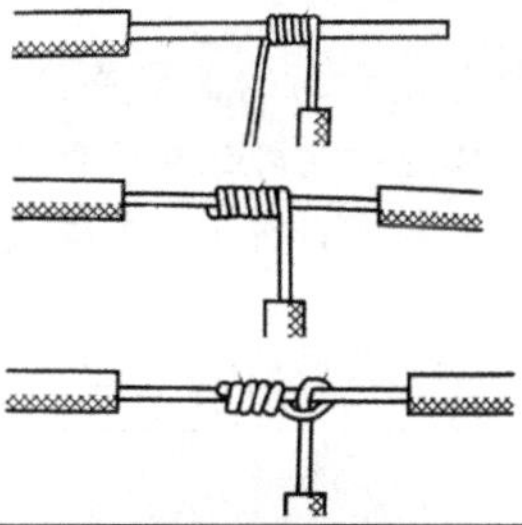	① 将支路芯线与干路芯线垂直相交，支路芯线留出3～5mm裸线，将支路芯线在干路芯线上顺时针缠绕6～8圈，剪去多余部分，修除毛刺；② 对于较小截面芯线的T型连接，可先将支路芯线的线头在干路芯线上打一个环绕结，接着在干路芯线上紧密缠绕5～8圈
大截面铜芯线的T型连接	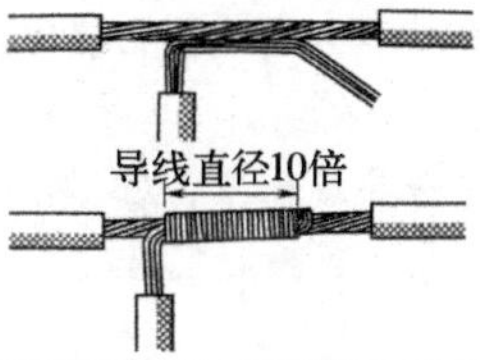	将支路芯线线头弯成直角，将线头紧贴干路芯线，填入相同直径的裸铜线后用绑扎线参照大截面单股铜芯线的直线连接的方法缠绕
七股铜芯线的直线连接	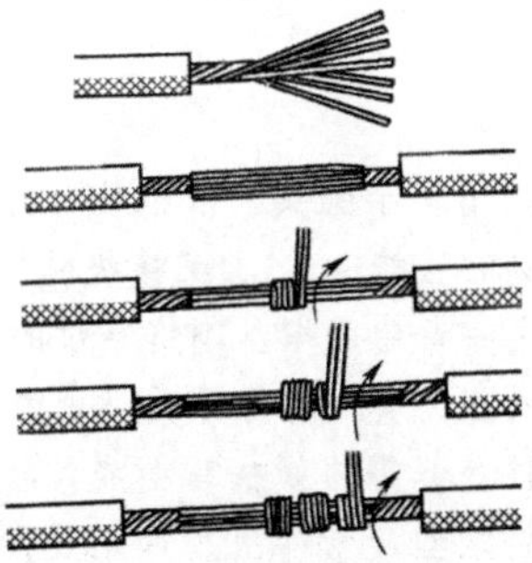	① 除去绝缘层的多股线分散并拉直，在靠近绝缘层约1/3处沿原来纽绞的方向进一步扭紧；② 将余下的自由端分散成伞形，将两伞形线头相对，隔股交叉直至根部相接；③ 捏平两边散开的线头，将导线按2、2、3分成三组，将第1组扳至垂直，沿顺时针方向缠绕两圈再弯下扳成直角紧贴对方芯线；④ 第2、3组缠绕方法与第1组相同（注意：缠绕时让后一组线头压住前一组已折成直角的根部，最后一组线头在芯线上缠绕3圈），剪去多余部分，修除毛刺
七股铜芯线的T型连接	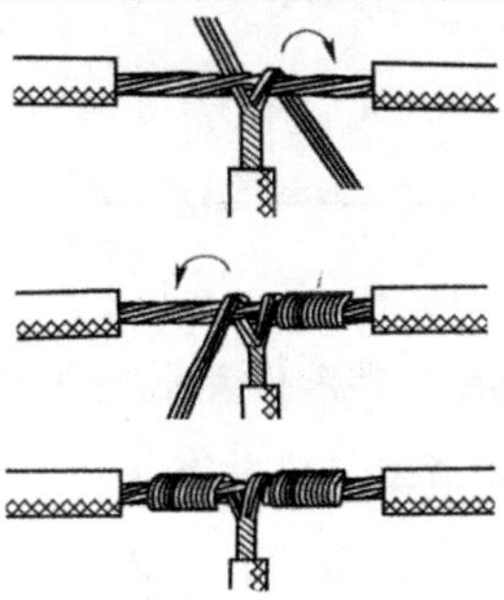	① 方法1：将支路芯线折弯成90°后紧贴干线，然后将支路线头分股折回并紧密缠绕在干线上，缠绕长度为芯线直径的10倍；② 方法2：在支路芯线靠根部$\frac{1}{8}$的部位沿原来的绞合方向进一步绞紧，将余下的线头分成两组，拨开干路芯线，将其中一组插入并穿过，另一组置于干路芯线前面，沿右方向缠绕4～5圈，插入干路芯线的一组沿左方向缠绕4～5圈。剪去多余部分，修除毛刺

续表

线头连接类型	操作示意图	操作工艺与技术要求
电缆线头连接		这种方式的连接适用于双芯、多芯电缆线、护套线。线头的连接方法与前面讲述的绞接法相同。应该注意的是：不同芯线的连接点应该错开，以免发生短路和漏电
小截面铜芯线头的焊接		① 将除去氧化层和污物的线头绞合，涂上无酸助焊剂；② 用50W以上的电烙铁在绞合部位施焊，使熔融的焊锡液渗透满绞合部位的缝隙并使焊点光滑美观
铜芯线头的针孔螺钉压接		适用范围：适用于有线孔和压接螺丝的接线柱。 ① 将清洁线头插入线孔；② 用螺丝刀适当用力旋动压接螺丝，使螺丝将导线压紧；③ 如果有两根或以上的导线要穿入同一线孔，应将它们进行绞合后再压接
铜芯线头与平压接线柱和瓦形接线柱的连接		适用范围：用于半圆头、圆柱头、六角头螺丝加垫圈对小截面导线的压接。① 加工接线圈：用尖嘴钳按照螺丝的大小将线头弯曲成螺丝刚好穿过的圆圈；② 将螺丝杆部穿过接线圈，旋入螺母并适当用力将其压紧；③ 对于瓦形接线柱，只需将线头弯曲成钩状，将其压入瓦形垫圈下面，将螺丝旋紧即可。如果是两根线头，应将两根线头的接线弯相对压入

3. 导线连接处绝缘层的恢复

在线头连接完工后，必须恢复连接前被破坏的绝缘层，要求恢复后的绝缘强度不得低于剖削以前的绝缘强度，所以必须选择绝缘性能好，机械强度高的绝缘材料。

电工技术上，用于包扎线头的绝缘材料常用黄蜡带、涤纶薄膜带、黑胶带等如实训图2.6所

示。一般选用宽度为20mm的绝缘带比较合适。常用薄膜带、黑胶带在包缠时要求从线头一边距切口的40mm处开始，如实训图2.7(a)所示，使黄蜡带与导线间保持55°的倾斜角，后一圈压在前一圈1/2的宽度上，如实训图2.7(b)所示。在恢复380V线路上的绝缘层时，应该先包缠1～2层黄蜡带，再包一层涤纶薄膜带或黑胶带；在220V线路上恢复绝缘层时，只包一层黄蜡带，再包1～2层涤纶薄膜带或黑胶带。

实训图2.6　常用薄膜带和黑胶带

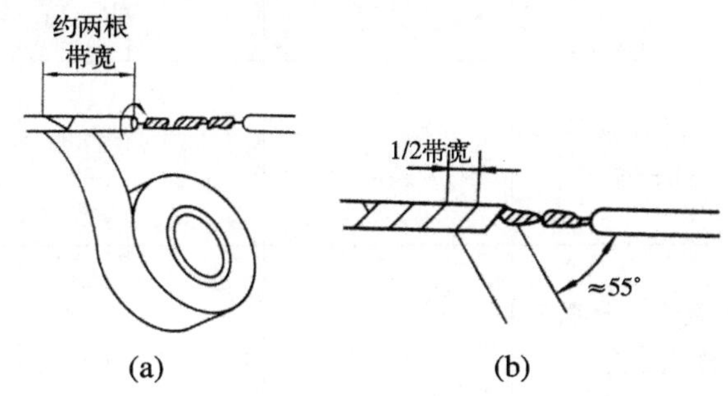

实训图2.7　线头绝缘层的恢复

4. 实训操作步骤及记录

(1) 线头绝缘层剖削的实训记录

按照工艺要求剖削，在剖削过程中，边操作边按实训表2.5的要求将导线的相关数据及操作要点记入该表中。

实训表2.5　剖削导线绝缘层的实训记录

导线种类	型号	绝缘层外径/mm	芯线截面/mm^2	剖削工艺要点
塑料绝缘小截面硬铜芯线				
塑料绝缘软铜芯线				
塑料绝缘大截面硬铜芯线				
塑料护套线				
橡皮线				
花线				

(2) 导线线头的连接实训记录

在操作过程中，请将各种导线连接的工艺要点记入实训表2.6中。

实训表2.6 导线连接的实训记录

接头种类	芯线截面 / mm^2	绑线截面 / mm^2	线头连接的工艺要点
小截面单股铜芯线的直线连接			
大截面单股铜芯线的直线连接			
小截面单股铜芯线的T形连接			
七股铜芯线的直线连接			
七股铜芯线的T形连接			
电缆线头连接			
小截面铜芯线头的焊接			
铜芯线头的螺钉压接			
线头与平压接线柱或瓦形接线柱的连接			

(3) 恢复线头绝缘层的实训记录

将恢复线头绝缘层的相关内容计入实训表2.7中。

实训表2.7　恢复线头绝缘层实训记录

绝缘材料品种	宽度/mm	包缠线头的工艺要点

5. 成绩评定（实训表2.8）

实训表2.8　线头加工实训成绩评定表

评定内容	评定标准	自评得分	教师评分
表现、态度（10分）	好10分；较好7分；一般4分；差0分		
人身、设备、器材安全，用料节省（10分）	人身、设备、器材安全，用料节省，10分；出现安全事故，有浪费材料行为酌情扣分		
导线绝缘层的剖削（21分）	型号、绝缘层外径、芯线截面共18项，每项0.5分；工艺要点6项，每项2分，部分填错按比例扣分		
导线线头的连接（42分）	线芯截面、绑线截面共12项，每项1分；工艺要10项，每项3分，填错按比例扣分		
线头绝缘层恢复（9分）	材料品种、宽度6项，每项0.5分；工艺要点3项，每项2分		
实训器材要求填写的数据全对（8分）	能正确全部填写，8分；每填错一个按比例扣分		
总　分			

实训指导教师：　　　　　　　　　　　学生：　　　　　　　　　　　完成时间：

实训项目 3 白炽灯照明电路的安装与检测

实训目的 1. 了解单相闸刀开关、熔断器和开关的图形符号及作用。

2. 正确安装与检测白炽灯照明电路。

3. 培养学生善于沟通、团结协作和认真负责的良好意识。

实训工具、仪表和器材 本实训所用工具、仪表和器材见实训表3.1。

实训表3.1 实训工具、仪表和器材（以实训小组配备）

<table>
<tr><td>工具</td><td colspan="5">验电器、螺钉旋具、尖嘴钳、斜口钳、剥线钳、电工刀等常用工具</td></tr>
<tr><td>仪表</td><td colspan="5">MF47型万用表</td></tr>
<tr><td rowspan="11">器材</td><td>字母符号</td><td>名称</td><td>型号</td><td>规格</td><td>数量</td></tr>
<tr><td>QS</td><td>单相闸刀开关</td><td>HK2-16/2</td><td>220V 16A</td><td>1</td></tr>
<tr><td>FU</td><td>瓷插式熔断器</td><td>瓷插：RC1A</td><td>10A 380V</td><td>1</td></tr>
<tr><td>FU</td><td>保险丝</td><td></td><td>22# 3A或20# 5A</td><td>若干</td></tr>
<tr><td>S</td><td>明装开关</td><td>NEW1双控</td><td>250V 10A</td><td>2</td></tr>
<tr><td>EL</td><td>白炽灯</td><td>螺口：E27</td><td>220V 15~200W</td><td>1</td></tr>
<tr><td>X</td><td>白炽灯灯座</td><td>螺口：E27</td><td></td><td>1</td></tr>
<tr><td></td><td>控制板</td><td>电木板</td><td>900mm×600mm×20mm 或
600mm×450mm×20mm</td><td>1</td></tr>
<tr><td></td><td>铝芯线(聚氯乙烯
绝缘铝芯电线电缆)</td><td>BLV</td><td>电压：450V/750V
截面规格：1.5mm^2</td><td>若干</td></tr>
<tr><td></td><td>十字沉头自攻螺钉</td><td></td><td>ϕ3.5mm×16mm
ϕ3.5mm×25mm
ϕ3.5mm×35mm</td><td>若干</td></tr>
<tr><td>质量要求</td><td colspan="5">1. 检查选择的工具、仪表、器材等是否满足要求
2. 检查电器元件外观应完整无损，附件、备件齐全
3. 用万用表检测电器元件是否良好</td></tr>
</table>

任务一 元器件的识别与检测

分别认识和用万用表检测电路安装所用到的元器件，对有损坏或接触不良的元器件进行更换。

1. 单相闸刀开关

(1) 外形与符号

闸刀开关也称“开启式负荷开关”，如实训图3.1所示。主要用来隔离电源或手动接通、断开交直流电路，也可用于不频繁的接通与分断额定电流以下的负载，如小型电动机、电炉等。

在家用配电板上，闸刀开关主要用于控制用户电路的通断。通常用额定电流为5A、10A、20A、40A等的二极胶盖闸刀开关，如实训图3.1所示。

> **注意**：安装闸刀时，手柄要朝上，不能倒装，也不能平装，以避免刀片及手柄因自重下落，引起误合闸，造成事故。

闸刀开关底座上端有一对接线柱与静触头相连，规定接电源进线；底座下端也有一对接线柱，通过熔丝与动触头（刀片）相连，规定接电源出线。这样当闸刀拉下时，刀片和熔丝均不带电，装换熔丝比较安全。

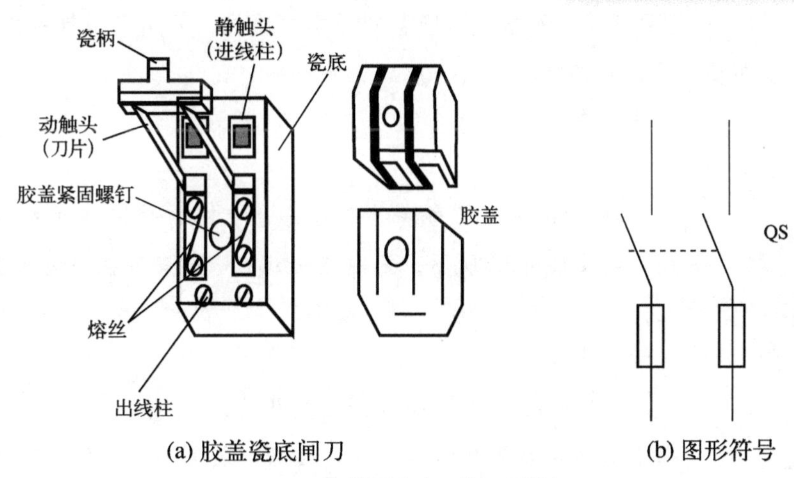

(a) 胶盖瓷底闸刀　　(b) 图形符号

实训图3.1　闸刀开关

(2) 检测

用万用表R“×1”挡将两表笔分别接触闸刀开关同侧的两个接线柱，断开闸刀开关，万用表指针指向无穷大（断路）；闭合闸刀开关，万用表指针指向0（通路）。再重复以上步骤检测闸刀开关的另一侧，符合条件的则说明闸刀开关接触良好。否则检查闸刀开关的保险丝是否已安装好。

2. 熔断器

(1) 外形与符号

熔断器是一种短路保护器，广泛用于配电系统和控制系统，主要进行短路保护或严重过载保护。

家用配电板多用插入式小容量熔断器，由瓷底和插件两部分组成，如实训图3.2所示。熔断器额定电流应与闸刀开关配套。

用于保护电器的熔断器应安装在总开关的后面，用于线路隔离的熔断器应安装在总开关的前面。

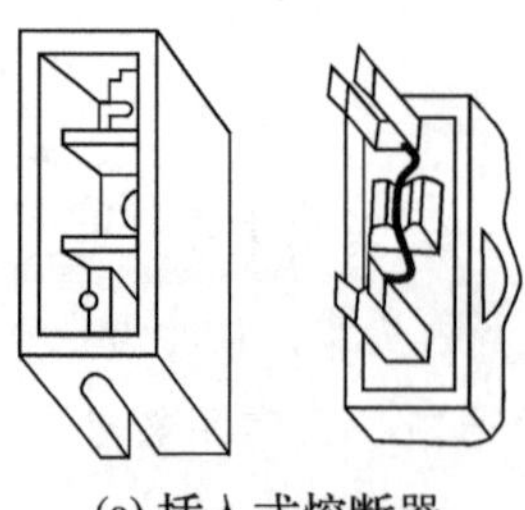

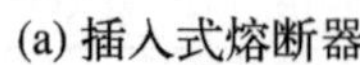

(a) 插入式熔断器

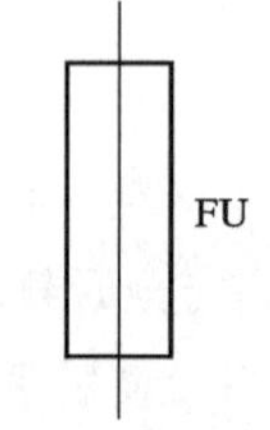

(b) 图形符号

实训图3.2　熔断器

注意：插入式熔断器必须垂直于地面安装，不能横装或斜装。

目前，在家用配电板的安装上提倡使用自动开关，因其具有过流保护、短路保护及漏电保护功能，得到广泛应用。使用自动开关可省去熔断器，安装更为方便，但价格相应较高。

（2）检测

用万用表R“×1”挡将两表笔分别接触熔断器的两个接线柱，万用表指针应指向0，否则检查保险丝是否已安装或是否接触良好。

3. 开关

（1）外形与符号

市场中供应和家庭装璜中所普遍使用的是按键开关（单联或双联），如实训图3.3所示。室内照明开关一般安装在门边便于操作的位置上。

(a) 实物图

S

(b) 图形符号

实训图3.3　开关

（2）检测

用万用表R“×1”挡分别测量开关的3个接线端子，2个不管开或关都不通的触点为常闭（常开）触点，剩下的一个触点即为公共点。公共点随开关的开或关分别接通常开或常闭触点。

4. 白炽灯

（1）外形与符号

白炽灯是第一代的电光源。主要工作部分是灯丝，由电阻率较高的钨丝制成。其结构和图形符号如实训图3.4所示。

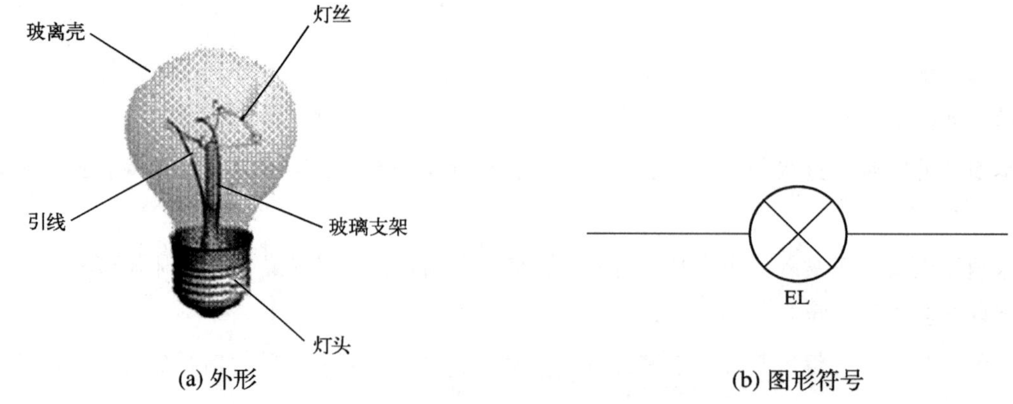

(a) 外形　　(b) 图形符号

实训图3.4　白炽灯

（2）检测

用万用表R“×10”挡将两表笔分别接触白炽灯的两个触点，指针偏转（应有一定阻值）。若指针不动（阻值为∞），则白炽灯灯丝已断。

任务二　白炽灯照明电路的安装与检测

该实训任务分为两项，第一项：单联开关控制一盏白炽灯的安装与检测；第二项：双联开关控制一盏白炽灯的安装与检测。分别安装、检测、评分。

1. 识读电路图

（1）单联开关控制一盏白炽灯的电路图如实训图3.5所示。

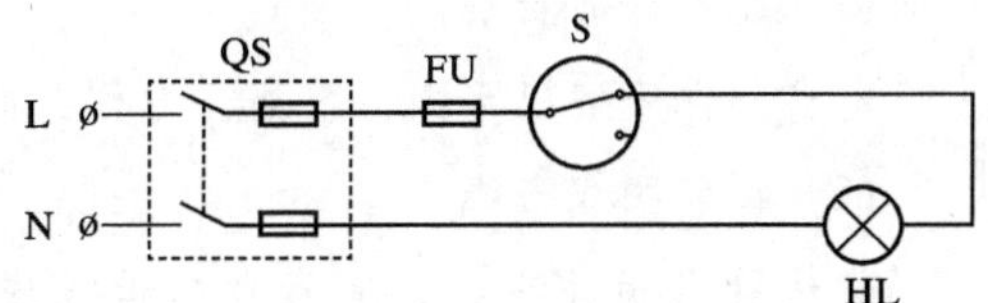

实训图3.5　单联开关控制一盏白炽灯电路图

画一画：请在下面的框中画出单联开关控制一盏白炽灯电路的接线图。

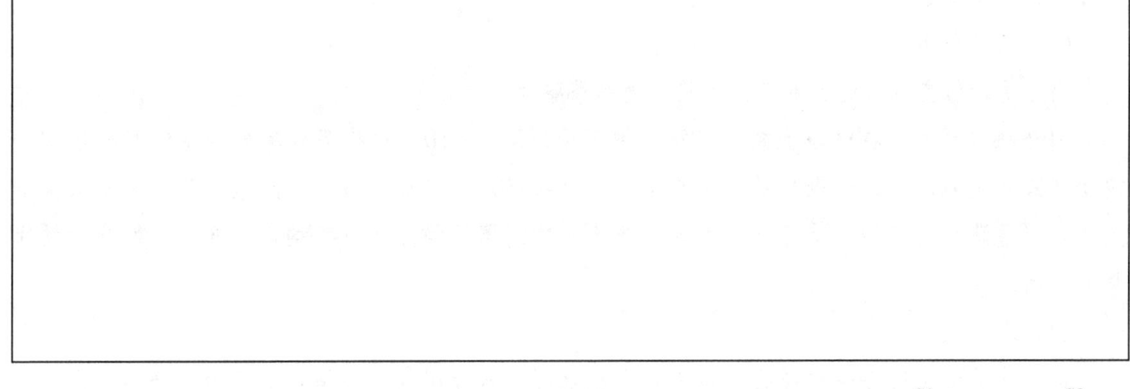

（2）双联开关控制一盏白炽灯的电路图如实训图3.6所示。

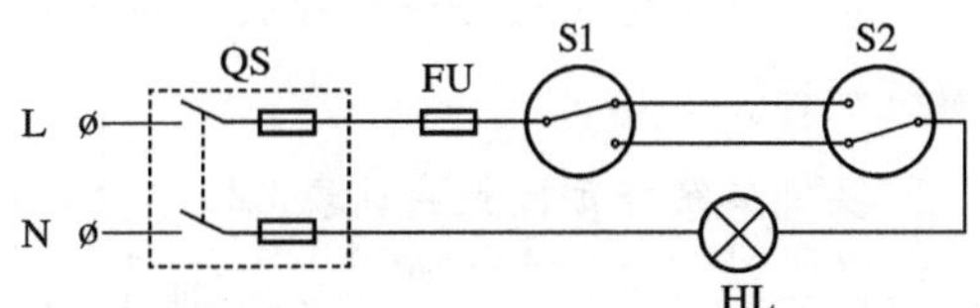

实训图3.6　双联开关控制一盏白炽灯电路图

画一画：请在下面的框中画出双联开关控制一盏白炽灯电路的接线图。

想一想：

双联开关控制一盏白炽灯电路可应用于上下楼梯上，不论在楼上还是在楼下都可以随意开关灯，达到楼下开灯楼上关，楼上开灯楼下关的效果。

同学们请想一想，还可以应用到哪些场合？

2. 实训操作步骤

（1）元器件的安装

电器元件安装应牢固、整齐、匀称，间距合理，便于元器件的更换。

（2）板前明线布线

导线紧贴板面布线，有弯角的地方成90°，两股以上导线的敷设必须紧挨在一起并排布线，布线要集中、横平竖直、分布均匀、不走单线、避免交叉线。严禁损伤导线的线芯和绝缘层，导线中间无接头，与接线端子连接时不得压绝缘层、不反圈及裸露线芯过长，要求线芯接触面足够、连接牢固可靠。

（3）检验电路

用万用表检查电路的正确性，严禁出现短路事故。

闭合闸刀开关，在灯座上装好灯泡。用万用表R“×10”挡将两表笔分别接触两根进线，拨动按键开关两次，万用表指针一次为无穷大（断路）；一次为有一定阻值（阻值大小取决于负载）（通路），证明电路正常。否则，请检查熔断器的保险丝是否接上，开关、灯座的接线是否正确、牢固。

（4）通电试运行

按严格的电工安全操作规程，将单相交流电源接入控制板，经指导老师检查合格后进行通电试运行。

实训成绩评定，见实训表3.2。

实训表3.2 电路安装与操作评价表

序号	主要内容	考核要求	评分标准	配分	扣分	自评分	互评分	教师评分
1	安全文明生产	1）要求遵守学习纪律。 2）劳动保护用品穿戴整齐规范，符合安全生产要求。 3）电工工具佩带合理齐全，使用正确。	1）该项属于扣分项。 2）实训操作及通电试验中，违反安全文明生产考核要求的任何一项扣2分每次。	本项不配分，只扣分				

续表

序号	主要内容	考核要求	评分标准	配分	扣分	自评分	互评分	教师评分
1	安全文明生产	4) 遵守操作规程，听从指令，安全操作。 5) 尊重指导老师，讲文明礼貌；报告口令及回答问题，要求声音洪亮，吐字清晰；简洁、明朗、准确。 6) 操作结束要求清理现场，保持工位整洁	3) 通电试验结束后，拆元件，把使用过的导线搓直捆成一束，清点好器材交回给老师，不执行的酌情扣1~10分。 4) 存在故意浪费实训材料、元器件现象的，酌情扣1~5分。 5) 当指导老师发现学生有重大事故隐患时，要立即予以制止，并每次扣考生安全文明生产总分5分	本项不配分，只扣分				
2	安装可靠	1) 元件在配电板上布置要合理，安装要准确、紧固、可靠。 2) 每个接点硬线最多2根。 3) 直插式导线要打对折接入，且不压绝缘层，裸露线芯不超过1.5mm。 4) 圆垫式接线时，导线按照要求打羊眼圈接入	1) 元件布置不整齐、不匀称、不合理，每个扣1分。 2) 元件安装不牢固、安装元件时漏装螺钉，每个扣1分。 3) 元件装反或安装错误，酌情扣1~5分。 4) 损坏元件，酌情扣3~5分。 5) 接点松动、接头露线芯过长、反圈、压绝缘层，每处扣1分。 6) 损伤导线绝缘或线芯，每根扣1分。 7) 单根导线接入不打对折或单个接点硬线超过2根的，每处扣1分。 8) 保险丝未按要求连接的，每处扣1分	20				
3	安装工艺	1) 布线要求横平竖直，接线紧固美观。 2) 紧贴板面布线，导线有弯角的地方成90°。 3) 不交叉，不走单线，作预留。 4) 导线不能乱线敷设	1) 布线做不到横平竖直，每根线扣1分。 2) 线不贴板、弯角不成90°的，每处扣1分。 3) 存在交叉，走单线，没有作预留的，每根线扣1分。 4) 布线整体美观性差，酌情扣1~10分	40				

续表

序号	主要内容	考核要求	评分标准	配分	扣分	自评分	互评分	教师评分
4	通电试验	在保证人身和设备安全的前提下，通电试验一次成功	1）一次通电不成功扣10分；二次通电不成功扣20分；三次通电不成功扣30分。 2）功能正常，但是合闸灯亮，每次扣2分	40				
备注	否定项：要求遵守考场纪律，不能出现重大事故。出现严重违犯考场纪律或发生重大事故，本次技能考核视为不合格		合计	100				
签名	学生自评签名：________、学生互评签名：________ 教师评分签名：________ 日期：_____年_____月_____日							

单元 3 直流电路

单元学习目标

知识目标

1. 理解电路几个基本物理量的概念，能进行简单计算，理解电流的参考方向及其应用。
2. 理解电阻并能进行简单计算，了解电阻器及其主要参数与温度的关系。
3. 掌握欧姆定律，会运用欧姆定律进行电路的分析与计算。

能力目标

1. 会使用电工仪表测量电路的电压、电流。
2. 能识别常用、新型电阻，能正确使用仪器、仪表测量电阻值，能区别线性电阻与非线性电阻。

3.1 电路的基本物理量及其测量

电路中有电流流过，必须有产生电流的电源，以及将电源与负载连接的导线或导体。电流在电路中是如何流动的呢？下面我们将认识和了解电路中的几个基本物理量：电流、电动势、电位与电压、电能与电功率。

小实验

我们用一对新电池和一对电能已耗尽的电池，在实验电路图3.1中替换使用，当新电池装入电路时，合上开关，电灯泡发光；当换上电能已耗尽的电池时，合上开关，灯泡不亮（图3.1）。为什么呢？

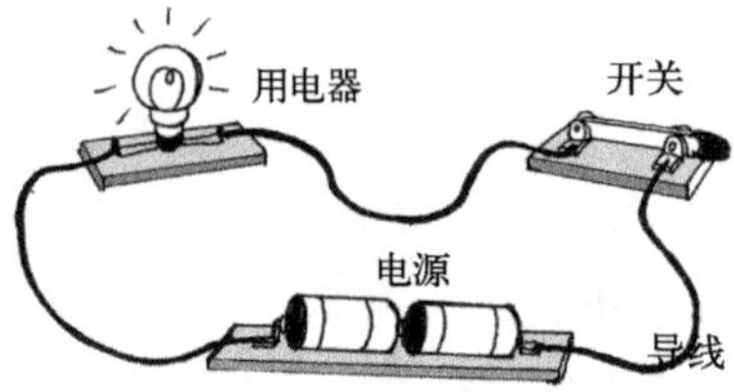

(a) 电路上的电源为新电池

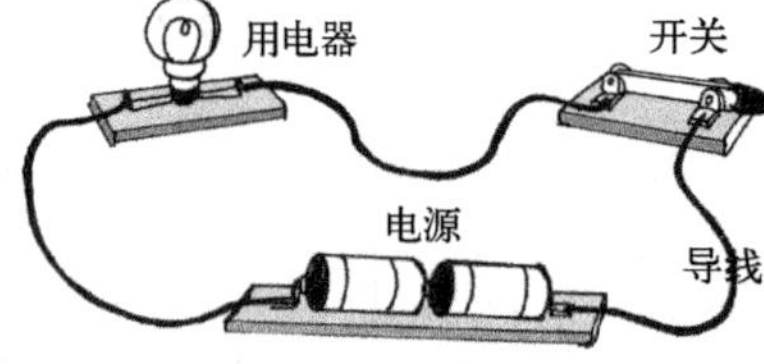

(b) 电路上的电源为用过的无电电池

图3.1　替换使用新电池和已用过的无电电池

当新电池装入时，灯泡能正常发光，说明电路中有电流通过；若换上电能已耗尽的无电电池时，灯泡不能发光，说明电路中没有电流通过。

3.1.1　电流

我们把实验电路模拟为图3.2，可以看出电路中电子运动的方向及电流方向。

图3.2　电路中导体内的电子运动及电流方向

当有电电池接入电路时，自由电子如图3.2所示，向电池正极（+）移动，电池的负极（−）供给电子，这样就产生了连续的电子流。这种电荷的定向移动形成**电流**。

特别提示：应当再次强调的是，在金属导体中，是靠自由电子导电，因自由电子带负电荷，所以自由电子的定向移动方向与电流方向相反。

但是人们规定：在电路中，“电流从电池的正极通过外电路流至电池的负极。”因此在电路中电流的方向与电子流动的方向相反。

电流（I）的大小用每秒（s）通过导体横截

面积的电量（q）来表示，即

$$I = \frac{q}{t} \tag{3.1}$$

式中，q——通过电路横截面积的电量，C(库仑)；

t——电路中通过电量 q 所用的时间，s(秒)；

I——电路中的电流，A(安培)。

1A的含义是：**在1s的时间内通过电路的电量是1C，则电流就是1A。**

除了安培外，常用的电流单位有 kA(千安)、mA(毫安)和 μA(微安)，其换算关系为

$$1\text{kA} = 1000\text{A}$$

$$1\text{A} = 1000\ \text{mA}$$

$$1\text{mA} = 1000\ \mu\text{A}$$

关键与要点

电流不仅有大小，而且有方向。在分析电路时，电流的参考方向可以任意假定，最后由计算结果确定，如图3.3所示。

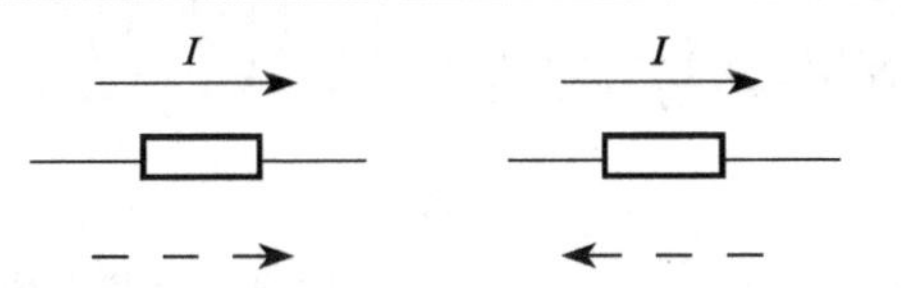

(a) 参考正方向与实际方向一致（计算电流值为正）

(b) 参考正方向与实际方向相反（计算电流值为负）

图3.3　电流的参考方向与实际方向

另外，电流的大小可以用电工仪器进行测量，如电流表（安培表）、万用表电流挡。

3.1.2　电动势、电位与电压

我们用水路和电路做一个对比。在图 3.4(a)中，水之所以从水槽A流向水槽B，是因为存在着A的水位 H_A (m) 与B的水位 H_B (m) 之差 $H_A - H_B$ (m) 而产生的压力。所谓水位，是指水槽A或B中水的高度相对于作为基准的某一位置而言的。

电的情况与水相同，将某一点相对于某一基准点的电的“压力”称为**电位**。这里指的某一基准点，一般为大地、电器的金属外壳或电源的负极，称为**接地**。

特别提示：电压与电位的区别是电位是电路中某点相对于零电位点进行计算。而电压是对电路中两个确定点进行的计算，不一定是零电位点。

在图 3.4(b) 中，设干电池的A点电位为 V_A，B点电位为 V_B，则由于在电位差 $V_A - V_B$ 的所谓电的“压力”作用下，电路中有电流流过。该电位之差称为**电位差**或**电压**。表示电压的符号用 U，单位为伏[特]，符号为V，即

$$U = V_A - V_B \tag{3.2}$$

在图3.4(a)中，为了使水能够从上面水槽不断流向下面水槽，必须用泵提供能量将下面水槽的水送到上面水槽中。

在图3.4(b)中，干电池起到上述泵的作用。干电池内的化学力具持续提供电能的能力，保证电流不断流动。干电池等称为**电源**。这种电源内部的力叫做电源力，电源力将单位正电荷从电源负极移送到正极，所做的功叫电动势。表示电动势的符号用E，单位为V（伏）。

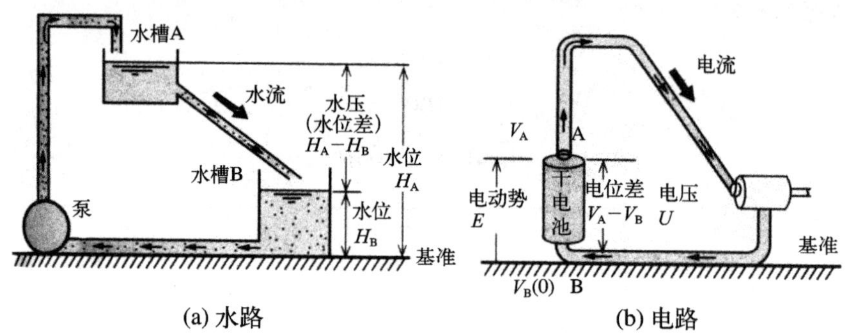

图3.4　水路与电路的类比

电动势是产生和维持电路中电压的保证，电源一旦电动势耗尽，电路就会失去电压，就不再有电流产生。小实验中，当换上已用过的无电电池后，合上开关，灯泡不亮，就是这个道理。

3.1.3 电能和电功率

1. 电能

以上小实验中，电路通电后灯泡发光、发热。这说明电源能够向用电器提供能量。生活中电灯发光、电炉发热、电动机运转都是电压产生的电流通过用电器作了功（称为电功），将电能转变为光能、热能和机械能。电能是指电流通过用电设备在某一段时间内所作的功。这种作功的多少，可以用电能转换（消耗）了多少来衡量。

电流在一定时间内所做的功称为电能，用W表示，其单位J(焦耳，简称焦)。

在日常生产和生活中，电能常用单位是千瓦时（度）用kW·h表示，即

$$1\text{kW·h} = 3.6\times10^6\text{J}$$

电能表是我们每个家庭都很熟悉电能计量仪表（图3.5）。

2. 电功率

电能只能计量一段时间内电流作功的多少，但不能表述电流作功的快慢。则电功率可以衡量用电器电流作功的快慢。电流在单位时间所作的功叫做**电功率**，即

$$P=\frac{W}{t} \tag{3.3}$$

> **特别提示**：掌握电功率与电压、电流之间的关系，对电路中安全配置电器是十分重要的，负载（电器）的电功率，不能超过电路中额定电流和电压的最大负载电功率。

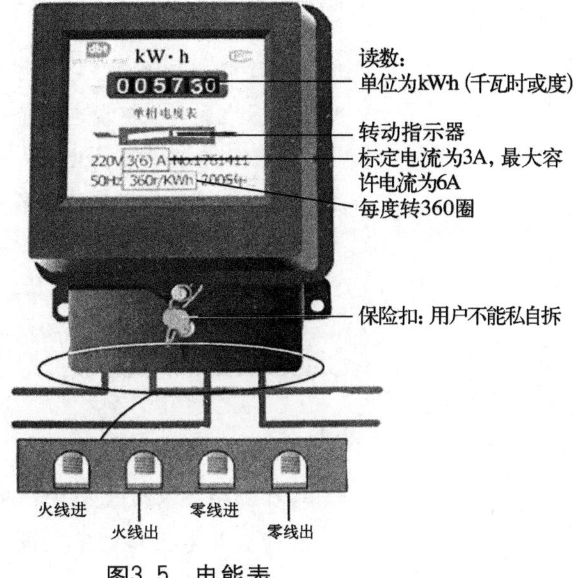

图3.5 电能表

电功率（P）与电流（I）和电压（U）之间的关系是

$$P=UI \tag{3.4}$$

【例3.1】 节能型荧光灯的额定功率为11W，已知照明用电电压为220V，使用时通过的电流是多少？

解：由$P=UI$可得

$$I=\frac{P}{U}$$

家庭电路的电压是220V，所以通过这种荧光灯的电流

$$I=\frac{P}{U}=\frac{11}{220}=0.05\text{（A）}$$

答：通过的电流是0.05A。

【例3.2】 一间教室有40W荧光灯12盏，平均每天用5h，若一个月以30天计，问每月用电共多少度？

解：电能常用单位是千瓦时（度），用kW·h表示，根据公式$W=Pt$计算。该教室荧光灯总功率为

$$P = 12 \times 40\text{W} = 480\text{W}=0.48\text{kW}$$

用电时间(算出一个月多少小时)

$$t = 30 \times 5\text{h} = 150\text{h}$$

本月用电量

$$W = Pt = 0.48\text{kW} \times 150\text{h} = 72\text{kW·h}$$

答：每月用电共72（kW·h）。

知识窗 基本物理量在电工学中的定义

电动势：电源力在电源中将正电荷从电源负极移送到正极所作的功与被移送电量之比叫做电源电动势，即 $E=\dfrac{W}{q}$。

电位：电场力将正电荷从参考点移送到电场中某点所作的功与被移送电量之比叫做该点的电位，即 $V_a=\dfrac{W_a}{q}$。

电压：电场力将正电荷从电场中的 a 点移送到 b 点所作的功与被移送电量之比叫做 ab 两点间的电压，即 $U_{ab}=\dfrac{W_{ab}}{q}$。

电流：电荷的定向移动形成电流，其方向规定为正电荷移动的方向。

动脑筋

1. 外电路有没有电动势？电路中形成电流的原因是什么？
2. 什么是电位和电压？找出它们之间的主要区别。
3. 电能是计量电流所作的功的多少还是计量电流作功的快慢的？

实践活动：用指针式万用表测量直流电压和直流电流

一、直流电压的测量

1) 首先转换开关置于直流电压挡的范围，并选择合适量程挡。

2) 将万用表与检测电路连接如图 3.6 所示。

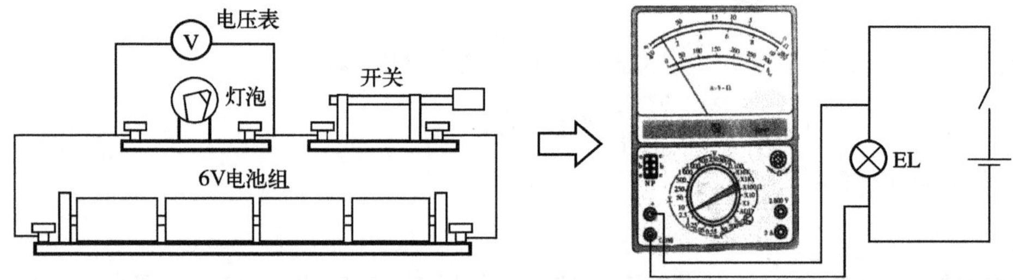

图3.6 测灯泡电压的万用表接线图

万用表必须与被测电路并联。特别要注意表笔极性，即红表笔接被测电路高电位端，黑表笔接低电位端。如果表针反转说明表笔接错，应交换表笔测量。

3) 电路连接完毕，经检查无误后，闭合开关，从万用表上读出灯泡两端电压值，并完成表 3.1 的要求，将相关内容和数据填写在该表中。

注意：

1. 表针偏转角度在表盘的 1/2～2/3 之间最准确。
2. 如果事先不知被测电压高低，先用最高电压量程挡，在测量中如果表针偏转角度过小，再逐次减小到适当量程挡。

表 3.1　本实验相关内容和数据记录

仪表器材	万用表			电池组		灯泡		测量结果	
内容	型号	电压量程	电流量程	节数	总电压/V	标称电压/V	标称电流/A	电流/A	电压/V

二、直流电流的测量

1) 此时转换开关置于直流电流范围，并选择好适当量程挡。

2) 将万用表与检测电路连接如图 3.7 所示。

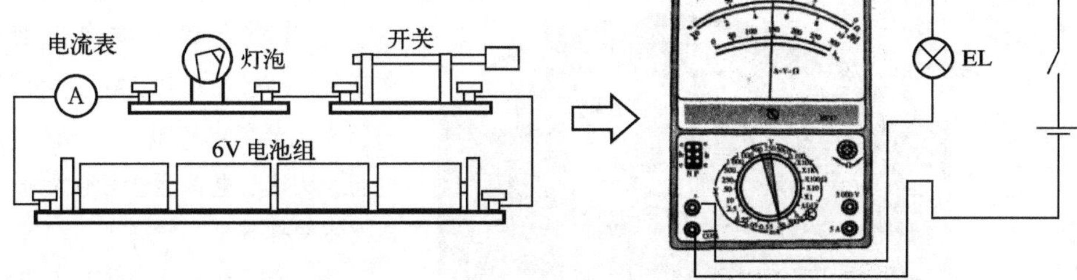

图 3.7　用万用表测电流的接线图

万用表与被测电路串联，表笔极性必须正确，即红表笔接被测电路高电位端，黑表笔接低电位端。

3) 电路连接完毕，经检查无误后，闭合开关，从万用表上读出通过电路的电流值，并完成表 3.1 的要求将相关内容和数据填写入该表中。

注意：

1. 表针偏转角度在表盘的 1/2～2/3 之间最准确。
2. 如果不知被测电流大小仍先用最大电流量程挡，然后在测量中根据表针偏转情况再逐次减小到合适量程挡。

动脑筋

1. 指针式万用表基本操作要点有哪些？
2. 直流电路电流和电压的测量与万用表的电路连接方式有何不同？

3.2 电阻与电阻的识别和测量

金属导体是由电子和相应正离子点阵组成的，其中电子大多可以自由移动，而正离子几乎不能移动。自由电子在导体中定向移动的时候与正离子晶格频繁碰撞，从而减速，相当于受到与运动方向相反的阻力，金属导体这种阻碍自由电子定向运动的性质称为电阻。通过本节的学习，了解并掌握电阻的定义、影响电阻大小的因素和电阻的表示方法等内容，最后通过实验学会对电阻相关参数进行测量。

这些元器件都是电阻哦！

看一看、找一找

图3.8 手机旅行充电器电路板

电阻在电路中有多大的作用？图3.8是我们大家都很常见和熟悉的手机旅行充电器的电路板。找一找，有多少个电阻。从这个电路板上可以看出，电阻在电路中发挥着重要作用。

电阻器（在电路中简称电阻）通过不同的连接方法可以实现电路中的电流、电压管理，进行电路降压与分压、电路限流、电路分流等。

3.2.1 电阻与电阻定律

汽车在公路上行走时，由于车流量大，造成行车拥堵给行车带来阻碍。同理，自由电子在导体中作定向移动形成电流时也要受到阻碍，我们**把导体对电流的阻碍作用称为电阻。**

实验证明：导体的电阻 R (Ω) 与它的长度 L (m) 成正比，与它的横截面积 S (m^2) 成反比，与导体材料的电阻率 ρ 有关。这一关系称为电阻定律。

电阻定律可用数学公式表述为

$$R=\rho\frac{L}{S} \tag{3.5}$$

ρ 是材料的电阻率，单位为 Ω·m。由于电阻率的不同，材料的导电性能有很大差异。常用导电材料电阻率见表3.2。

常用的大单位有kΩ（千欧）、MΩ（兆欧），它们的关系为

$$1\text{k}\Omega = 1000\Omega \qquad 1\text{M}\Omega = 1000\text{k}\Omega = 10^6\Omega$$

人们根据电阻率的大小，把材料分成了三类，电阻率为10^{-6}～10^{-8} Ω·m的材料称为导体，10^{11}～10^{16} Ω·m的材料称为绝缘体。介于二者之间的材料称为半导体。半导体在电子元器件的研发与生产中起着极为重要的作用。

表3.2 常用导电材料与电阻材料在20°C的电阻率

材料类型	材料名称	电阻率 $\rho/(\Omega\cdot m)$	材料类型	材料名称	电阻率 $\rho/(\Omega\cdot m)$
电阻材料	银	1.65×10^{-8}	电阻材料	钨	5.3×10^{-8}
	铜	1.72×10^{-8}		锰铜合金	4.4×10^{-7}
	铝	2.83×10^{-8}		镍铜合金	5.0×10^{-7}
	铁	1.0×10^{-7}		镍铬合金	1.0×10^{-6}

【例3.3】 横截面积为4mm²、长度为1km的绝缘铜导线的电阻值为多少？铜线的电阻率是1.72×10^{-8}Ω·m。

解： 求铜导线的电阻值时，要注意单位。横截面积$S=4mm^2=4\times10^{-6}m^2$，长度$L=1km=1\times10^3m$。

根据电阻定律，铜线的电阻为

$$R=\frac{\rho L}{S}=\frac{1.72\times10^{-8}\times10^3}{4\times10^{-6}}=4.3(\Omega)$$

答： 铜线的电阻值为4.3Ω。

材料不同电阻率不同，同一种材料的电阻率在不同温度条件下也会发生变化。当温度每升高为1℃时，导体电阻的增加值与原来电阻的比值，叫做**电阻温度系数**。电阻的温度系数有正、负之分。

人们利用导体材料电阻温度系数的差异性，制成的温度控制电器元件，广泛用于家用电器的温控系统中，如电饭煲、电磁炉、电熨斗等。

> **注意：** 电路的电阻中有一类电阻是材料本身的属性，与加在它上面的电压和通过它的电流无关。这种电阻又叫**线性电阻**。还有一类电阻，它的电阻值会随着加在它两端的电压和通过它的电流的变化而变化，这类电阻叫**非线性电阻**。
>
> 线性电阻广泛用于线性电路，如降压、限流、分压、分流、反馈、耦合等电路；非线性元件大量用于整流、放大、脉冲及数字电路中。

3.2.2 电阻的种类及识别

电阻的种类多种多样，其识别主要从电阻器上标识的主要参数、材料、形状以及功率进行识别。

1. 电阻的主要参数

电阻器的参数较多，这里我们只讨论技术上经常使用的标称阻值、允许误差及标称功率。

标称阻值 在使用电阻器时，我们最关心的是它的阻值多大。标称

表3.3 电阻器常用误差表示法

百分比表示	色标表示	文字符号表示	罗马数字表示
1%	棕	F	
2%	红	G	
5%	金	J	Ⅰ
10%	银	K	Ⅱ
20%	无色	M	Ⅲ

图3.9 电阻体上标注的功率、阻值和误差

阻值就是指标注在电阻体上的电阻值。电阻器的标称值不是随意的，国家有统一的规定（GB/T 2471－1995）。

允许误差 工厂所生产的电阻，它的实际电阻值不可能与标称电阻值完全相同，它们之间不可避免地存在不同程度的误差。在使用中规定了两种误差表示方法：一种是用阿拉伯数字或罗马数字表示；另一种是用色标或文字符号表示，并将它们印制在电阻体表面。表3.3为允许误差的几种表示法。

标称功率 常温下电阻器在交、直流电路中长期连续工作所能承受的最大功率称为额定功率。由于这个额定功率要标注在电阻体上，所以又称为标称功率。通常功率在2W以上的电阻，它的额定功率直接用阿拉伯数字标注在电阻体上，如图3.9所示。小于2W的或有必要的，不用阿拉伯数字，而用规定符号标注在电阻体上表示功率（表3.4）。

表3.4 常用电阻器标称功率符号的含义

符号	—[//]—	—[/]—	—[—]—	—[I]—	—[II]—	—[V]—	—[X]—
功率	0.125W	0.25W	0.5W	1W	2W	5W	10W

2. 常见电阻的识读

电阻元器件标称阻值与允许误差的标注方法有直标法、文字符号法、色环法和数字法。

(1) 直标和文字符号电阻器的识读

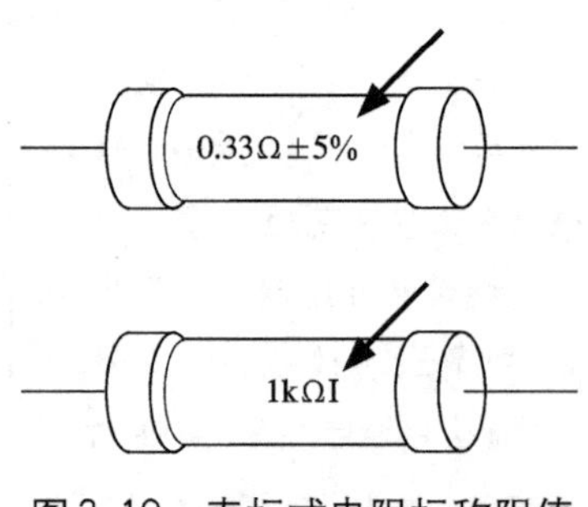

图3.10 直标式电阻标称阻值与允许误差的识读

图3.10将电阻器的标称阻值和误差用阿拉伯数字和罗马数字直接标注在电阻体上。通常阿拉伯数字表示阻值，罗马数字表示误差。这种标注方法叫**直标法**。

图3.11所示是另一种直标法的标注方式，叫文字符号法。标称阻值的数字和字母的组合规律是：阻值的整数部分和小数部分分别标注在单位符号的前面和后面。字母符号的含义如表3.5所示，允许误差字符的含义见表3.5。

(2) 色环电阻器的识读

目前，普通电阻器大多采用色环来标注电阻自身的阻值和误差，即采用在电阻器表面印制不同颜色的色环来表示电阻器标称阻值和误差的

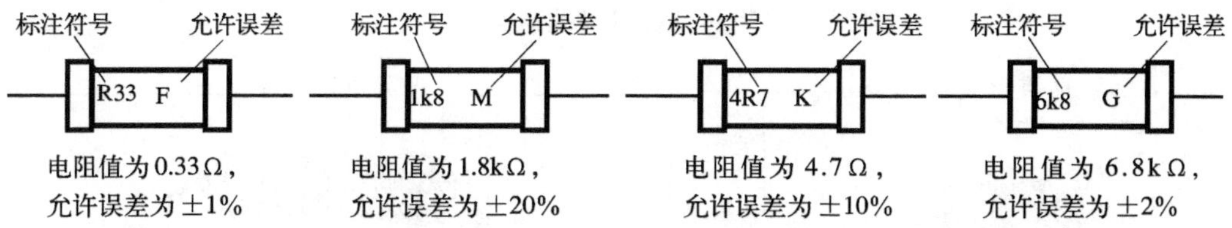

图3.11 文字符号标注电阻标称阻值与允许误差的识读

表3.5 文字符号法中字母和符号的意义

标注符号	R	k	M	G	T
单位及进位	欧（10^0）	千欧（10^3）	兆欧（10^6）	千兆欧（10^9）	兆兆欧（10^{12}）

大小，这类电阻被称为色环电阻。这种标注方法叫色环法。不同的色环代表不同的数值，如表3.6所列。

表3.6 色环电阻中各色环的含义

颜色	黑	棕	红	橙	黄	绿	蓝	紫	灰	白
数字	0	1	2	3	4	5	6	7	8	9

四环电阻的识读：常用的电阻一般为四色环电阻，四个色环代表的具体意义如表3.7所示。识读四色环电阻的诀窍是：表示精度（误差）的第四环一般为金色、银色和无色。

表3.7中，设四环电阻色为红、红、红、金，其阻值为$22\times10^2=2.2\text{k}\Omega$，误差为±5%。

巩固训练：四环电阻的识读

如果你要从一堆电阻中挑选某个阻值的电阻，你最好先根据这个电阻的阻值，想象一下它的色环，再去找。请确定以下电阻的色环（误差±5%）：

56MΩ ______，820kΩ ______，47kΩ ______，

3.3kΩ ______，910Ω ______，12Ω ______。

五环电阻的识读：五色环电阻的精度较高，标称阻值比较准确，常称为精密电阻。识读五色环电阻的诀窍是：表示精度（误差）的第五环与其他四个色环相距较远，一般为棕色，有的为红色或金色。

表3.7中五环电阻色为棕、红、黑、红、棕，则它的阻值为$120\times10^2=12\text{k}\Omega$，误差为±1%。

表3.7 电阻器色标符号的意义

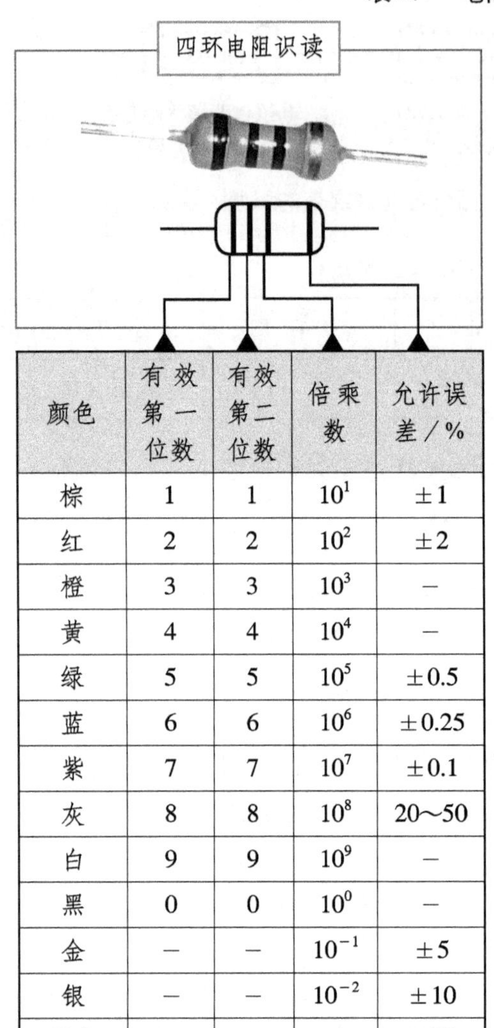

颜色	有效第一位数	有效第二位数	倍乘数	允许误差/%
棕	1	1	10^1	±1
红	2	2	10^2	±2
橙	3	3	10^3	–
黄	4	4	10^4	–
绿	5	5	10^5	±0.5
蓝	6	6	10^6	±0.25
紫	7	7	10^7	±0.1
灰	8	8	10^8	20～50
白	9	9	10^9	–
黑	0	0	10^0	–
金	–	–	10^{-1}	±5
银	–	–	10^{-2}	±10
无色	–	–	–	±20

五环电阻识读

颜色	有效第一位数	有效第二位数	有效第三位数	倍乘数	允许误差/%
棕	1	1	1	10^1	±1
红	2	2	2	10^2	±2
橙	3	3	3	10^3	–
黄	4	4	4	10^4	–
绿	5	5	5	10^5	±0.5
蓝	6	6	6	10^6	±0.25
紫	7	7	7	10^7	±0.1
灰	8	8	8	10^8	20～50
白	9	9	9	10^9	–
黑	0	0	0	10^0	–
金	–	–	–	10^{-1}	±5

巩固训练：五环电阻的识读

你能正确而快速地读出下面四个五色环电阻的阻值和误差吗？

棕红黑红棕 ________，黄紫黑棕棕 ________，

绿蓝红黑金 ________，绿棕黑棕金 ________。

图3.12 用数字表示阻值的电阻器

(3) 数字法表示电阻器阻值的识读

体积较小的可变电阻以及贴片电阻的阻值，一般在外壳标注三位数字表示，如图3.12所示。因为是直接看到数字而不用辨别色环的颜色，标称阻值的识读类似于色环电阻而且更为简单。图3.12中，202表示阻值

为 $20\times10^2=2\mathrm{k}\Omega$，103 表示阻值为 $10\times10^3=10\mathrm{k}\Omega$。

电阻器是电气元器件中一种重要的元件。电阻器大致可分为两种：一种是具有固定电阻值的固定电阻器，另一种是可以在一定范围内改变电阻值的可变电阻器。常见的电阻如表 3.8 所示。

随着科学技术的发展，研发和生产的新型电阻器种类还会越来越多。

表 3.8 常用电阻器的实物图和符号

名　称	国标符号	电路图符号	实物图	名　称	国标符号	电路图符号	实物图
碳膜电阻	R			水泥电阻	R		10W20R J
金属膜电阻	R			普通线绕电阻	R		
有机实心电阻	R			被釉线绕电阻	R		

知识窗　超导现象

具有正温度系数的金属导体，温度越低，电阻越小。1911 年荷兰科学家昂尼斯在做低温实验中发现，水银在温度降到 −269℃ 时，其电阻值突然变为零。后来陆续发现，大多数金属在温度降到某一数值时，均可实现电阻为零。人们将导体在一定温度下电阻变为零的现象叫超导现象。这一发现在科学界引起了很大震动。如果用超导材料，在超导状态下工作，可以将大型计算机体积缩小到PC机的体积而功能一样。在超导状态下的远距离输电，由于没有电阻，没有热损耗，可以不用高压，而且能大大减小导线横截面，从而节省大量材料。用超导材料制造的发电机、电动机，会大量提高输出功率，减小体积。除了上述领域之外，在交通运输、地质勘探、能源开发与节能等方面还有广阔前景，目前还在更加深入的研究之中。科学界对超导现象的研究一直没有停止过。

实践活动：直流电阻的检测——用万用表检测普通阻值电阻

本实验需要：MF47 型万用表、碳膜电阻、金属膜电阻、线绕电阻、水泥电阻。

万用表只能检测 1Ω 至几兆欧之间的电阻值。具体的检测方法和步骤如下：

1) 调整万用表的机械零位。

2) 设定电阻量程（图 3.13）。

3) 调整零欧姆旋钮，使两表笔短接时指针指到电阻零位（图 3.14）。

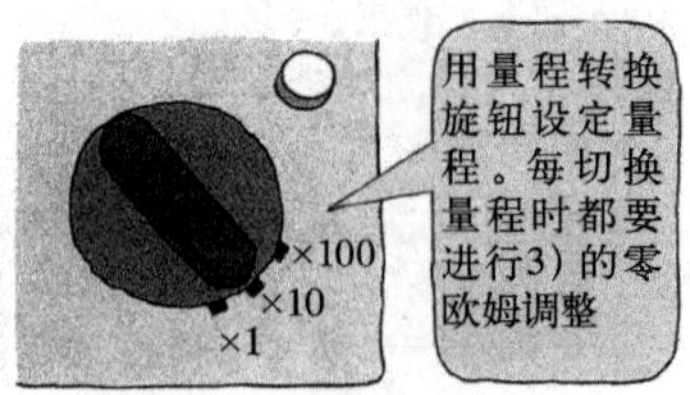

图3.13 设定电阻量程

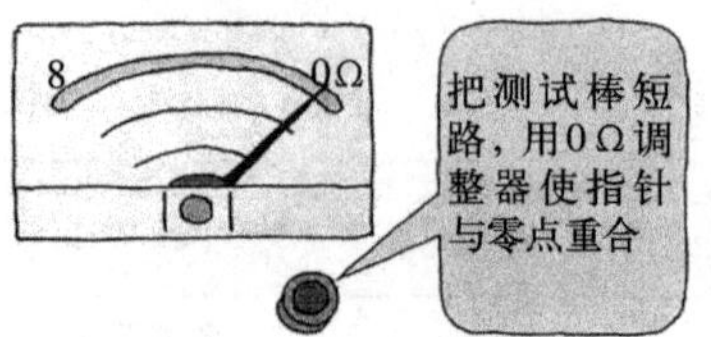

图3.14 调整零欧姆

4) 用表笔正确接触电阻引线（图 3.15）。红、黑表笔不分极性，但不得使人体的不同部位同时接触电阻的两端引出线。

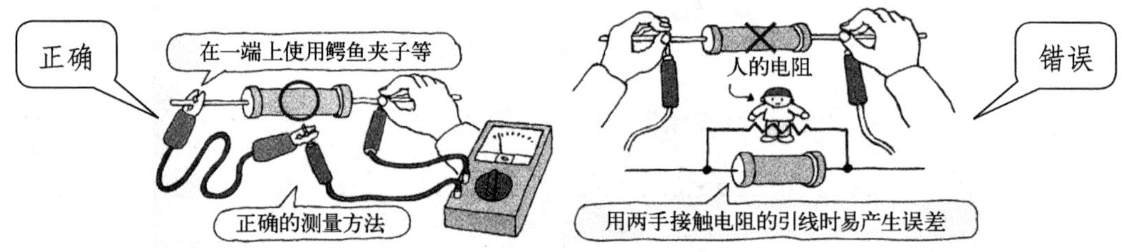

图 3.15 用测试棒接触电阻引线

5) 按表 3.9 所给出的电阻进行识读和检测，并将结果记入表中。每个实验小组按本实验器材要求准备各种常用电阻一套，教师指导学生识别和检测。

表 3.9 实测电阻器的各项参数记录表

品种	型号	标称阻值	误差	参数标注法	实测值	标称值与实测值的差
碳膜电阻						
金属膜电阻						
线绕电阻						
水泥电阻						

注意：

1. 按照万用表的操作要求和注意事项，在万用表上试行实际操作，切实掌握操作要领。

2. 万用表盘上的电阻刻度线是不均匀的，越往左边，刻度越密，电阻值也越大。所以测电阻时，表针将从电阻值的无穷大处向小电阻值方向（往右边）偏转，表针偏转角度越大，表示电阻值越小。如果表针停留在两个小格之间，则应根据刻度线从左自右逐渐变稀的趋势估计读数。

3. 在测电阻时，应将表针停留处的读数乘以转换开关停留位置的倍率。例如，表针停留在读数“2”的刻度线上。如果转换开关在“×100”的位置，则该电阻阻值

$$R = 2 \times 100(\Omega) = 200\,\Omega$$

若转换开关置于×1k的位置，则

$$R = 2 \times 1\text{k} = 2\text{k}(\Omega) = 2000\,\Omega$$

实践活动：高阻值电阻的检测——用兆欧表检测绝缘电阻

常用兆欧表及其测量方法如下。

1. 常用的兆欧表

兆欧表的外形结构如图3.16所示。兆欧表专用于测量高阻值电阻，测量范围在1MΩ～无穷大，单位为兆欧（MΩ），兆欧表大量用于测量各类线路和设备的绝缘电阻。

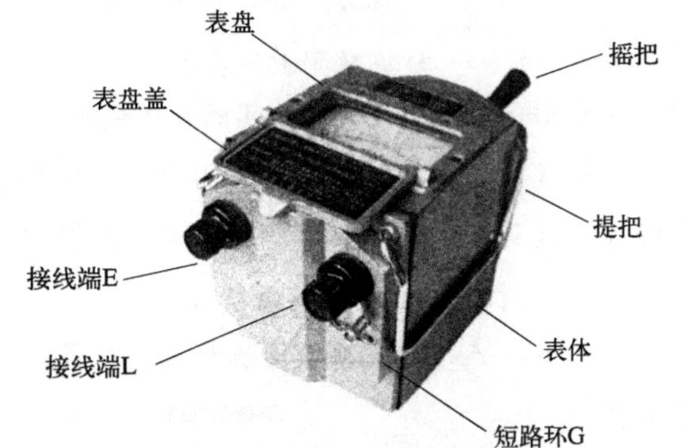

图3.16 兆欧表的外形结构

2. 兆欧表使用方法与注意事项

首先，要检查仪表是否可用。兆欧表的使用方法和注意事项如下：

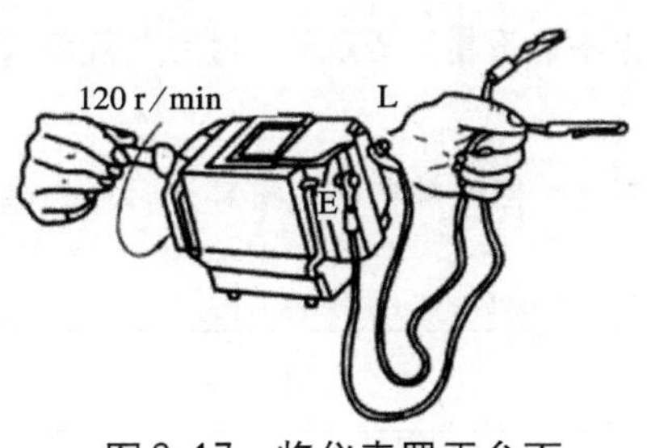

图3.17 将仪表置于台面

第一步：将仪表平稳置于坚实台面，使L、E开路，摇动手柄逐步达到额定转速120r/min，表针读数应为无穷大（图3.17）。

方法要点：表针不能稳定停留在无穷大处，则该仪表不能用。

注意事项：按顺时针方向摇动手柄时人体不能接触接线柱、线路的任何裸露部分，以免触电。

第二步：将L、E短接，缓慢摇动手柄，表针应指在零刻度上（图3.18）。

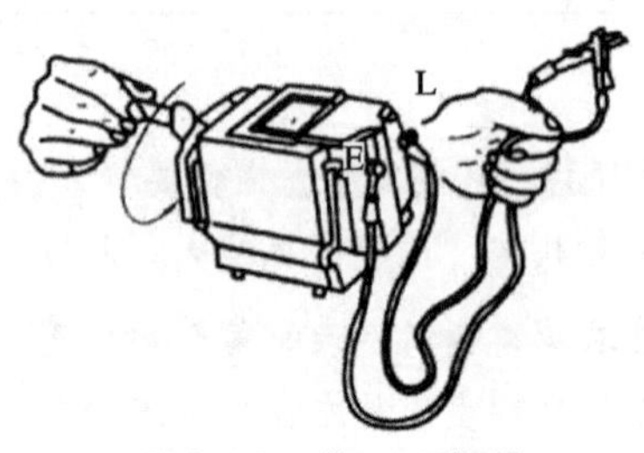

图3.18 将L、E短接

方法要点：表针不能稳定停留在零刻度上，则该仪表不能用。

注意事项：摇动手柄时速度不能太大，无需达到额定转速以免损坏仪表。

3. 测量电机或低压电器绝缘电阻

接线要求：L接电机绕组或其他电器的导电部分，E接外壳（图3.19）。

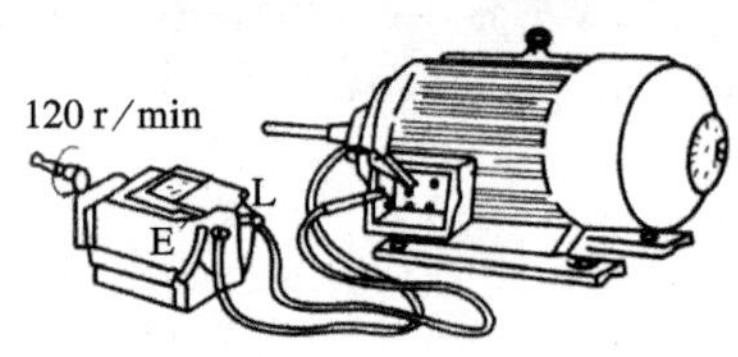

图3.19 测量电机或其他电器的绝缘电阻

方法要点：1) 摇动手柄转速由慢到快，最后稳定在120r/min，一分钟后读数，允许20%误差。

2) 被测线路和设备在测量前绝不能带电，若有电容时，应先摇动一会，使兆欧表对电容充电，待表针稳定后再读数。

注意事项：1) 连接接线柱的连线用绝缘良好的单股导线，且不能绞合。

2) 测量完毕，在兆欧表没停止摇动或设备没放完电前，人体不可接触被测裸露部分，以免触电。

3) 测量中若发现表针突然指零，应停止摇动手柄。

4. 测量电缆芯线与外壳间的绝缘电阻

接线要求：L接被测电缆芯线，E接电缆外壳，G称为短路环，多用于测量电缆绝缘性能时，接芯线与外壳之间的绝缘层（图3.20）。

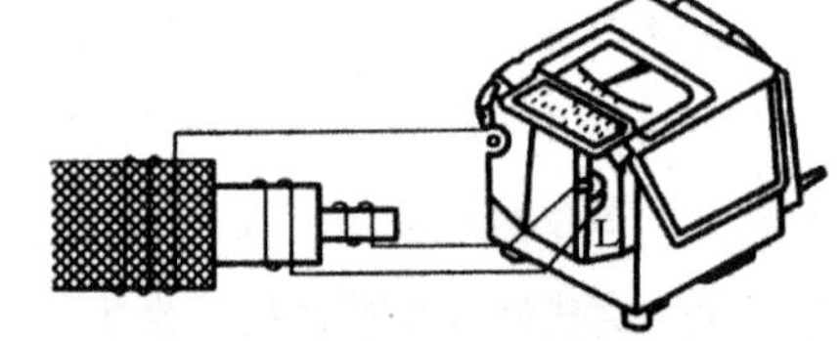

图3.20 测量电缆芯线与外壳间的绝缘电阻

方法要点与注意事项同测量电机或低压电器绝缘电阻。

特别提示：万用表、兆欧表和电桥使用的关键是：

1. 实验前必须反复熟悉万用表、兆欧表的使用方法。千万不能用错，否则严重时可能烧坏仪表，甚至造成安全事故。

2. 因为兆欧表的接线端输出电压高，在使用的整个过程中，不得碰触它的裸露部分，否则容易引起触电。

动脑筋

1. 在家里找一个旧的电子电器拆开，数一数里面有多少个电阻，看你能否读出每个电阻的标称阻值和误差。

2. 在本实验中，哪些地方要特别注意人身安全？

万用表、兆欧表使用是很重要的技能哦!

3.3 欧姆定律

前面我们学习了电路的基本物理量，如电流、电压、电阻及电动势等。在电路中这些物理量之间有何内在关系呢？德国物理学家欧姆用实验来回答了这一问题。由于这一规律是由欧姆通过实验发现的，所以科学界将它命名为欧姆定律。

小实验 **认识电路中电流与电压和电阻的关系**

图3.21(a)是小实验的电路图。

将开关S打到*a*位置时，观察灯泡的亮度。然后，再将开关S分别打到*b*和*c*位置时，再观察灯泡的亮度。我们会发现开关打到*b*时，比开关打到*a*时亮，打到*c*时最亮。

我们将灯泡换成阻值为3 Ω的电阻*R*[图3.21(b)]，重复上面的步骤，测量电阻*R*的电流*I*和电压*U*，计入表3.10。我们会发现当电压增加1倍时，电流也增加1倍。由此可知，电流与电压成正比。

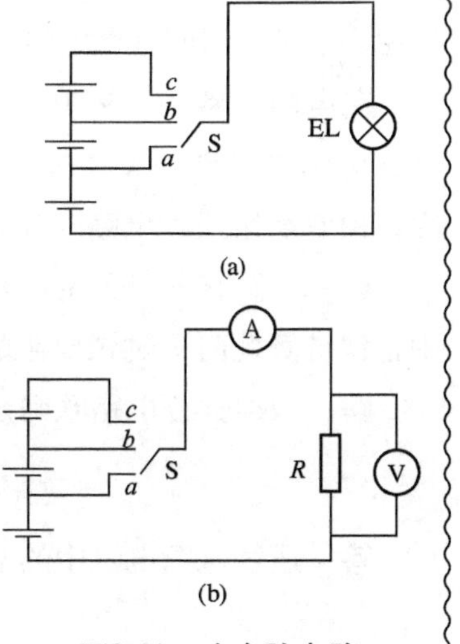

图3.21 小实验电路

表3.10 小实验记录表

开关位置 / 内容	*a*	*b*	*c*
电压/V			
电流/mA			
$U/I=R$			

德国科学家欧姆解释了电路中的这些现象，通过分析电路中电流、电压和电阻的相互影响的关系，总结出了欧姆定律。

欧姆定律适用于电路中不含电源和含有电源两种情况，不含电源电路的欧姆定律叫部分电路欧姆定律，含有电源电路的欧姆定律叫全电路欧姆定律。

3.3.1 部分电路欧姆定律

特别提示：利用部分电路欧姆定律，在电路中的电流、电压与电阻三个量中，已知其中两个量，即可求出另一个量，即

$I=\frac{U}{R}$ → $U=IR$；$R=\frac{U}{I}$

在不含电源的电路中，电流与电路两端的电压成正比，与电路的电阻成反比，其数学表达式为

$$I=\frac{U}{R} \tag{3.6}$$

式中，I——电路中的电流，A；

U——电路两端的电压，V；

R——电路中的电阻，Ω。

这就是部分电路欧姆定律，是电路计算的最基本定律之一。

利用这个关系式，在电压、电流及电阻三个量中，只要知道两个量的值就能知道第三个量的值。

部分电路欧姆定律中电阻的阻值是常量，它不随电流、电压的变化而变化。这种电阻叫线性电阻，由这种电阻组成的电路叫**线性电路**。

在电阻材料中，还有一类电阻的阻值不是常量，它的电阻值会随着加在它两端的电压和通过它的电流的变化而变化，这类电阻叫**非线性电阻**，由它所组成的电路叫**非线性电路**。

【例3.4】有一只固定电阻，测得电阻R为50Ω，将它接在6V的电路中，试计算此时通过该电阻的电流有多大？

解：根据部分电路欧姆定律，电流I可由下式求出

$$I=\frac{U}{R}=\frac{6}{50}=0.12\ \text{(A)}$$

答：通过这只电阻中的电流为0.12A。

3.3.2 全电路欧姆定律

部分电路欧姆定律是不考虑电源的，而大量的电路都含有电源，这种含有电源的直流电路叫**全电路**（图3.22）。对全电路的计算，需用全电路欧姆定律解决。全电路欧姆定律为：**在全电路中，电流与电源电动势成正比，与电路的总电阻（外电路电阻与电源内阻之和）成反比**，其数

学表达式为

$$I=\frac{E}{R+r} \tag{3.7}$$

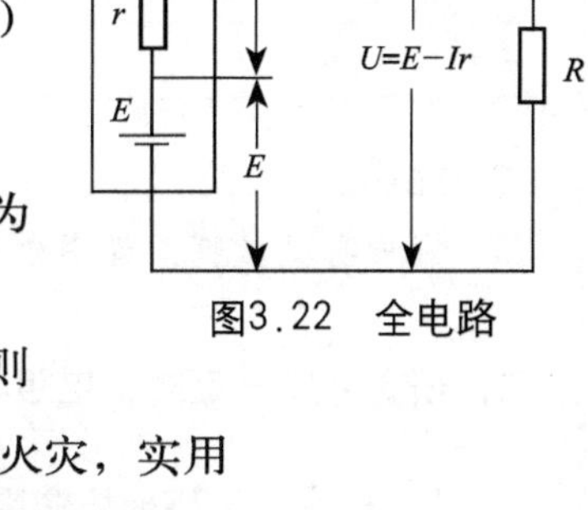

图3.22 全电路

根据全电路欧姆定律，可以分析电路的三种情况：

1) 通路：在 $I=\frac{E}{R+r}$ 中，E，R，r 数值为确定值，电流也为确定值，电路工作正常。

2) 短路：当外电路电阻 $R=0$ 时，由于电源内阻 r 很小，则 $I=\frac{E}{r}$，电流趋于无穷大，将烧毁电路和用电器，严重时造成火灾，实用中应该尽量避免。为避免短路造成的严重后果，电路中专门设置了保护装置。

3) 断路（开路）：此时 $R=\infty$，有 $I=\frac{E}{R+r}=0$，即电路不通，不能正常工作。

实践活动：欧姆定律的验证

欧姆定律是电路的基本定律之一，它反映了电路中电压、电流和电阻等基本物理量之间的关系。

欧姆定律分为部分电路欧姆定律和全电路欧姆定律两部分。

一、研究电阻一定时，电压与电流的变化关系

1）在电工实训台找出实验箱DDZ-11上的“基尔霍夫定律/叠加原理”线路，按照图3.23电路原理图连接线路。实际接线图如图3.24接线图所示。

2）按表3.11改变直流电源电压的大小，用万用表测出对应的直流电流，将数据记录在表3.11中。

注意：

1. 将万用表转换成直流毫安表，选择合适的量程测量（若不确定，可采用最高量程试测，防烧表）。

2. 万用表必须与被测电路并联，红表笔接被测电路高电位端，黑表笔接被测电路低电位端。

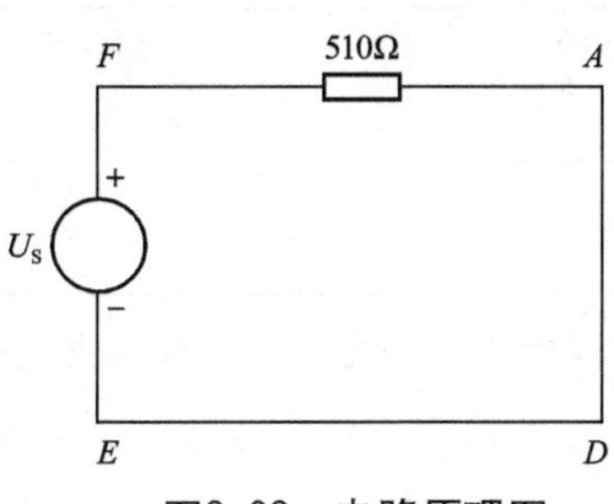

图3.23 电路原理图

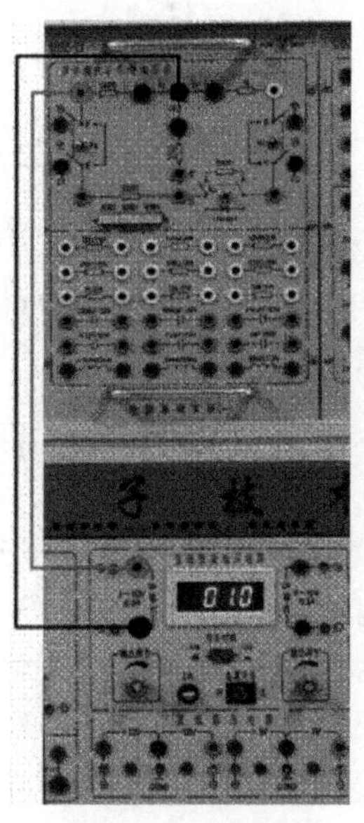

图3.24 接线图
（FA加1V电压）

表3.11　实验数据表

U/V	1V	2V	4V	6V	8V	10V	12V
I/mA							

动脑筋

分析实验数据，说明电阻一定时，电压与电流的变化关系是__________关系。

二、研究电压一定时，电阻与电流的变化关系

1）按照图3.25电路原理图接线，实际接线图见图3.26接线测试图。电阻依次变为3个510Ω，2个510Ω，1个510Ω，电源电压保持12V不变。

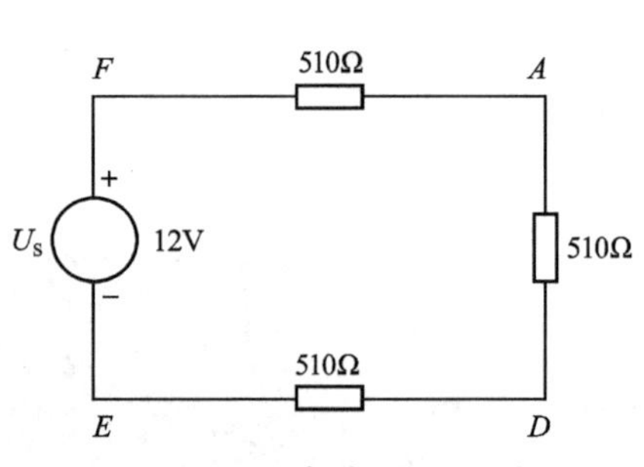

图3.25　电路原理图

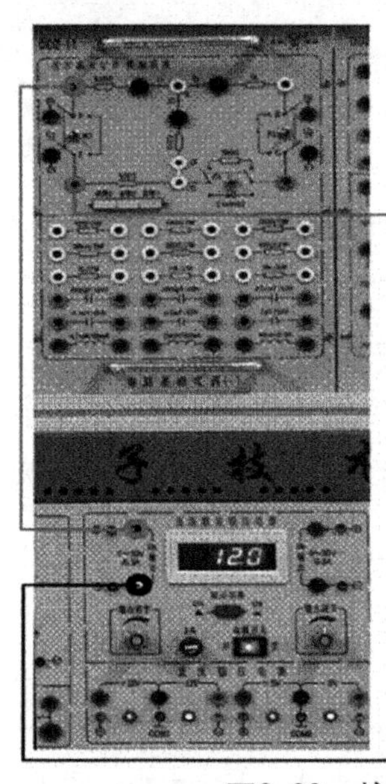

图3.26　接线测试图

2）用万用表测出对应的直流电流，将数据记录在表3.12中。

表3.12　实验数据表

R/Ω	510	510+510	510+510+510
I/mA			

动脑筋

1. 分析实验数据，说明电压一定时，电阻与电流的变化关系是__________关系。

2. 综合上述两个实验的结果，可以总结出全电路欧姆定律：闭合电路中的电流与电源电动势成__________（正比或反比），与电路的总电阻成__________（正比或反比）。数学表达式__________。

巩固与应用

（一）填空题

1. 在直流电路中电流的方向规定由__________指向__________；电压的方向由__________指向__________；电动势的方向由__________指向__________。

2. 测量电流时，电流表应________（串联或并联）于电路中，且要求正端钮接电路的______电位端，负端钮接电路的________电位端。

3. 在检验兆欧表是否可用时，先将两输出端______，轻摇手柄，表针应指向______；当两输出端______时，摇动手柄，在转速稳定后，指针应指向______，说明该兆欧表可用。

4. 电路开路时，外电路两端的电压等于____________。

（二）判断题

1. 用电流表测电压和用电压表测电流都是危险的，但后者比前者更危险。（　　）

2. 用图3.27 所示的手法测电阻的标称阻值是错误的。（　　）

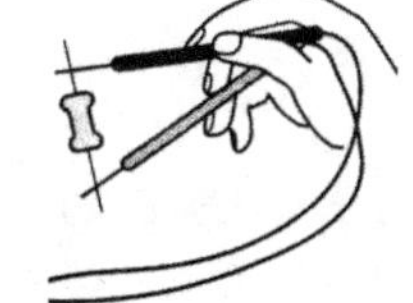

图3.27　判断题2图

（三）单项选择题

1. 一台电冰箱压缩机功率为 120W，该电冰箱的开停比为 1 ∶ 2（即一天中开机时间占 1/3，停机时间占 2/3)，以一个月 30 天计，该电冰箱一个月的用电度数为（　　）。

A. 24.4　　B. 25.66　　C. 28.80　　D. 29.88

2. 用兆欧表检测三相电动机绕组的对地绝缘电阻时，兆欧表的输出端L和E应该分别连接在（　　）。

A. L 接绕组，E 接机壳　　B. L 接绕组首端，E 接绕组尾端

C. L 接一相绕组首端，E 接另一相绕组首端　　D. 都不是

3. 在全电路上，下列说法正确的是（　　）。

A. 外电路电压与电源内电压相等　　B. 开路时外电压等于电源电动势

C. 开路时外电压等于零　　D. 外电路短路时电源内电压等于零

（四）问答题

1. 电路工作中有哪三种状态？哪些状态应该尽力避免？为什么？

2. 一只色环电阻，依次标有棕、红、黄、金四色，这只电阻的阻值有多大？误差为多少？

（五）计算题

汽车蓄电池电动势 $E=12\text{V}$，内阻 $r=0.2\Omega$，满载时的负载电阻为 1.8Ω，试求通过负载的额定工作电流。

（六）实践题

1. 请调查你家里的电路和电器现状：① 有几个开关？各用在什么地方？② 有哪些插座（含宽带网、电话线插座）？③ 有哪些用电器？

2. 调查并计算你家里用电器的总功率，并按单相电路1kW的功率对应 4.5A 电流计算出干路总电流；核对你家电能表的额定电流是否满足线路总电流的要求。

单元4 电路的特点

单元学习目标

知识目标 ☞

1. 掌握电阻串、并联与混联的特点。
2. 识记复杂直流电路、支路、节点、回路、网孔等基本概念。
3. 掌握基尔霍夫定律及其应用。

能力目标 ☞

1. 会运用串、并联与混联电路特点分析计算等效电阻、电流、电压和功率。
2. 会运用基尔霍夫定律分析电路。

4.1 电阻的串联与并联

在电路中，人们通过电阻的并联和串联来调整控制电路中电流的走向、大小；实现电路的降压、限流、分压与分流。因此，电阻串联（图 4.1）、电阻并联（图 4.2）的方式和方法对电路的功能实现发挥着重要作用。

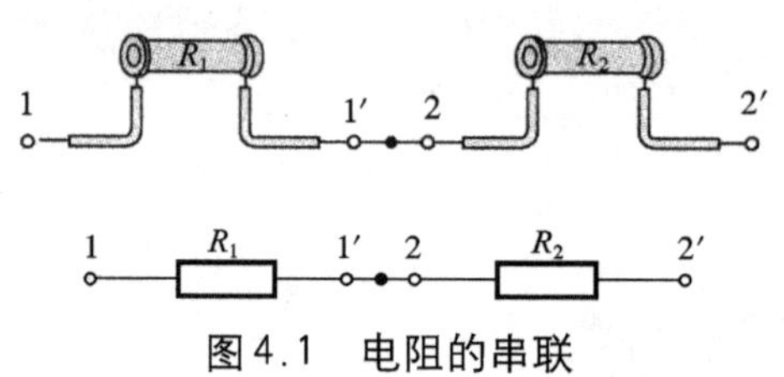

图 4.1 电阻的串联

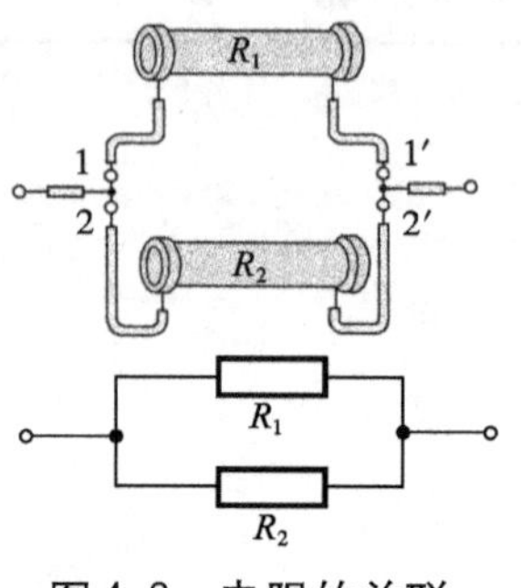

图 4.2 电阻的并联

用电器要接到电路中才能正常使用，电路的基本联结关系是什么呢？下面我们将认识和了解电阻的串、并联和混联电路的特点。

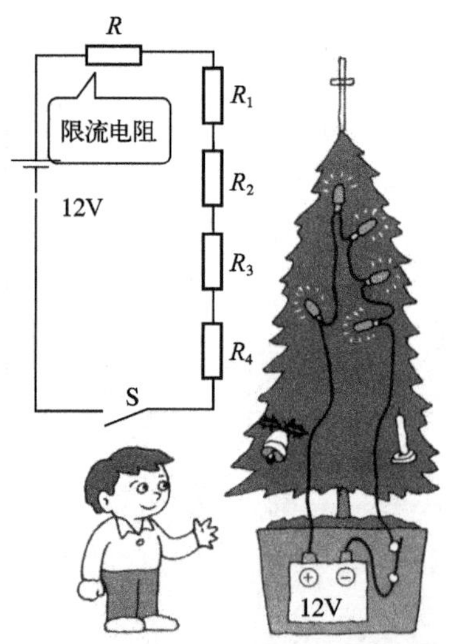

图 4.3 圣诞树的挂灯串联电路

4.1.1 电阻串联

将两个及两个以上电阻连成一串称为电阻串联，如图 4.1 和图 4.3 所示。实验研究证明，串联电路具有如下特征。

1. 串联电路的特性

1) 串联电路中的电流处处相等，即

$$I=I_1=I_2=\cdots=I_n \tag{4.1}$$

2) 各电阻两端的电压根据欧姆定律有下列关系：

$$U_1=R_1I,\ U_2=R_2I,\ \cdots \tag{4.2}$$

式中，U_1、U_2 分别称为电阻 R_1、R_2 的电压降，它们之和等于电源电压 U，因此

$$U=U_1+U_2+\cdots+U_n \tag{4.3}$$

3) 串联电阻的等效电阻（总电阻）等于各串联电阻值之和，即

$$R=R_1+R_2+\cdots+R_n \tag{4.4}$$

2. 电阻串联的应用——串联分压

根据欧姆定律 $U=IR$、$U_1=I_1R_1$、$U_n=I_nR_n$，及串联电路性质 1) 可得到下式：

$$\frac{U_1}{U_n}=\frac{R_1}{R_n} \quad 或 \quad \frac{U_n}{U}=\frac{R_n}{R}$$

电阻串联时，由于流过各电阻的电流相等，因此各电阻两端的电压按其他电阻比进行分配。这就是电阻串联用于**电路分压**的原理。

各电阻两端的电压与各电阻大小成正比，在大电阻值的两端，可以得到高的电压。反之则得到的电压就小，这是串联电路性质的重要推论。

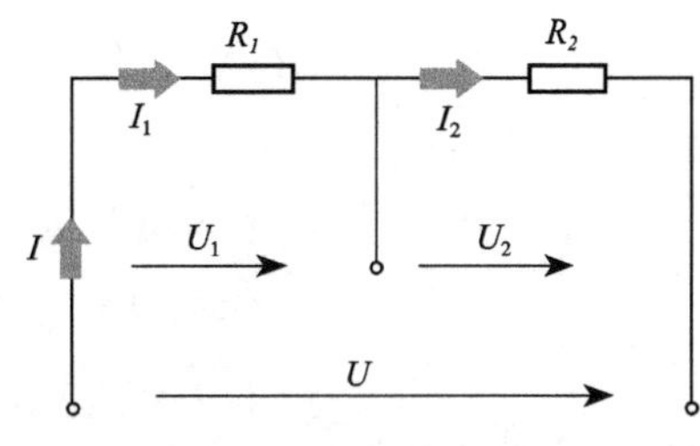

图4.4　电阻串联电路

若已知两个串联电阻(图4.4)的总电压U及电阻R_1、R_2，则可写出下式：

$$U_1=\frac{R_1}{R_1+R_2}U \quad 和 \quad U_2=\frac{R_2}{R_1+R_2}U$$

上式通常被称为串联电路的分压公式，掌握这一公式，会非常方便地计算串联电路中各电阻的电压。

电阻串联的重要作用是分压。当电源电压高于用电器所需电压时，可通过电阻分压提供给用电器最合适的电压，如扩大电压表量程。

3. 串联电阻的功率分配

各个电阻上所分配的功率与阻值成正比，对两个电阻的串联电路，有

$$\frac{P_1}{P_2}=\frac{R_1}{R_2} \tag{4.5}$$

4. 串联电路的计算

利用上述串联电阻的关系公式，我们可以对串联电路中的电阻、电流、电压，以及功率进行计算。

【例4.1】 电路如图4.5所示，已知R_1=5Ω，R_2=7Ω，电源电压为U=6V，试计算该电路等效电阻、电路电流和R_1两端的电压。

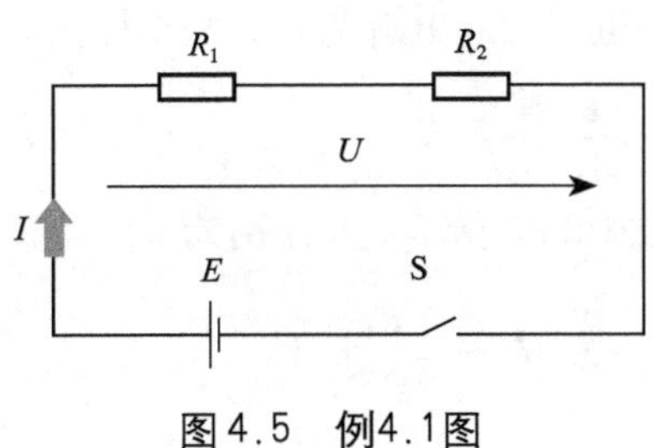

图4.5　例4.1图

解：

等效电阻

$$R=R_1+R_2=5+7=12(\Omega)$$

电路电流

$$I=\frac{U}{R}=\frac{6}{12}=0.5(\text{A})$$

R_1两端的电压

$$U_1=IR_1=0.5\times5=2.5(\text{V})$$

答：该电路等效电阻为12Ω，电流为0.5A，R_1两端电压为2.5V。

4.1.2　电阻并联

将两个或两个以上电阻并排连接的方式称为电阻并联。例如，两个电

阻 R_1 及 R_2 并联，如图4.2所示，是将 1 端与 2 端相连，将 1' 端与 2' 端相连。

1. 并联电路的特性

实验研究证明，并联电路具有如下特征。

1) 并联电路中的总电流等于各支路电流之和，即

$$I = I_1 + I_2 + \cdots + I_n \tag{4.6}$$

2) 各支路上电压相等，都等于总电压，即

$$U = U_1 = U_2 = \cdots = U_n \tag{4.7}$$

3) 总电阻的倒数等于各电阻的倒数和，即

$$\frac{1}{R} = \frac{1}{R_1} + \frac{1}{R_2} + \cdots + \frac{1}{R_n} \tag{4.8}$$

两个电阻并联其总电阻为

$$R = \frac{R_1R_2}{R_1+R_2}$$

2. 电阻并联的应用——并联分流

根据并联电路电压相等的性质可得

$$\frac{I_1}{I_2} = \frac{R_2}{R_1} \quad 或 \quad \frac{I_2}{I_1} = \frac{R_1}{R_2}$$

上式表明，在并联电路中电流的分配与电阻成反比，即阻值越大的电阻所分配到的电流越小；反之所分配电流越大。这是并联电路性质的重要推论，应用较广。当用电器所需电流较小时，可用并联电阻分流，如扩大电流表量程。

如图4.6所示，两个电阻 R_1、R_2 并联，并联电路的总电流为 I，则总电阻为

$$R = \frac{R_1R_2}{R_1+R_2}$$

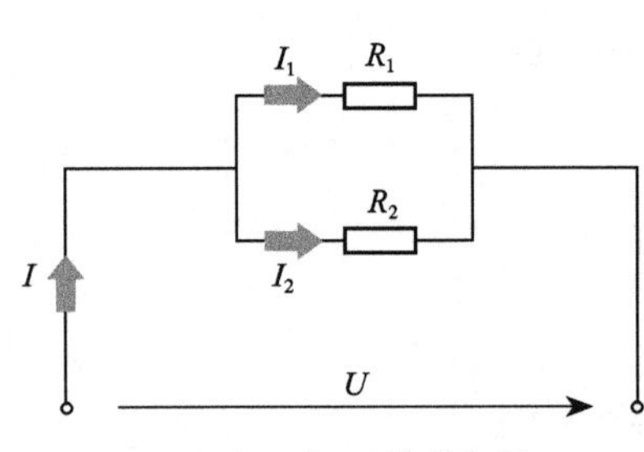

图4.6 电阻并联电路

由上式可得，两个电阻中的分流 I_1，I_2 分别为

$$I_1 = \frac{R_2}{R_1+R_2} I \quad 或 \quad I_2 = \frac{R_1}{R_1+R_2} I$$

3. 并联电阻的功率分配

并联电阻的功率分配与各个电阻的阻值成反比，以两个电阻的并联电路为例有如下表达式

$$\frac{P_1}{P_2} = \frac{R_2}{R_1} \tag{4.9}$$

4. 并联电路的计算

我们可以运用上述并联电阻的特性及其应用的关系公式，对并联电

路中的电流、电阻、电压，以及功率等进行计算。

【例4.2】 电路如图 4.7 所示，已知电源电压 U=3V，R_1=4Ω，R_2=6Ω，试计算该电路等效电阻、通过 R_2 的电流和它所消耗的功率。

解：该电路等效电阻

$$R = \frac{R_1R_2}{R_1+R_2} = \frac{24}{10} = 2.4\,(\Omega)$$

通过 R_2 的电流

$$I_2 = \frac{U}{R_2} = \frac{3}{6} = 0.5\,(\text{A})$$

R_2 所消耗的功率

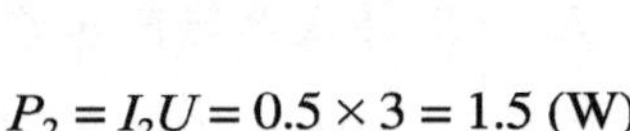

$$P_2 = I_2U = 0.5 \times 3 = 1.5\,(\text{W})$$

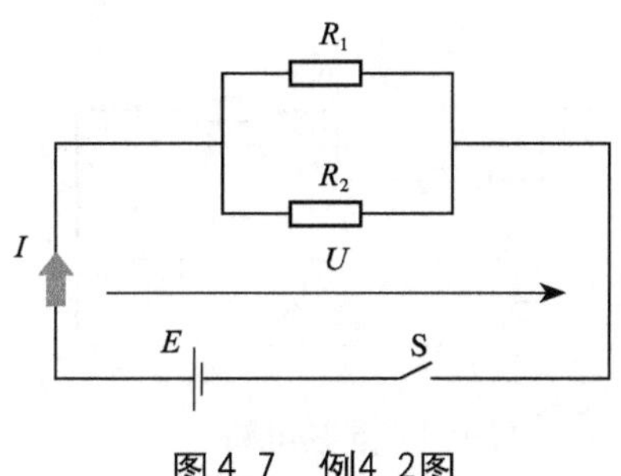

图4.7　例4.2图

答：该电路等效电阻为2.4Ω，在 R_2 上通过的电流为0.5A，R_2 所消耗的功率为1.5W。

4.1.3　串并联等效电阻的计算方法

1. 串并联电阻的计算方法

如图 4.8(a) 所示，R_2 与 R_3 并联，再与另一电阻 R_1 串联，这称为电阻的串并联，也叫电阻的混联。

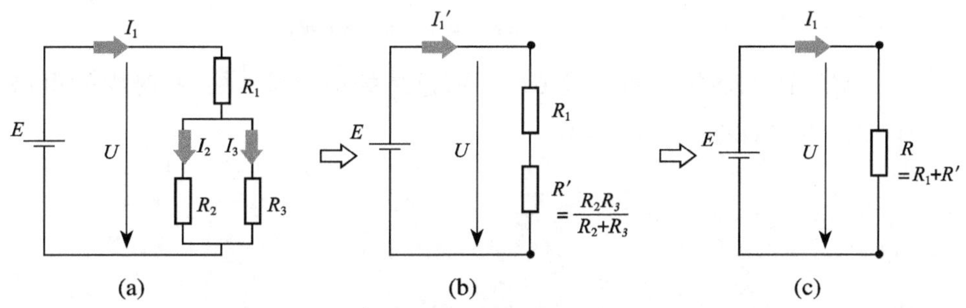

图4.8　串并联与等效电阻计算方法

为了求出串并联的等效电阻，只要先求出图 4.8(a) 的并联部分的等效电阻 R' [图4.8(b)]，然后与 R_1 串联，再置换为另一个等效电阻 R [图 4.8(c)] 即可。

在图 4.8(a)中，若 R_1＝2.5kΩ，R_2＝2kΩ，R_3＝3kΩ，则等效电阻 R＝3.7kΩ。

2. 电阻串、并联电路的计算

利用关于电阻串、并联的相关公式，可以将电阻进行串联或并联组合，以进行电路计算。下面我们用实际例题说明其计算方法。

【例4.3】 电路如图 4.9所示。已知 $R_1=3\Omega$，$R_2=6\Omega$，$R_3=4\Omega$，电源电压 $U=6V$，试计算该电路的等效电阻、通过 R_3 的电流、R_3 两端的电压 U_3 和它所消耗的功率 P_3。

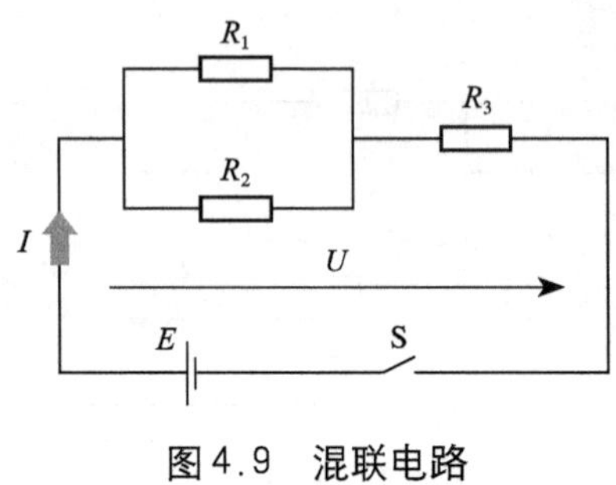

图4.9　混联电路

解： 该电路既有串联又有并联，属于混联电路，其中 R_1 与 R_2 并联，再与 R_3 串联。

(1) 计算电路的等效电阻

R_1 与 R_2 并联的总电阻

$$R_{12}=\frac{R_1R_2}{R_1+R_2}=\frac{3\times 6}{3+6}=2\,(\Omega)$$

R_1 与 R_2 并联再与 R_3 串联，电路总电阻

$$R_{123}=R_{12}+R_3=2+4=6\,(\Omega)$$

(2) 计算通过 R_3 的电流和它两端的电压 U_3

通过 R_3 的电流就是该电路总电流，即

$$I=\frac{U}{R_{123}}=\frac{6}{6}=1\,(\text{A})$$

R_3 两端电压为

$$U_3=IR_3=1\times 4=4\,(\text{V})$$

(3) 计算 R_3 所消耗的功率

$$P_3=IU_3=1\times 4=4\,(\text{W})$$

答： 该电路等效电阻为 6Ω，通过 R_3 的电流为 1A，R_3 两端的电压为 4V，它所消耗的功率为 4W。

动脑筋

1. 如果把两个 220V、60W 的电灯泡串联后接在 220V 的家庭用电插座上，会有什么效果？如果将其中一个灯泡换成 15W 后，又会有什么效果？

2. 有时乘汽车会遇到这样的情况，汽车启动不了时，驾驶员心里着急，就连续几次启动马达（汽车启动用电动机）。前几下还有马达转动的声音，随后逐渐减弱直至没有声音，你认为这是什么原因？

实践活动：研究电阻的串联和并联电路

本实践活动通过连接电阻的串联和并联电路，测量电阻、电流和电压等相关数据，分析研究电阻串联和并联电路的特性。

一、研究电阻串联电路

把两个或两个以上的电阻依次连接，使电流只有一条通路的电路，称为电阻串联电路。

1）按图4.10所示电路连接电阻串联电路，接线图如图4.11所示。

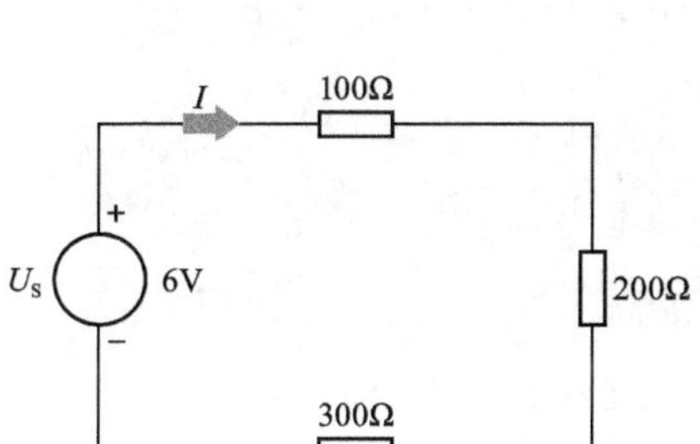

图4.10 电阻串联电路原理图

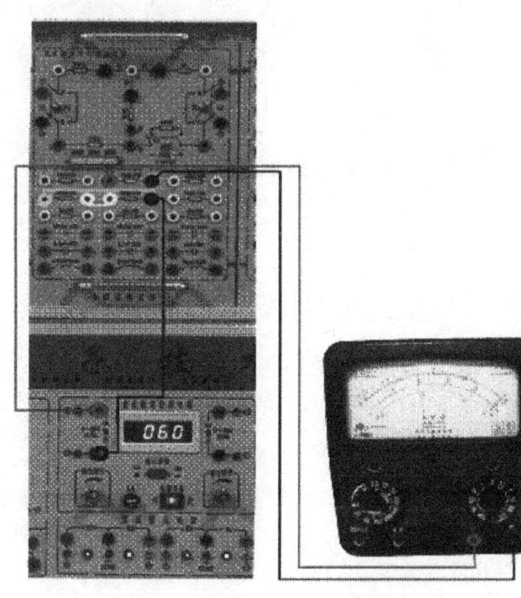

图4.11 电阻串联电路接线图

2）通过电工实训台的稳压电源输出给电路施加6V直流电压，并保持不变。

3）测量串联电路各电阻两端的电压U_{R1}、U_{R2}、U_{R3}，总电流I，等效电阻R，将测量的数据填入表4.1中。

表4.1 实验数据表

U_S / V	U_{R1} / V	U_{R2} / V	U_{R3} / V	I / mA	R / Ω
6					

动脑筋

分析实验数据，说明电阻串联电路的特性：

1. 通过各串联电阻的电流__________。
2. 串联电路总电压等于各串联电阻上电压__________。
3. 串联电路等效电阻（总电阻）等于各串联电阻__________。

> **注意**：测等效电阻时，一定要断开稳压电源后再测量。

二、研究电阻并联电路

把两个或两个以上的电阻并接在两点之间，电阻两端承受同一电压的电路，称为电阻并联电路。

1）按图4.12所示电路连接电阻并联电路，测量接线图如图4.13所示。

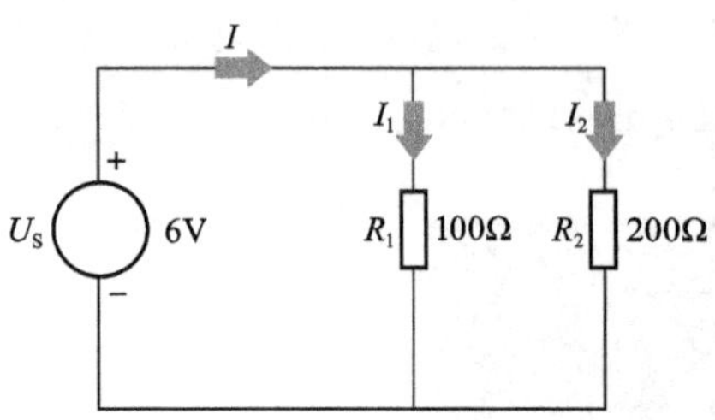

图4.12 电阻并联电路原理图

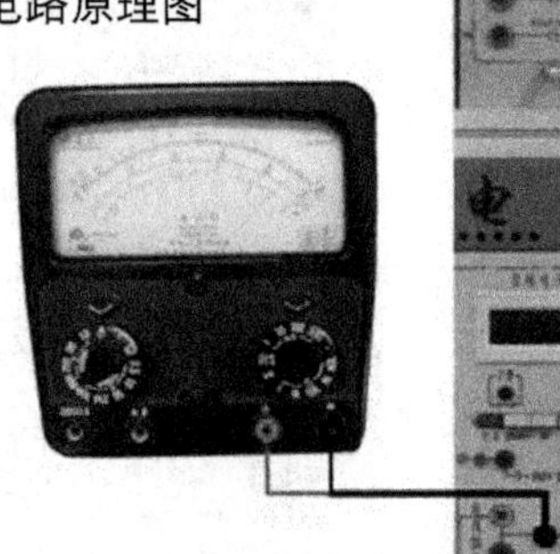
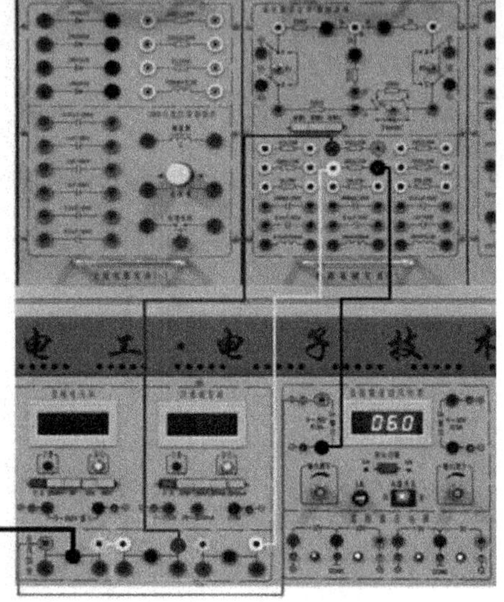

图4.13 电阻并联电路接线测量图（测电流）

2）通过电工实训台的稳压电源输出给电路施加6V直流电压，并保持不变。

3）测量并联电路流过各电阻的电流I_1、I_2和总电流I，等效电阻R，将测量的数据填入表4.2中。

表4.2 实验数据表

U_S / V	I / mA	I_1 / mA	I_2 / mA	R / Ω
6				

动脑筋

分析实验数据，说明电阻并联电路的特性：

1. 各并联电阻两端的电压__________。

2. 电阻并联电路总电流等于通过各电阻的分电流__________。

3. 电阻并联电路等效电阻（总电阻）的倒数等于各并联电阻倒数__________。

注意：测等效电阻时，一定要断开稳压电源后再测量。

4.2 基尔霍夫定律及其应用

前面学习的串联、并联及混联电路，都可以简化成无分支的电路进行计算，这种电路称为简单电路。在电工技术中，还有一些电路是不能通过串、并联关系简化成无分支电路的，这种电路称为复杂电路，这种电路用欧姆定律是不能计算的，必须采用基尔霍夫定律才能解决。

简单电路中，其电流、电压、电阻等可利用欧姆定律进行计算。但是，对于复杂电路，用欧姆定律进行计算是不行的，比较方便的是采用将欧姆定律加以发展的基尔霍夫定律。

为了给学习基尔霍夫定律做好准备，下面先介绍几个用于复杂电路的专用名词。

支路： 由一个或几个元件（如图 4.14 中的电阻和电池）组成的无分支的电路称为支路。在同一支路中，流过所有元件上的电流相等。如图 4.14 中的 R_2，R_1，E_1 就构成了第一条支路 *acb*，而 R_3、E_2 构成了第二条支路 *adb*；R_4、R_5 构成第三条条支路 *aeb*。

节点： 在交通上，称为枢纽，相当于城市交通要道上的“转盘”，南来北往的汽车从外面开进转盘，又从转盘开出。对电路而言“枢纽”则被称为节点，所谓节点，就是三条或三条以上的支路连接成的一个点，如图 4.14中的 *a* 点。

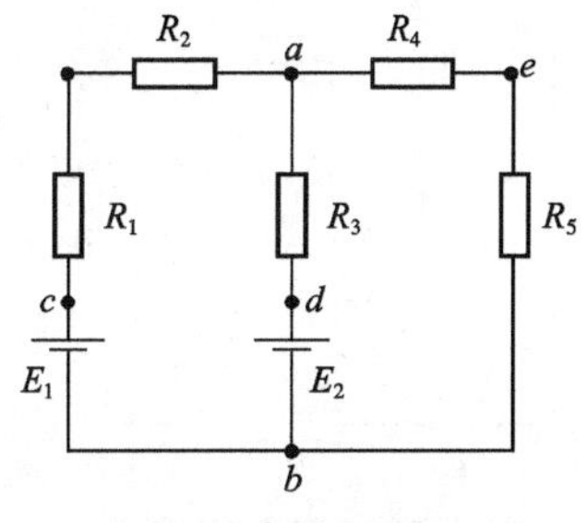

图4.14 复杂电路

回路： 电路中的任何一个闭合路径都称为回路。如图 4.14 中的 *acbda*、*adbea*、*acbea* 都是回路。

网孔： 电路中不能再分的回路（中间无任何支路穿过）称为网孔。如图 4.14中的 *acbda*、*adbea* 都是网孔。

4.2.1 基尔霍夫第一定律

我们先来理解基尔霍夫第一定律及其使用方法（图 4.15和图 4.16）。

> **［基尔霍夫第一定律］　流入电路中某一节点（又称为分支点）的电流之和应与由该节点流出的电流之和相等，即$\Sigma I_{入}=\Sigma I_{出}$。或者说流进和流出某节点的全部电流的代数和等于零，即$\Sigma I=0$。**

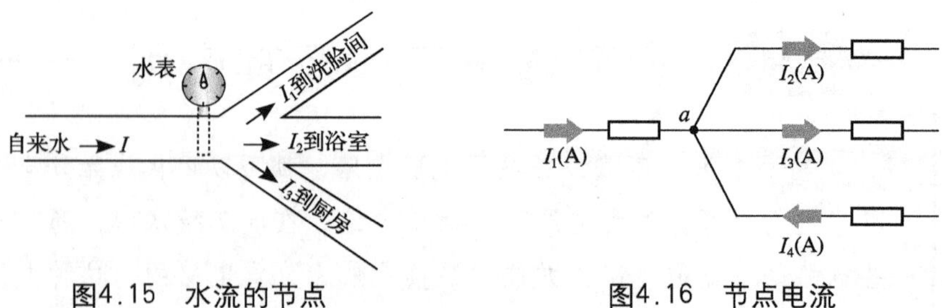

图4.15　水流的节点　　　图4.16　节点电流

在第一定律必须要真正理解的是，求出如图4.16所示的节点 a 的电流代数和的方法。即设流入 a 点的电流为正（+），从 a 点流出的电流为负（−），这样来构成它们的代数和为零的数学式

$$(+I_1)+(+I_4)+(-I_2)+(-I_3)=0$$

4.2.2　基尔霍夫第二定律

基尔霍夫第二定律的内容如下：

> **[基尔霍夫第二定律]　沿任意闭合回路绕行一周的所有电压代数和为零，即 $\Sigma U=0$。或者说沿着闭合回路绕行一周，所有电压降的代数和与所有电动势的代数和相等。**

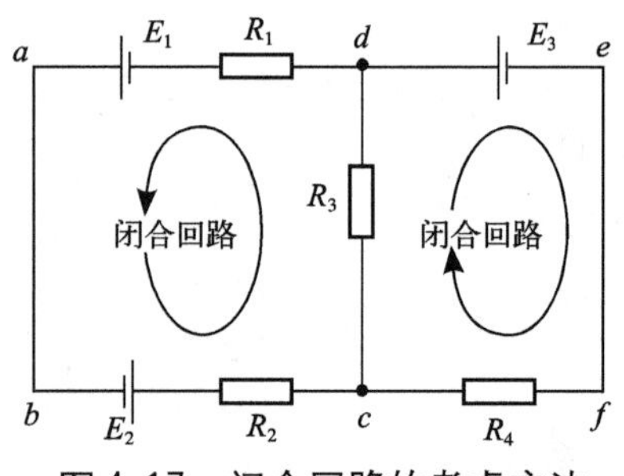

图4.17　闭合回路的考虑方法

所谓闭合回路指的是如图4.17所示的 $a\to b\to c\to d\to a$ 那样，沿电路循行一周的路径。$d\to e\to f\to c\to d$ 也是闭合回路。在对某一回路应用基尔霍夫第二定律建立数学式时，特别注意的是要弄清闭合回路是如何循行一周的，这是很重要的，即要注意求电动势代数和或求电压降代数和时，是按顺时针方向的回路还是按逆时针方向的回路绕行，式子的符号是不一样的。

在求电动势及电压降的代数和时，关于其符号的确定方法必须牢记下列的规则（表4.3）。

表4.3　电动势及电压降的符号确定方法

内容	电动势符号的确定方法		电压降符号的确定方法	
规定正方向 回路绕行方向	电动势规定方向 + − 回路绕行方向	电动势规定方向 + − 回路绕行方向	电压规定方向 回路绕行方向	电压规定方向 回路绕行方向
物理量正负值	E(V)为“+”	E (V)为“−”	电压 U 为“+”	电压 U 为“−”

4.2.3 基尔霍夫定律在电路计算中的应用——支路电流法

支路电流法是以支路电流为未知量，利用基尔霍夫两条定律列出方程组联立求解的方法。使用基尔霍夫定律的原则是，根据第一定律、第二定律先写出和未知数个数相等的数学式，然后再通过解联立方程式来求得电路的电流大小。

下面用2个例题来对基尔霍夫定律在计算中的应用进行说明。

【例4.4】 图4.18是电工仪器上常用的电桥电路，已知：$I_1=25\text{mA}$，$I_3=16\text{mA}$，$I_4=12\text{mA}$，求各支路电流。

解： 任意假定未知电流的I_2、I_5、I_6的参考方向如图4.18所示。在节点 a 应用节点电流定律列出电流方程

$$I_1-I_2-I_3=0$$

则

$$I_2=I_1-I_3=25-16=9\ (\text{mA})$$

在节点b点及c点应用节点电流定律得

$$I_2-I_5-I_6=0$$

$$I_3-I_4+I_6=0$$

由此可求出I_5、I_6

$$I_6=I_4-I_3=12-16=-4\ (\text{mA})$$

$$I_5=I_2-I_6=9-(-4)=13\ (\text{mA})$$

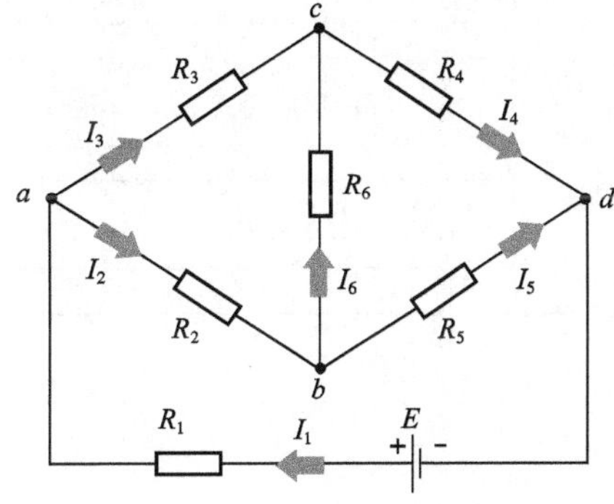

图4.18 电桥电路的计算

答： 用节点电流定律计算结果，I_2为9mA，I_5为13mA，I_6为 −4mA，其中的负号表示这个电流的假定方向与实际方向相反。

【例4.5】 图4.19是用两个并联电源向电阻供电的直流电路。已知$E_1=130\text{V}$，$E_2=117\text{V}$，$R_1=1\,\Omega$，$R_2=0.6\,\Omega$，$R_3=24\,\Omega$，试求三条支路的电流I_1、I_2、I_3。

解： 第一步，假定各支路电流的参考方向及回路绕行方向如图4.19所示。

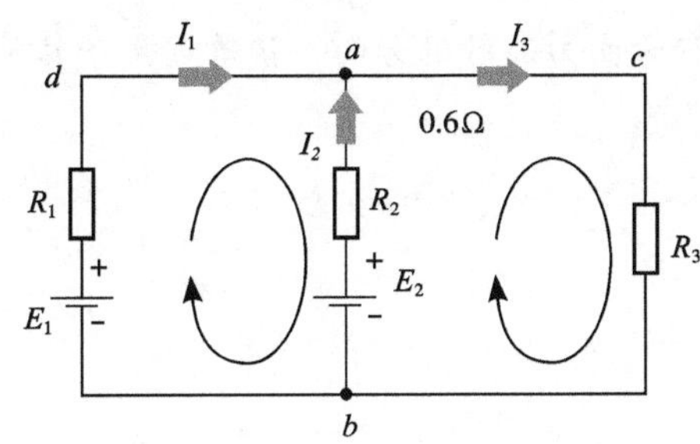

图4.19 闭合回路的电流方向假定

[解题步骤]

① 对节点 a 应用第一定律

② 沿 $a\to b\to d\to a$ 的绕行方向对闭合回路应用第二定律

③ 沿 $a\to c\to b\to a$ 的绕行方向对闭合回路应用第二定律

④ 建立联立方程组

⑤ 代入数据求解方程组，求得 I_1、I_2、I_3

⑥ 确认电流方向是否为箭头所示方向

第二步，利用基尔霍夫第一定律列出节点电流方程，因该电路有两个节点，只能列一个方程（$n-1$），在节点 a 有

$$I_1+I_2-I_3=0$$

第三步，利用回路电压定律针对两个网孔列出两个回路电压方程：

在 $abda$ 回路的电压方程为

$$I_1R_1-I_2R_2-E_1+E_2=0$$

在 $acba$ 回路的电压方程为

$$I_2R_2+I_3R_3-E_2=0$$

由此得联立方程组为

$$\begin{cases}I_1+I_2-I_3=0\\I_1R_1-I_2R_2-E_1+E_2=0\\I_2R_2+I_3R_3-E_2=0\end{cases}$$

第四步，代入已知数据得，解出方程组

$$I_1+I_2-I_3=0$$
$$1I_1-0.6I_2-130+117=0$$
$$0.6I_2+24I_3-117=0$$

解方程组得

$$I_1=10\text{A},\ I_2=-5\text{A},\ I_3=5\text{A}$$

答：该电路三条支路的电流分别为10A，−5A，5A，其中的负号表示电流I_2的假定方向与实际方向相反。

动脑筋

1. 网孔一定是回路吗？回路是否一定是网孔？

2. 在例4.5中，你可以假定回路绕行方向为逆时针方向，试着列式子算算看，结果是否与例题相同。

巩固与应用

（一）填空题

在串联电路中，各个电阻上电压的关系为______，电路的总功率与各个电阻所消耗功率的关系为______。

（二）判断题

1. 串联电路中，总电阻值恒大于组成该电路的任何一个电阻值。（　　）

2. 若干个用电器，无论将它们串联使用还是并联使用，它们消耗的总功率都等于各个用电器消耗功率之和。（　　）

（三）计算题

1. 在图 4.20 所示电路中，$R_1=45\Omega$，通过 R_1 的电流是总电流的1/10，试计算 R_2 的阻值和电路的总电阻。

2. 在图 4.21 所示电路中，已知 $R_1=R_2=10\Omega$，$R_3=30\Omega$，试求总电阻 R_{ab}。

3. 在图 4.22所示电路，已知 E_1=12V，E_2=10V，R_1=10Ω，R_2=8Ω，R_3=6Ω，试计算通过 R_3 的电流。

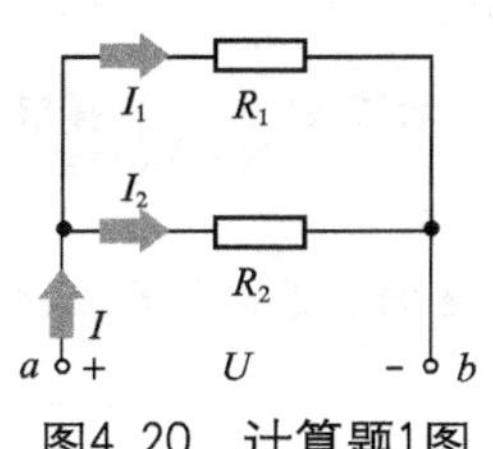

图4.20　计算题1图

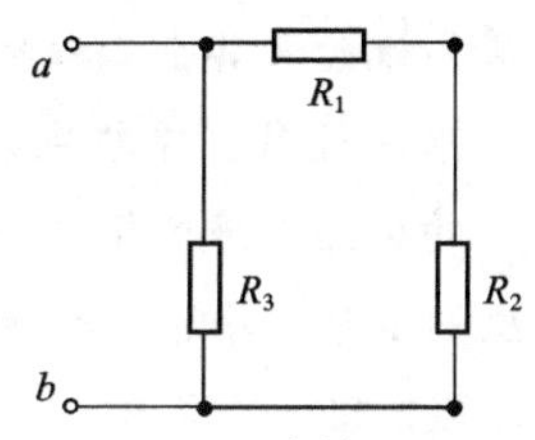

图4.21　计算题2图

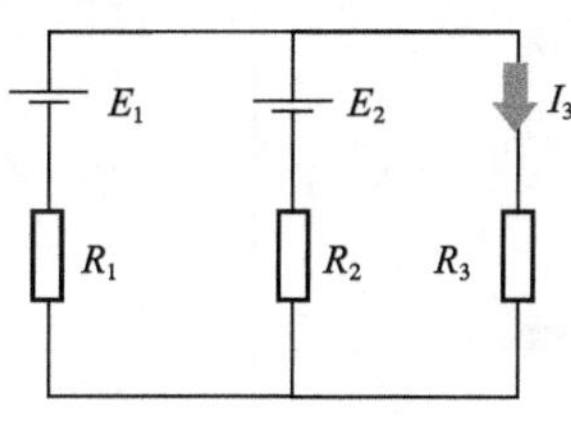

图4.22　计算题3图

单元 5 电磁理论

单元学习目标

知识目标

1. 理解磁场的基本概念，了解磁通的物理概念及其应用；了解磁感应强度、磁场强度、磁导率的概念及其相互关系；掌握左手定则。
2. 了解磁化现象、常用磁性材料及其应用；了解消磁、充磁的原理及其应用，了解磁滞损耗产生的原因及降低损耗的方法；了解磁屏蔽的概念及其在工程技术中的应用。
3. 理解电磁感应现象，掌握电磁感应定律与右手定则，了解涡流损耗产生的原因与降低损耗的方法。
4. 了解电感的概念、外形、参数及影响电感量的因素；了解互感的概念及其在工程上的应用。

能力目标

1. 会判断载流直导体、通电螺线管的磁场方向，会判断通电导体在磁场中的受力方向。
2. 会判断感应电动势与感应电流的方向。
3. 会判断电感器的好坏。

5.1 磁场及其基本物理量

我们在日常生活中发现，一些互不接触的物体间存在作用力，小磁针总是停在南北方向，某些物体通电后会对另外一些物体产生吸引力……这些现象都是因为磁场的作用产生的。

5.1.1 磁场及其在工程技术上的应用

1. 磁体、磁极与磁场

在图5.1中，一个废旧的扬声器把几颗小铁钉紧紧地吸附在自己的周围，说明扬声器具有磁性，我们把这种**能吸引铁钉具有磁性的物体叫做磁体**。自然界中存在天然磁体和人造磁体两种。天然存在的磁体（俗称吸铁石）叫**天然磁体**，我们看见的磁体一般都是人造的，有条形、蹄形、针形等，如图5.2所示。

图5.1 磁体的含义

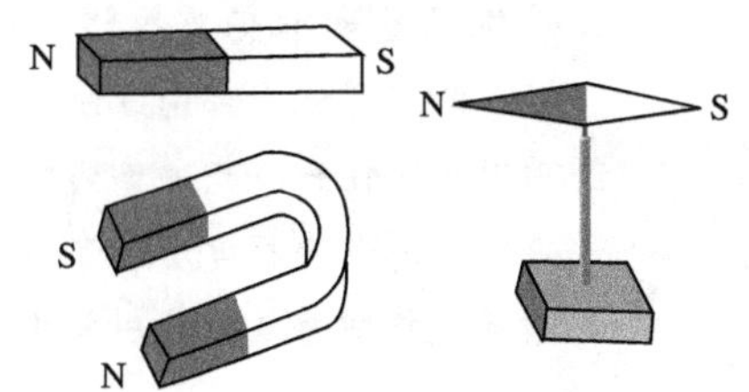

图5.2 常见的人造磁体

实验发现，磁体两端的磁性最强，我们把**磁体两端磁性最强的区域称为磁极**。任何磁体都具有两个磁极，而且不管把磁体怎么分割，磁体总是保持两个磁极。把一颗小磁针任意转动，待静止时，小磁针总是会停在南北方向上，我们把小磁针指北的一端叫**北极**，用N表示；指南的一端叫**南极**，用S表示。磁极之间具有相互作用力，即同极相排斥，异极相吸引，如图5.3所示。

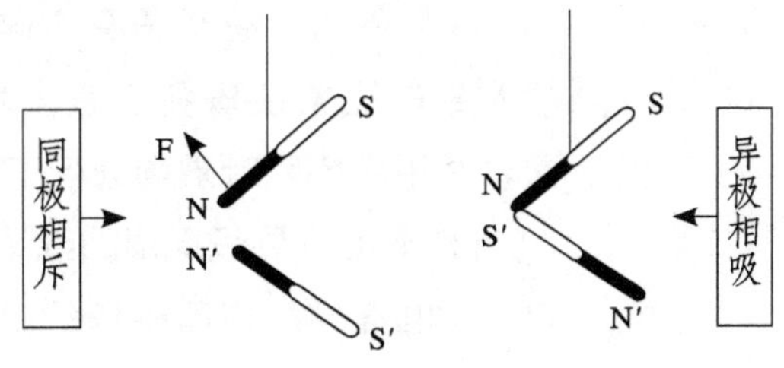

图5.3 磁极间的作用力

我们把磁极之间的相互作用力以及磁体对周围铁磁物质的吸引力通称为**磁力**。我们知道力是物体对物体的作用，它需要某种媒介来传递，磁力是靠什么来传递的呢？

在磁体的周围，存在一种特殊的物质形式，我们把它称为**磁场**，互不接触的磁体之间的相互作用力就是通过磁场这一媒介来传递的。磁场有方向性。人们规定，**在磁场中某一点放一个能自由转动的小磁针，静止时小磁针N极所指的方向为该点的磁场方向。**

2. 磁感线

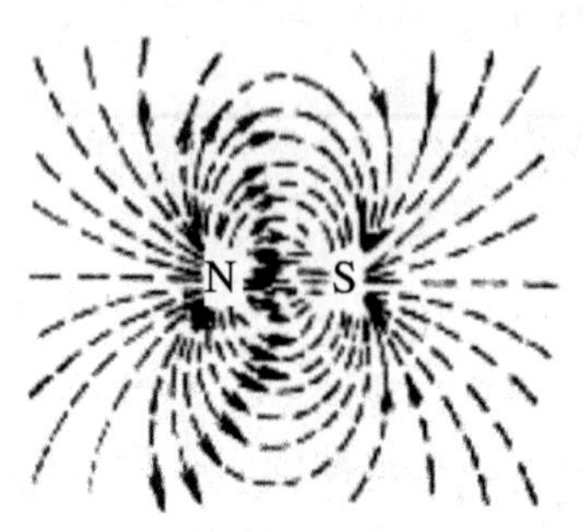

图5.4 磁感线

为了形象地描绘磁场，在磁场中画出一系列假象的曲线，曲线上任意一点的切线方向与该点的磁场方向一致，我们把这些曲线称为**磁感线**。磁感线可以用实验的方法形象地描绘出来。在条形磁铁上放置一块玻璃，撒上一些铁屑后轻敲，我们发现铁屑会有规则地排列成线条形状，这些铁屑线条形象地表示出了磁体的磁感线分布情况。磁感线的形象示意图如图5.4所示。

磁感线的特征：

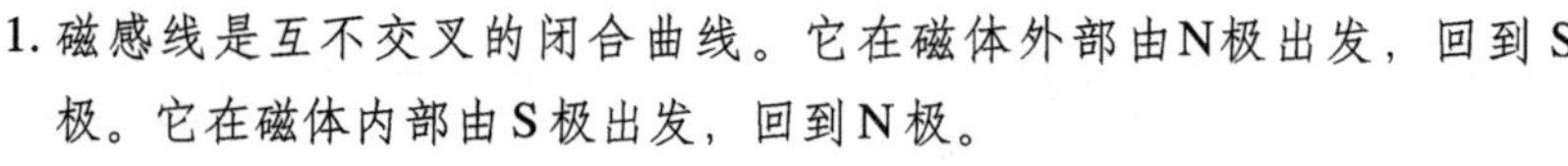
1. 磁感线是互不交叉的闭合曲线。它在磁体外部由N极出发，回到S极。它在磁体内部由S极出发，回到N极。

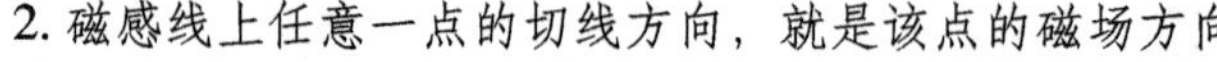
2. 磁感线上任意一点的切线方向，就是该点的磁场方向。
3. 磁感线的疏密程度反映了磁场的强弱。
4. 磁感线趋向是从磁性材料中通过。

3. 电流的磁场

1820年，丹麦物理学家奥斯特在试验中发现，放在导线旁边的小磁针，在导体通电时会发生偏转。小磁针为什么会发生偏转呢？通过反复的实验，我们发现通电导体周围有磁场存在。小磁针是由于受到磁力的作用而发生偏转的。这说明电与磁有着密切的联系。

我们知道，磁场是有方向的，由电流产生的磁场，它的方向又是怎样判断的呢？法国科学家安培通过实验确定了通电导体周围的磁场方向，并用磁感线对磁场进行了描述。

(1) 通电直导线周围的磁场

通电直导线周围磁场的磁感线是以直导线上各点为圆心的一些同心圆，这些同心圆位于与导线垂直的平面上，如图5.5所示。磁感线的方向与电流方向之间的关系可用**安培定则**来判定，如图5.6所示。改变电

安培定则：

用右手握住通电直导线，让拇指指向电流方向，则四指环绕的方向就是磁感线的方向。

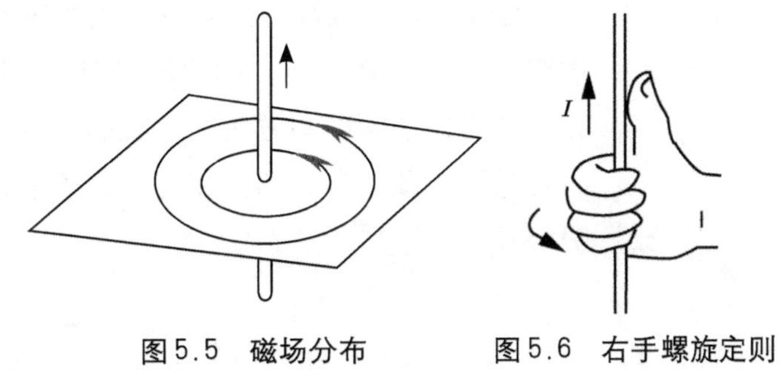

图5.5 磁场分布　　图5.6 右手螺旋定则

流方向，各点的磁场方向都将随之改变。

(2) 通电螺旋管的磁场

当一个螺线管有电流通过时，它表现出来的磁性类似于条形磁铁，即螺旋管的一端相当于N极，另一端相当于S极，如果改变电流方向，通电螺旋管表现出来的N极、S极也随之改变。通电螺旋管产生的磁感线是一些通过线圈横截面的闭合曲线。通电螺旋管的磁场方向与电流方向之间的关系也可用**安培定则**（右手螺旋定则）来判定，如图5.7所示。

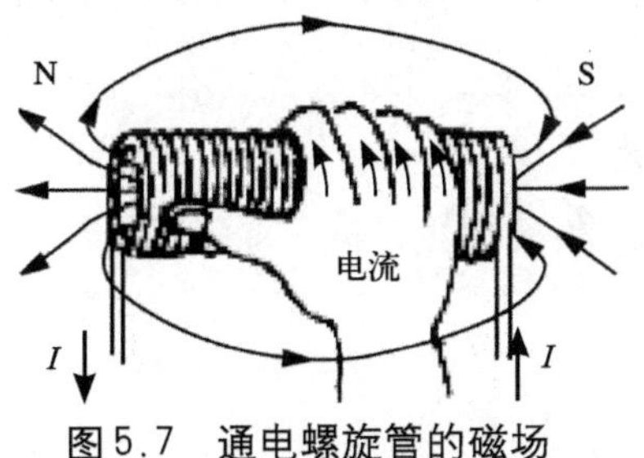

图5.7 通电螺旋管的磁场

安培定则（右手螺旋定则）：

用右手握住螺线管，弯曲的四指指向电流方向，则拇指方向就是通电螺线管的N极（磁场方向）。

5.1.2 磁场的基本物理量

用磁感线的疏密程度可以非常形象地描述磁场，但只能进行定性的分析，要定量地解决问题，还需要引入磁场的基本物理量。

1. *磁通*

通过垂直于磁场方向某一面积的磁感线的总数，叫做该面积的磁通量，简称**磁通**，用字母Φ表示。它的单位是韦伯，简称韦，单位符号用Wb表示。图5.8非常形象地描绘了面积A上的磁通。磁通可以定量地描述磁场在一定面积上的分布情况。当面积一定时，通过该面积的磁通越大，磁场就越强。这一点在工程上也有应用，如变压器的铁心截面，就希望尽可能多的通过电磁线圈产生的磁感线，以提高效率。

2. *磁感应强度*

通过垂直于磁场方向单位面积的磁感线的多少，叫做该点的**磁感应强度**，用字母 B 表示，单位是特斯拉，符号为 T。磁感应强度是用来研究各点的磁场强弱与方向的。我们把各点磁感应强度的大小与方向都相同的磁场叫做均匀磁场。在均匀磁场中，磁感线是等距离的平行线，如图5.9所示。

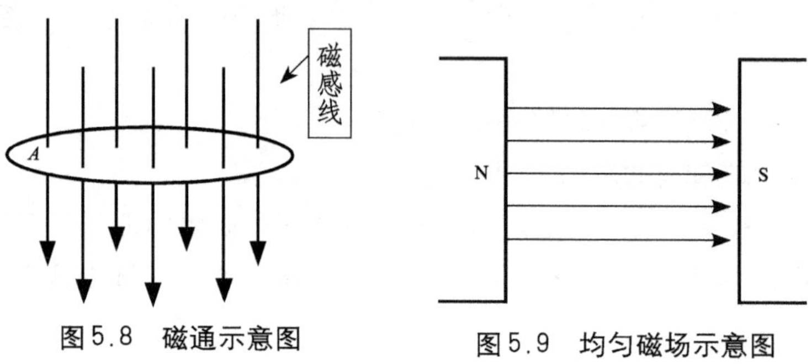

图5.8 磁通示意图

图5.9 均匀磁场示意图

均匀磁场是最简单同时又是最重要的磁场，在电磁仪器与试验中常常用到。通电长线圈内部的磁场和距离很近的两个平行异名磁极间的磁场都可以看作均匀磁场。

在均匀磁场中磁感应强度可表示为

$$B=\frac{\Phi}{S} \tag{5.1}$$

式中，B——磁感应强度，T；

Φ——磁通，Wb；

S——面积，m^2。

由上式可知，磁感应强度 B 等于单位面积的磁通量，因此磁感应强度也叫**磁通密度**。

磁感线上某点的切线方向就是该点的磁感应强度的方向。磁感应强度不但表示了某点磁场的强弱，而且还能表示出该点磁场的方向。磁感应强度是一个矢量。在平面上表示磁场方向时，常用符号“×”表示垂直进入纸面的磁感应强度或磁感线，用符号“•”表示垂直从纸面出来的磁感应强度或磁感线。

5.1.3 磁场对载流导体的作用

1. 磁场对载流直导体的作用

我们先做一个小实验，用实验现象来帮助我们理解磁场对载流直导体的作用。

小实验 磁场对载流直导体的作用

在蹄形磁铁中悬挂一根直导体，使导体与磁感线垂直，接通直流电源，观察实验现象。

实验发现，通电导体在磁场中会受力而作直线运动，如图5.10所示。我们把这种力称为电磁力，用F表示。

反复实验发现，当导体与磁感线垂直放置时，导体所受到的电磁力最大；当导体与磁感线平行时，导体不受力；当导体与磁感线成α角时，如图5.11所示，导体所受的电磁力跟导体与磁感线夹角α的正弦值成正比。

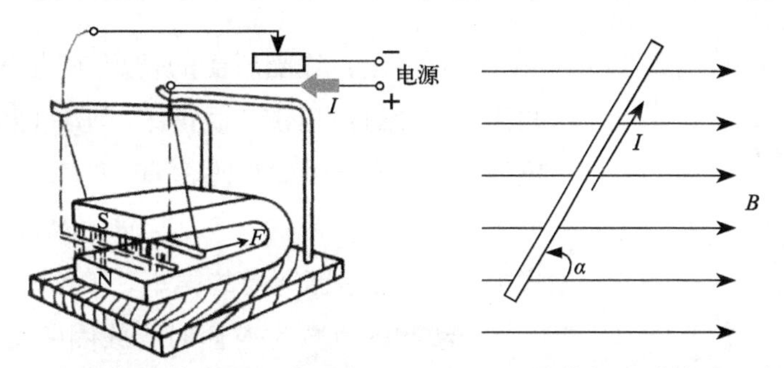

图5.10 通电导体在磁场中受力 图5.11 导体与磁感线成α角

实验证明，电磁力F的大小与通过导体的电流I成正比，与载流导体所在位置的磁感应强度B成正比，与导体在磁场中的长度L成正比，与导体和磁感线夹角正弦值成正比，即

$$F = BIL\sin\alpha \tag{5.2}$$

式中，F——导体受到的电磁力，N；

I——导体中的电流，A；

L——导体的长度，m；

$\sin\alpha$——导体与磁感线夹角的正弦。

载流直导体在磁场中所受电磁力的方向，用左手定则来判定，如图5.12所示。

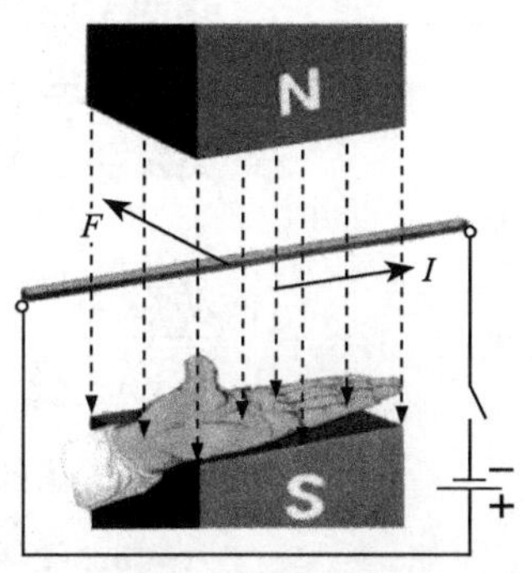

图5.12 左手定则

左手定则：

将左手伸平，拇指与四指垂直放在一个平面上，让磁感线垂直穿过手心，四指指向电流方向，则拇指所指的方向就是导体所受电磁力方向。

2. 磁场对矩形线圈的作用

通电直导体在磁场中会受电磁力而作直线运动，如果把通电的矩形线圈放在磁场中，会有什么现象发生呢？

小实验 **磁场对矩形线圈的作用**

在均匀磁场B中，放置一个有固定转动轴OO'的单匝矩形线圈$abcd$，如图5.13所示，合上开关S，我们发现线圈会绕OO'轴沿顺时针方向转动。

线圈为什么会转动呢？根据我们刚刚学过的知识可以判定：线圈的bc与ad两条边与磁感线平行而不会受力，线圈的另外两条边ab、cd与磁感线垂直，它们将受到电磁力F_1和F_2的作用。根据左手定则可以判定F_1和F_2方向相反，它们形成一对力偶，使线圈沿着顺时针方向转动。

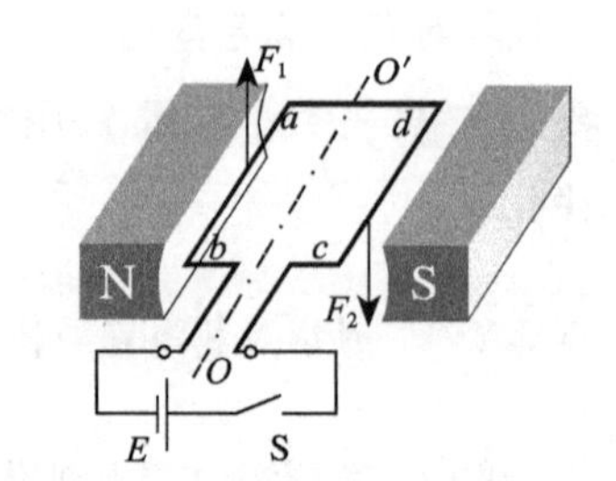

图5.13 通电线圈在磁场中的受力

实验得出：线圈所受的转矩M与线圈所在的磁感应强度B成正比，与线圈中流过的电流I成正比，与线圈的面积S成正比，与线圈平面与磁感线夹角α的余弦成正比，即

$$M = BIS\cos\alpha \tag{5.3}$$

式中，M——线圈所受的转矩，N·m。

当线圈的匝数为N匝时，线圈所受的转矩为

$$M = NBIS\cos\alpha \tag{5.4}$$

当线圈平面与磁感线平行时，N匝线圈所受转矩最大，$M=NBIS$；当线圈平面与磁感线垂直时，线圈所受转矩最小，$M=0$。

通电矩形线圈在磁场中受转矩作用而转动这一物理现象的发现让人类发明了电动机！

动脑筋

1. 磁感线具有哪些特征？
2. 试比较通电长直导线与螺线管所产生磁场的异同点。
3. 磁场有哪些基本物理量？它们之间具有什么关系？
4. 载流导体在磁场中受力的大小与哪些因素有关？

知识拓展 磁性材料与磁路

一、磁性材料的磁化

自然界中某些物质具有磁性，下面通过小实验来探索没有磁性的物体是否有机会获得磁性。

小实验　磁性材料的磁化

准备一把没有磁性的普通水果刀，把它在磁体上摩擦几下，如图5.14(a)所示，我们发现，水果刀能把小铁钉吸起来。它具有磁性了，如图5.14(b)所示。没有磁性的物质在外磁场的作用下产生磁性的现象叫做磁化。

(a) 给小刀子充磁

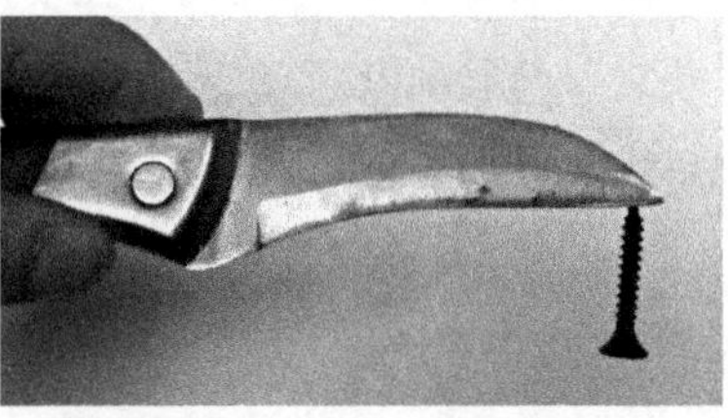

(b) 充磁后的小刀子吸住小铁钉

图5.14　磁化小实验

二、磁性材料的特性与应用

常用的磁性材料有铁、钴、镍及其合金。根据磁性材料磁滞回线的形状可以把磁性材料分为软磁性材料、硬磁性材料、矩磁性材料三大类。它们有什么样的特性呢？

1. 软磁性材料

窄而陡，回线所包围的面积很小，如图5.15(a)所示。这种材料比较容易被磁化，外磁场撤销以后，磁性基本消失，剩磁与矫顽力都比较小，在交变磁场中的磁滞损耗比较小。常用的软磁材料有硅钢、坡莫合金、软磁铁氧体等。硅钢、坡莫合金常用来做成电动机、变压器、电磁铁的铁心。软磁铁氧体常用来做成的滤波线圈、收音机天线线圈的磁芯。

2. 矩磁性材料

矩磁性材料的磁滞回线成矩形，如图5.15(b)所示，很小的外磁场就能把这种这种材料磁化并达到饱和，磁场撤销以后，磁感应强度与饱和时一样大，它的矫顽力小。这种材料适合做成记忆元件。常用来做成计算机中的磁性存储设备、乘客乘车的凭证和票价结算的磁性卡等。

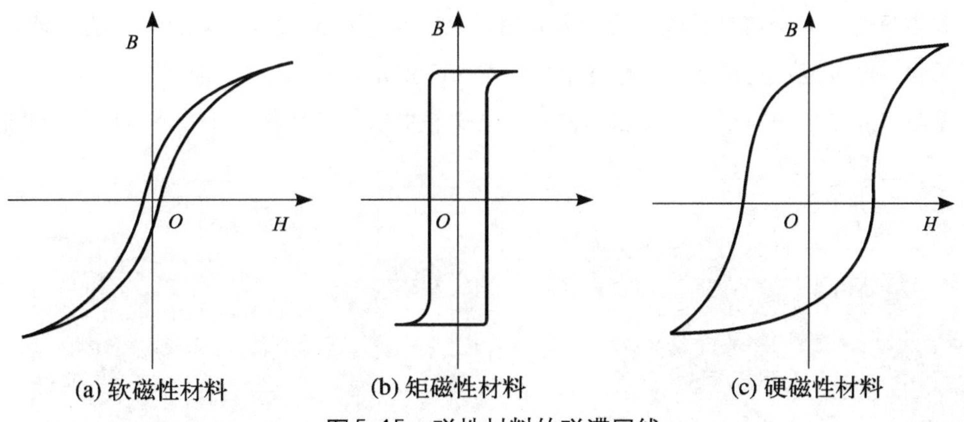

(a) 软磁性材料　(b) 矩磁性材料　(c) 硬磁性材料

图5.15　磁性材料的磁滞回线

3. 硬磁性材料

硬磁性材料的磁滞回线宽而平，回线所包围的面积比较大，如图5.15(c)所示。硬磁材料需要很强的外磁场才能被磁化，磁场撤销以后，剩磁大。常用的硬磁材料有钨钢、钴钢、铝镍钴、钐钴、硬磁铁氧体和钕铁硼等。硬磁材料主要用来储存磁能，常用来做成永久磁体、扬声器的磁体。

硬磁材料被磁化后不容易被去磁，矫顽力比较大，在交变磁场中的磁滞损耗比较大，不能用作交流电机、变压器的铁心。

三、主磁通与漏磁通

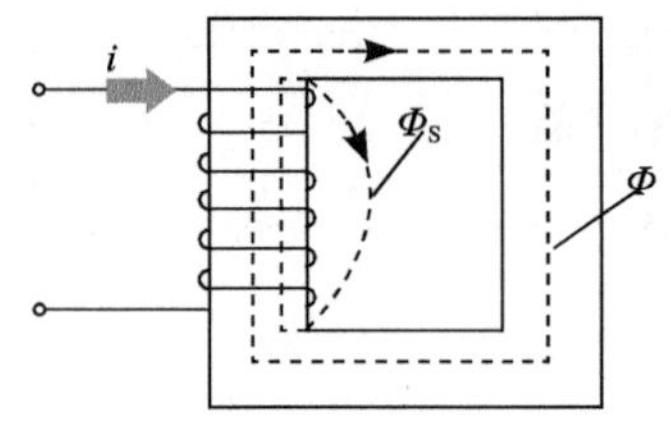

图5.16 主磁通与漏磁通

通过铁心的磁通叫主磁通，铁心外的磁通叫漏磁通。

当通电线圈产生磁通时，由于铁心的导磁性能比空气好得多，因此绝大部分磁通将沿着铁心所构成的闭合磁路通过，只有少部分磁通会通过空气或者其他材料，我们把通过铁心的磁通称为主磁通，如图5.16中的Φ，把铁心外的磁通称为漏磁通，如图5.16中的Φ_s。

四、磁屏蔽及其应用

1. 磁屏蔽现象

把一颗小磁针放入一个铁丝网中，我们会发现，这个小磁针不会再受铁丝网外的磁场的影响，这种现象为**磁屏蔽现象**。磁屏蔽原理就是利用高导磁材料作为磁屏蔽装置，为干扰磁场提供一个磁阻很低的磁路，避免干扰磁场穿过我们的电子设备的屏蔽罩，影响电子设备的正常工作。磁屏蔽可以防止一些高频电子装置受到外界磁场的干扰，也可防止高频电子装置产生的磁场干扰外界通信。

2. 磁屏蔽的应用

我们通常用金属外壳罩住对磁干扰敏感的部分，金属相对于空气而言磁导率相当高，当周围有干扰磁场时，磁场将直接通过金属构成磁回路，而不会穿过金属外壳去干扰金属壳内电子元件的工作。磁屏蔽广泛用于电子电路中，如图5.17所示。

为了防止外界磁场的干扰，常在示波管、显像管中电子束聚焦部分的外部加上磁屏蔽罩。

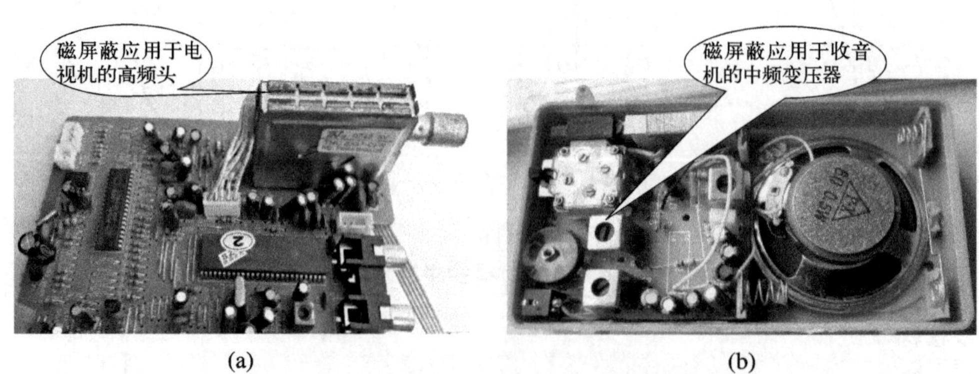

图5.17 磁屏蔽的在电子电路中的应用

动脑筋

*1. 你在日常生活中遇到过需要消磁的物体吗？你有没有遇到过需要充磁的物体呢？

*2. 你在日常生活中遇到过需要磁屏蔽的情况吗？

5.2 电磁感应与楞次定律

电磁感应现象是电磁学中最重大的发现之一，它揭示了电、磁现象之间的相互联系。依据电磁感应定律，人们制造出了发电机，使电能的大规模生产成为可能。电磁感应现象在电工技术、电子技术以及电磁测量等领域的广泛应用，使人类社会迈进了电气化时代。

5.2.1 认识电磁感应现象

电生磁，那么磁能不能生电呢？下面通过小实验来探索磁与电之间的内在规律。

小实验 **电磁感应实验**

1. 直导体的电磁感应实验

将一段直导体AB与检流计G相连成一闭合回路，把直导体AB置于均匀磁铁中，如图5.18所示。

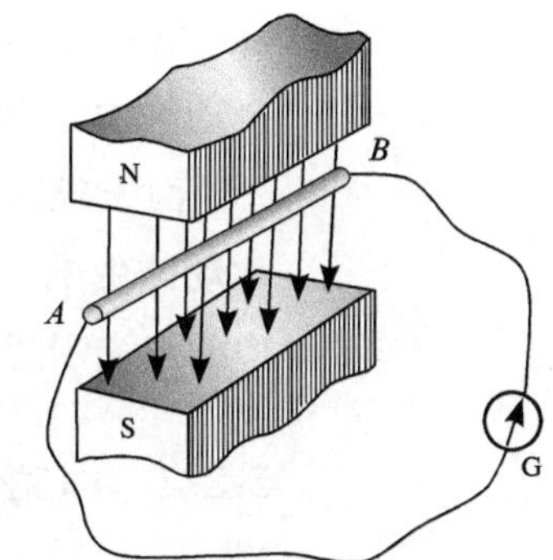

图5.18 直导体的电磁感应实验

实验现象：外力让导体垂直于磁感线运动（导体切割磁感线）时，检流计指针会偏转。导体切割磁感线的速度越快，检流计指针偏转的角度越大。导体平行于磁感线运动（导体不切割磁感线）时，检流计指针不偏转。

实验现象探索：导体切割磁感线运动时，检流计指针发生偏转，这说明导体切割磁感线运动产生了电动势、电流；导体平行于磁感线运动时，检流计指针不偏转，这说明导体不切割磁感线就不产生电动势、电流；导体切割磁感线的速度越快，检流计指针偏转的角度越大。这说明电动势、电流的大小与导体切割磁感线的速度成正比。

实验结论：导体垂直于磁感线运动时，产生电动势，电动势的大小跟切割速度成正比。导体平行于磁感线运动时，不产生电动势。

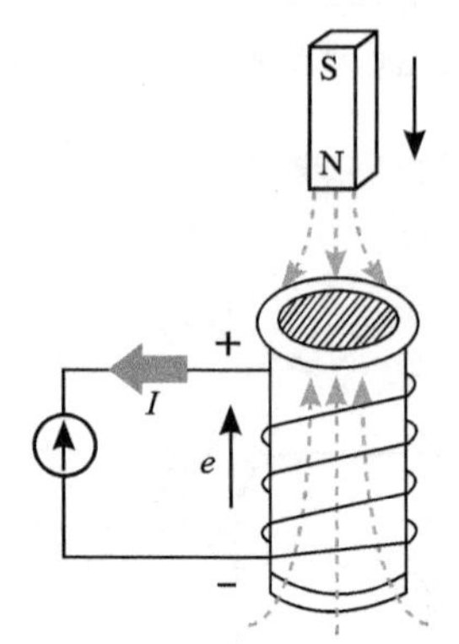

图5.19 螺旋线圈的电磁感应实验

2. 螺旋线圈的电磁感应实验

将一个空心线圈的两端与检流计接成闭合回路，将条形磁铁插入或拔出线圈，如图5.19所示。

实验现象：条形磁铁插入线圈的过程中，检流计指针偏向一个方向，当条形磁铁从线圈中拔出的时候，检流计偏向另外一个方向。条形磁铁完全插入线圈静止不动时，检流计的指针不偏转；条形磁铁插入或者拔出的速度越快，指针偏转的角度越大。

实验现象分析：条形磁铁插入、拔出线圈的过程中，通过线圈的磁通发生了变化，检流计指针发生偏转，说明线圈中通过的磁通发生变化时，产生了电动势。条形磁铁插入线圈静止不动时，线圈中的磁通没有发生变化，检流计的指针不偏转，说明线圈在通过它的磁通不发生变化时，不产生电动势。条形磁铁插入或者拔出的速度越快，指针偏转的角度越大，这说明磁通变化的速度越快，产生的电动势越大。

实验结论：通过线圈中的磁通发生变化时，线圈会产生电动势，电动势的大小与磁通变化的速度成正比。

上述两个无源实验都产生了电动势，如果把图5.18中由直导体组成的闭合回路理解为一个单匝线圈，当导体在磁场中做切割磁感线运动时，通过这个单匝线圈的磁通发生变化，导体两端产生电动势，当导体平行于磁感线运动时，通过这个单匝线圈的磁通不发生变化，导体两端不产生电动势，这和螺旋线圈的电磁感应实验的结论一样。

规律探索：通过线圈的磁通发生变化时，线圈两端会产生电动势。电动势的大小跟磁通的变化速度成正比。

由于磁通的变化在导体或线圈中产生电动势的现象叫**电磁感应**，又称**动磁生电**。由电磁感应产生的电动势叫**感应电动势**。由感应电动势产生的电流叫**感应电流**。

5.2.2 电磁感应定律

1. 法拉第电磁感应定律

法拉第把电磁感应实验中感应电动势的大小与通过线圈的磁通变化的关系总结为法拉第电磁感应定律：线圈中感应电动势的大小与此线圈中磁通的变化率成正比。

法拉第电磁感应定律用来计算感应电动势 e 的大小。如果Δt时间内磁通的变化量为$\Delta \Phi$，则单匝线圈中产生的感应电动势绝对值为

$$|e|=\left|\frac{\Delta\Phi}{\Delta t}\right| \tag{5.5}$$

如果是N匝线圈，则产生的感应电动势绝对值为

$$|e|=\left|N\frac{\Delta\Phi}{\Delta t}\right| \tag{5.6}$$

2. 楞次定律

在电磁感应试验中，我们发现，条形磁铁在插入、拔出线圈时检流计的偏转方向不一样，这说明条形磁铁在插入、拔出线圈时，线圈产生的感应电动势所产生感应电流的方向是不同的，线圈所产生的感应电动势（感应电流）的方向是否有规律可循呢？我们通过做如图5.20所示的实验来探索其中的规律。

小实验　探索感应电动势的方向

1. 条形磁铁插入线圈实验

实验操作：接好如图5.20的实验电路，条形磁铁N极向下插入线圈。

实验现象：检流计右偏。

实验现象分析：条形磁铁N极向下插入线圈时，通过线圈的原磁通量增大，原磁通方向向下，检流计的偏转方向告诉我们，线圈中感应电流I由上端流入，下端流出，即感应电动势e由线圈上端指向线圈的下端，如图5.20(a)所示。由右手螺旋定则可以判定感应电流所产生的感应磁通方向是向上的，即与原磁通方向相反，这说明感应磁通会阻碍原磁通量的增加。

实验结论：当通过线圈中的磁通量增加时，线圈中感应电流产生的感应磁通阻碍原磁通增加。

2. 条形磁铁拔出线圈实验

实验操作：条形磁铁S极向上从线圈中拔出，如图3.50(b)所示。

实验现象：检流计左偏。

实验现象分析：条形磁铁S极向上拔出线圈时，通过线圈的原磁通量减小，原磁通方向向下，检流计的偏转方向告诉我们，线圈中感应电流I由上端流出，下端流入，即感应电动势e由线圈下端指向线圈的上端。由右手螺旋定则可以判定感应电流所产生的感应磁通方向是向下的，即与原磁通方向相同，这说明感应磁通会阻碍原磁通量的减小。

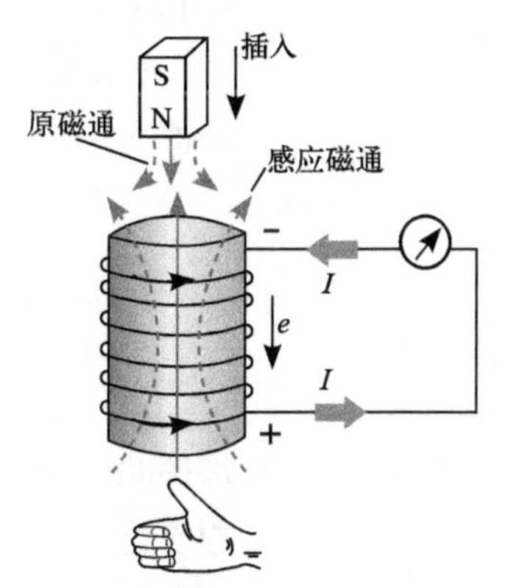

(a) 磁铁插入线圈

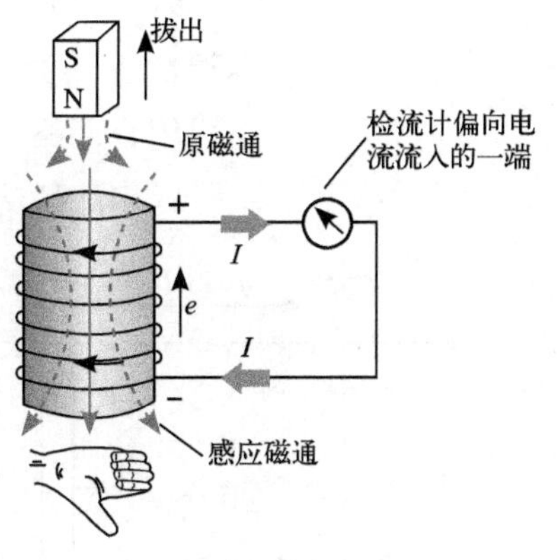

(b) 磁铁拔出线圈

图5.20　感应电流方向判别

实验结论：当通过线圈中的磁通量减小时，线圈中感应电流产生的感应磁通阻碍原磁通减小。

规律探索：在条形磁铁插入、拔出线圈的实验中，不管线圈中感应电流产生的感应磁通是阻碍原磁通增加还是阻碍原磁通减小，我们都可以认为感应磁通阻碍原磁通的变化。科学家楞次把这一规律总结为：**当穿过线圈的磁通发生变化时，感应电动势的方向总是企图使它的感应电流所产生的磁通阻止原磁通的变化**。这就是**楞次定律**。

楞次定律又被称为**磁场惯性定律**，即感应电动势总是想阻碍外磁场的变化。楞次定律用以判断线圈中感应电动势（感应电流）的方向。

电磁感应现象是电磁学中最重大的发现之一，它揭示了电、磁现象之间的相互联系。依据电磁感应定律，人们制造出了发电机，电能的大规模生产成为可能，与此同时，电磁感应现象还广泛应用在电工技术、电子技术以及电磁测量等领域，由此，人类社会迈进了电气化时代。

根据法拉第电磁感应定律与楞次定律，人们总结出既能计算感应电动势大小，又能表达感应电动势方向的公式，即

$$e=-\frac{\Delta \Phi}{\Delta t} \tag{5.7}$$

对于N匝线圈，感应电动势的表达式为

$$e=-N\frac{\Delta \Phi}{\Delta t} \tag{5.8}$$

式中负号表示感应电动势的方向总是使感应电流产生的磁通阻碍原磁通的变化。

3. 法拉第电磁感应定律和楞次定律在实践中的应用

【例5.1】 有一长为 L 的直导体，在磁感应强度为 B 的均匀磁场中，以速度 v 垂直于磁感线匀速向左运动。直导体通过平行导电轨与检流计组成闭合回路，如图 5.21 所示。

1) 用法拉第电磁感应定律计算导体中感应电动势的大小。

2) 运用楞次定律判别导体中感应电动势的方向。

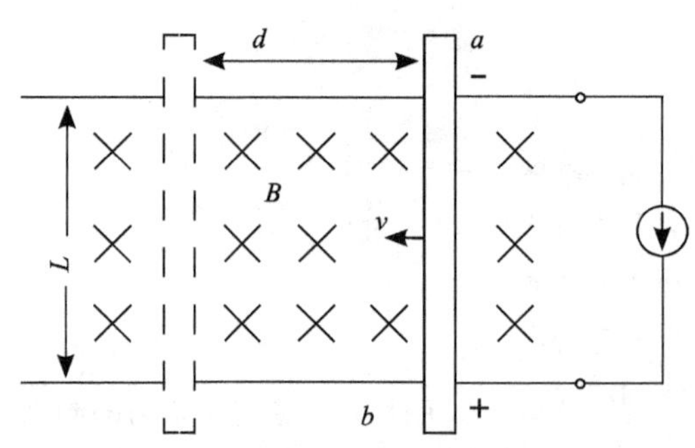

图 5.21　直导体感应电动势的方向

解：1) 用法拉第电磁感应定律计算感应电动势的大小。

设导体在 Δt 时间内向左移动的距离为 d，则导电回路中磁通的变化量为

$$\Delta \Phi = B\Delta S = BLd = BLv\Delta t$$

导体中感应电动势的大小为

$$|e|=\left|\frac{\Delta \Phi}{\Delta t}\right|=\left|\frac{BLv\Delta t}{\Delta t}\right|=|BLv|$$

当导体与磁感线B成α角运动时，导体中的感应电动势的大小为

$$|e|=|BLv\sin\alpha| \tag{5.9}$$

式中，B—— 磁感应强度，T;

L—— 导体的长度，m;

v—— 导体运动的速度，m/s。

2) 用楞次定律判断直导体中感应电动势的方向。

当导体向左运动时，直导体通过平行导电轨与检流计组成闭合回路中的磁通量增加，由楞次定律可知，直导体感应电流产生的磁通方向与原磁通方向相反，由安培定则可以判定感应电动势e的方向由a指向b，如图5.21所示。

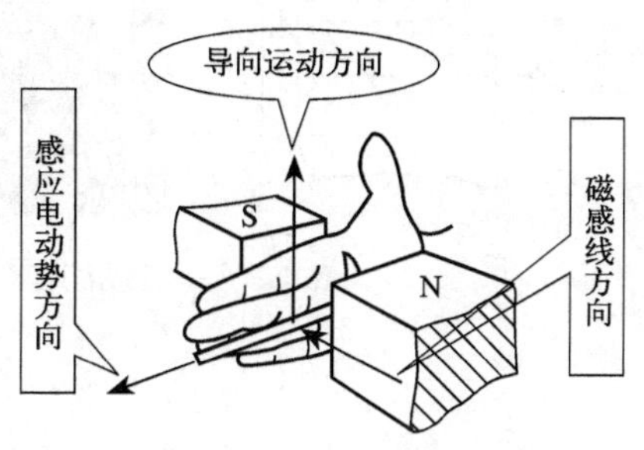

图5.22 右手定则

4. 右手定则

直导体中感应电动势的方向如果用**右手定则**来判定将会更加简单，右手定则是楞次定律的特例，如图5.22所示。

> **右手定则：**
>
> 伸平右手，大拇指与其余四指垂直于一个平面上，让磁感线垂直穿过手心，大拇指指向导体运动方向，则四指所指方向就是导体中感应电动势或感应电流的方向。

知识拓展 涡流的预防与利用

一、涡流的产生

在生产与生活中，我们发现变压器、电机、电磁铁的铁心即使在工作电流很小的时候都会发热，这是为什么呢？

实验发现，套在铁心上的线圈通过变化的电流时，在铁心中产生了变化的磁通，由电磁感应定律可知，这些变化的磁通在铁心内部产生感应电动势和感应电流，这些感应电流形状如同水中的旋涡，我们把它们称为涡流，如图5.23所示。

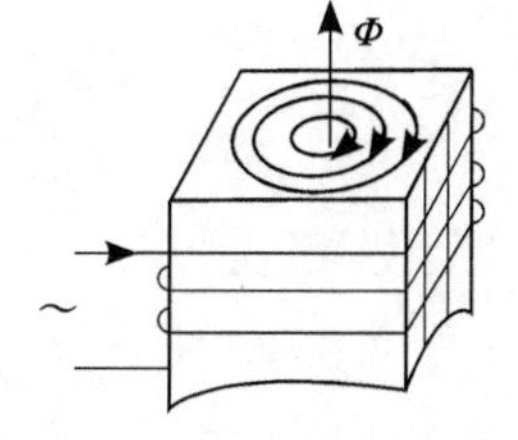

图5.23 涡流的预防

二、涡流的预防与利用

涡流流过金属导体时会发热而消耗电能，使电气设备的温度升高，对含有铁心的电器设备是有害的。为了减小涡流损耗，工程上用电阻率大、表面涂有绝缘漆的薄硅钢片叠装电动机、

变压器等电器设备的铁心，这样就可以有效地降低涡流损耗，如图 5.24 所示。涡流也是可以利用的，在冶金工业中，利用涡流的热效应，制成高频感应炉来冶炼金属，如图 5.25 所示。

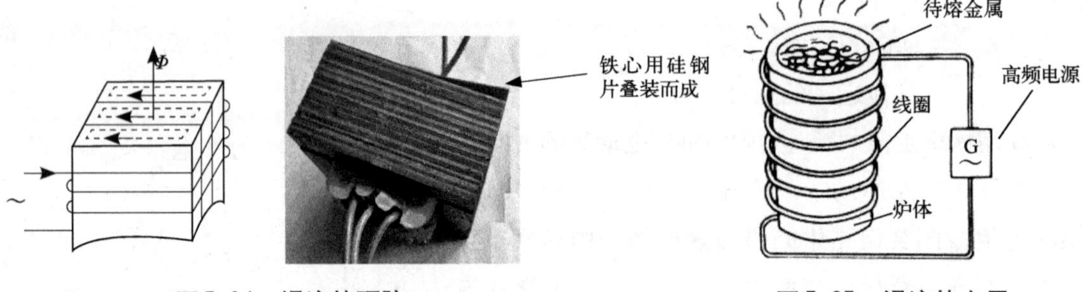

图 5.24 涡流的预防

图 5.25 涡流的应用

动脑筋

1. 想一想，你能说出电磁感应在生产生活中的应用实例吗？
2. 为什么当导体平行于磁感线运动时不能产生感应电动势？
3. 右手定则与左手定则有什么区别？
4. 你知道变压器的铁心为什么要用很薄的绝缘硅钢片制成吗？

5.3 电感

电感器也是电子电路中的基本电器元件之一，它在交流电路中常用来阻流、滤波、耦合、选频等。了解电感器的外形、特性及其主要技术参数是非常必要的。

看一看 **电路中的电感啥模样**

电感器广泛应用于各种电子电路。在图 5.26 中可以看到电感器在电子电路中的广泛使用，它是用绝缘导线绕制的各种线圈。

图 5.26 对讲机局部电路中的电感器

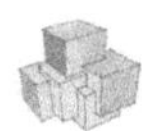

5.3.1 认识电感器

用绝缘导线绕制的各种线圈统称电感器，又叫电感线圈，简称电感。在电感线圈外加不同的封装，就形成了各种形状的电感器，如图 5.27 (a) 所示。电感器的文字符号为 L，图形符号如图 5.27 (b) 和 (c) 所示。

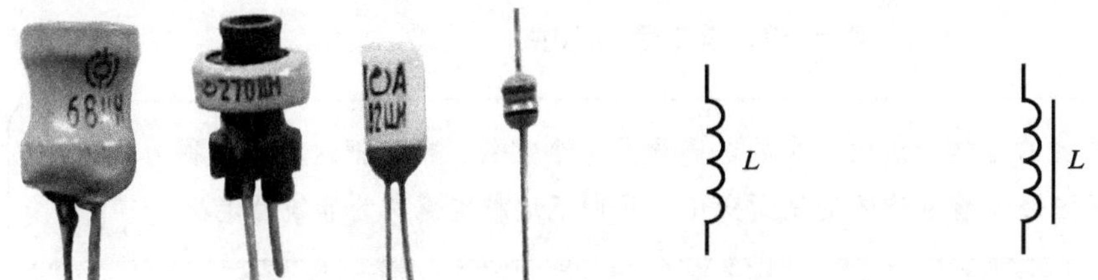

(a) 电感器的外形　(b) 图形符号与文字符号　(c) 带铁心的电感器

图5.27　电感器及其表示符号

5.3.2 自感现象

不管是线圈中慢慢增大的电流使线圈自身产生感应电动势来阻碍电流的增加，还是线圈中慢慢减小的电流使线圈自身产生感应电动势来阻碍电流的减小，我们都可以得出这样的规律：电感线圈中的电流不能发生突变。电感线圈是一个储能元件。

线圈中变化的电流使该线圈自身产生感应电动势的现象称为自感现象，由此产生的感应电动势，称为自感电动势，通常可用 e_L 来表示。

5.3.3 电感的参数与电感器选用识别

电感器主要参数有电感量、允许误差、额定电流、品质因数、分布电容等，其中最重要的参数一般都标注在电器的外壳上，作为识别选用电感器的指标。

1. 电感量

当变化的电流通过电感线圈时，线圈本身会产生感应电动势，为了表示电感线圈产生感应电动势的能力，我们引入电感量这个物理量，电感量又称自感系数，用符号 L 表示，其单位为亨，符号为 H。

电感量常用的单位还有毫亨（mH）、微亨（μH）、纳亨（nH），它们之间的换算关系是

$$1\text{H}=1000\text{mH}；1\text{mH}=1000\,\mu\text{H}；1\,\mu\text{H}=1000\,\text{nH}$$

电感量常常采用各种方法标注在电感器的外壳上，如图5.28所示。

线圈电感量的大小主要取决于线圈的结构，即线圈的匝数、尺寸、

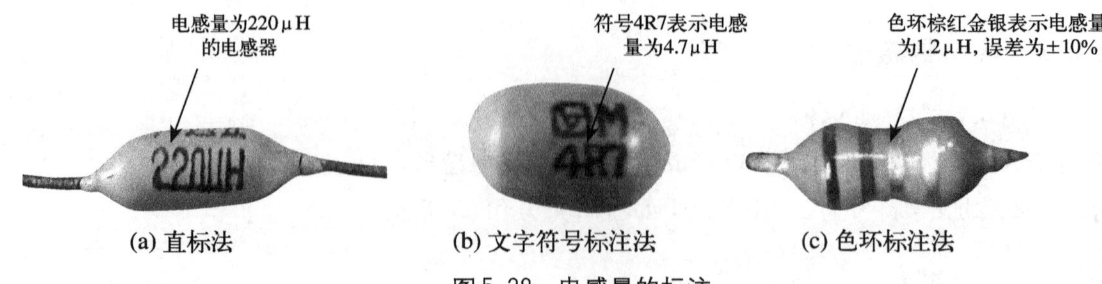

(a) 直标法　(b) 文字符号标注法　(c) 色环标注法

图 5.28　电感量的标注

> **特别提示**：空心线圈的结构一定时，它的电感量是一个常数，我们把这种电感称为线性电感。铁心线圈的电感量会随着电流的变化而变化，我们把这种电感称为非线性电感。

绕制方式、有无磁心或铁心以及磁心的形状和磁性等。一般情况下，线圈匝数越多电感量就越大，有磁心或铁心的线圈比没有磁芯或铁心的线圈电感量大；磁心导磁率越大的线圈，电感量也越大。

2. 允许误差

电感器的实际电感量与标称电感量之间有一定的误差，在国家标准规定的允许范围之内的误差称为允许误差。电感量的允许误差跟电容器的允许误差一样可以采用直接标注、罗马数字标注、字母标注及色环标注等多种方法标注在电感器的外壳上。图 5.28 (b) 中所示的字母 M 表示电感器的允许误差为±20%。当允许误差用字母表示时，其字母所表示的含义见P64表3.3。

3. 额定电流

我们把电感在正常工作时所允许通过的最大电流值称为电感器的额定电流。当电感器的工作电流超过其额定电流时，电感器的性能参数会因过热而发生改变，甚至会烧毁电感器。

4. 品质因数

品质因数（Q）是衡量电感器质量的主要参数。电感器的 Q 值越高，其损耗越小，效率越高。

5. 分布电容

电感线圈的匝与匝之间、线圈与磁心之间存在的电容叫电感器的分布电容。电感的分布电容越小，其稳定性越好。

电感器的质量可以用万用表欧姆挡来判断。根据检测电阻值大小，可以简单判别电感器的质量。

实践活动：用万用表欧姆挡来判断电感器的质量

将万用表置于 $R\times 1$ 挡，先调零，然后用万用表的红、黑表笔分别接电感器的两个引出端。电感器的实验现象与质量判别如下。

实验现象一：

万用表指针偏转幅度最大，电感器的检测电阻为零。

质量判断：电感器内部有短路性故障。

注意：许多电感器的电阻值只有零点几欧姆，在测试时必须认真调零，仔细观察表针是否真在零位，以免误判。

实验现象二：

万用表指针不动，电感器检测电阻值为无穷大。

质量判断：电感器有断路故障。

实验现象三：

万用表指针有一定的摆幅，电感器检测电阻为一定值。

质量判断：电感器可用。

注意：可以通过观察电感器的外形，根据电感器的电阻值跟其线圈的匝数成正比、与其导线的直径成反比的特性做出一些辅助的判断。

知识拓展　互感现象

下面通过一个小实验来探索当一个线圈中的电流发生变化时，能不能使另外一个线圈产生感应电动势？

小实验　互感现象的产生

将两个套在同一个铁心上的电感线圈连接成如图5.29所示的实验电路，合上开关S，观察实验现象。

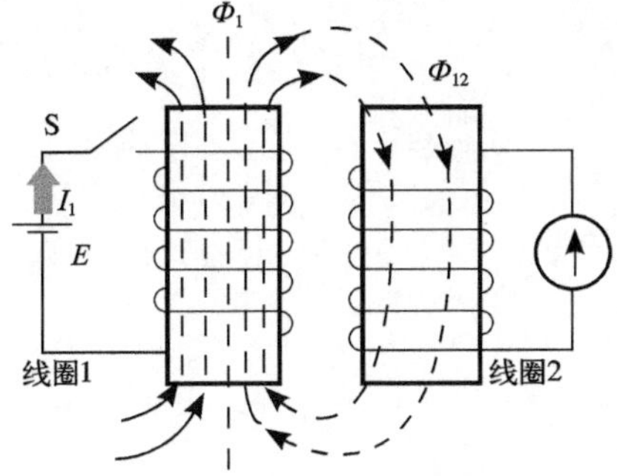

图5.29　互感实验电路图

注意：由图5.29所示可知，线圈1中的电流 I_1 产生的磁通 Φ_1 的一部分 Φ_{12} 穿过了线圈2，线圈1与线圈2具有磁的联系，这种磁联系叫做磁耦合。

实验现象：在开关 S 闭合的瞬间，线圈2回路的检流计指针偏转一下马上回零位，在开关 S 断开的瞬间，线圈2回路中检流计的指针反偏一下后回零位。

现象分析：在开关闭合瞬间，流过线圈1的电流 I_1 由 0 增大到一个定值，这个变化的电流 I_1 产生的磁通 Φ_1、Φ_{12} 也会跟着增大，由电磁感应定律可知，逐渐增大的磁通 Φ_{12} 会使线圈2产生感应电动势、感应电流来阻碍它的增加，此感应电流使检流计的指针发生了偏转。

开关闭合后，线圈1中的电流 I_1 达到一个稳定的值不再变化，I_1 所产生的磁通 Φ_1、Φ_{12} 也不再变化，由电磁感应定律可知，线圈2中不会产生感应电动势、感应电流，因此指针回零位。

在开关断开瞬间，流过线圈1的电流 I_1 由一个定值减小至零，由它产生的磁通 Φ_1、Φ_{12} 也会跟着减小，由电磁感应定律可知，线圈2中产生的感应电动势、感应电流会反向，因此，检流计的指针在开关断开瞬间反偏。

实验结论：当一个线圈中的电流发生变化时，跟这个线圈有磁耦合关系的另一个线圈会产生感应电动势。

我们把一个线圈中的电流发生变化时，使另一个线圈产生感应电动势的现象叫做**互感现象。由互感现象产生的电动势叫互感电动势**。变压器、钳形电流表、交流互感器等就是对互感原理的应用。

动脑筋

1. 线圈产生自感的条件是什么？
2. 互感现象在实际中有哪些应用的例子？

巩固与应用

（一）填空题

1. 磁感线是互不交叉的________，磁感线上任意一点的切线方向，就是该点的________，磁感线的疏密程度反映了磁场的强弱。

2. 导体在磁场内“切割”________ 运动时产生的电动势，叫感应电动势。导体在单位时间内切割的磁感线愈多，则______愈大，反之则小。

3. 由楞次定律可知，感应电流产生的磁场总是会________原来磁场的变化。

4. 法拉第电磁感应定律用来计算感应电动势的______，楞次定律用来判断感应电动势的______，______是楞次定律的特例。

5. 用绝缘导线绕制的各种线圈统称________。电感线圈中电流发生变化而使该线圈自身产生感应电动势的现象称为________，由此产生的感应电动势，称为________，通常可用e_L来表示。

6. 一个线圈中的电流发生变化时，使另一个线圈产生感应电动势的现象叫________。

（二）判断题

1. 磁屏蔽就是利用高导磁材料为干扰磁场提供一个磁阻很低的磁路，避免干扰磁场穿过电子设备而影响设备的正常工作。（　　）

2. 外磁场发生变化使线圈产生的感应电流所产生的磁场总是和外磁场方向相反。（　　）

3. 涡流对含有铁心的电动机和电器设备是有害的。电气设备的铁心采用电阻率大，表面涂有绝缘漆的硅钢片叠装而成就是为了减小涡流。（　　）

4. 通过一个线圈的电流发生变化时，使另一个线圈产生感应电流的现象叫互感。变压器就是对互感的具体运用。（　　）

（三）单项选择题

1. 如图 5.30 所示，导体 AB 在匀强磁场中按箭头所指方向运动，其结果是（　　）。

A. 不产生感应电动势　　B. 有感应电动势，方向为A指向B

C. 有感应电动势，方向为B 指向A　　D. 都不正确

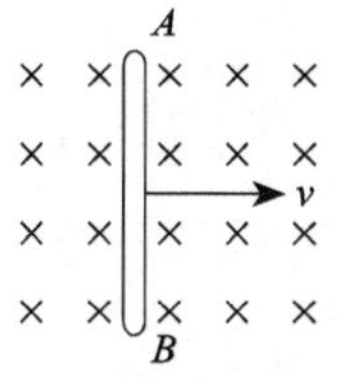

图5.30　单项选择题1图

2. 下列哪种物质可以用变压器的铁心？（　　）

A. 整块的纯铁　　B. 涂有绝缘漆的硅钢片

C. 矩磁材料　　D. 硬磁材料

3. 线性电感的电感量跟下面哪种说法无关？（　　）

A. 线圈的匝数　　B. 线圈内有无铁心

C. 通过线圈的电流　　D. 线圈的尺寸与绕制方式

（四）问答题

1. 楞次定律告诉我们，感应电流产生的磁通总是阻碍原磁通的变化，这是不是说感应电流产生的磁通总是与原磁通方向相反？

2. 涡流是怎么产生的？它对电器设备有什么影响？

（五）计算题

在磁感应强度$B=0.1\text{T}$的均匀磁场中，一根长1m的导体与磁感线垂直，当导体中流过0.5A的电流时，求导体所受到的电磁力。

（六）实践题

考察电子元器件市场和家用电器维修部，看自己认识哪些电子元件。

单元 6 单相正弦交流电路

单元学习目标

知识目标

1. 理解正弦交流电的三种表示法及其相互转换，理解有效值、最大值、平均值的概念，掌握它们之间的关系；理解频率、角频率和周期的概念，掌握它们之间的关系；理解相位、初相位和相位差的概念；掌握它们之间的关系，掌握三要素。
2. 了解电容器的概念外形、种类及主要参数，了解电容与储能元件的概念。
3. 掌握电阻、电感、电容三个单一参数交流电路上电压、电流的数量关系与相位关系；理解感抗、容抗、阻抗、有功功率、无功功率的概念。
4. 理解RL、RC、RLC串联电路阻抗的概念；掌握它们的电压三角形、阻抗三角形及应用。
5. 理解交流电路中瞬时功率、有功功率、无功功率、视在功率的概念；并会计算有功功率、无功功率和视在功率；理解功率三角形和功率因素；了解功率因数的意义和提高功率因数的意义及方法。

能力目标

1. 会判断电容器的好坏，能根据要求选择合适的电容器。
2. 会使用交流电压表、交流电流表及万用表测量交流电路的电压、电流。
3. 认识常用电光源、新型电光源的构造与应用；能绘制荧光灯电路并能按图安装，会排除电路的简单故障。

在电力系统中，考虑到传输、分配和应用电能方面的便利性、经济性，大都采用交流电。因此，大多数动力设备、照明设备和家用电器等使用的都是交流电。那么，我们生活或生产中的交流电是从哪里来的呢？它是如何传输的呢？图6.1展示了交流电的产生、传输和使用的系统。

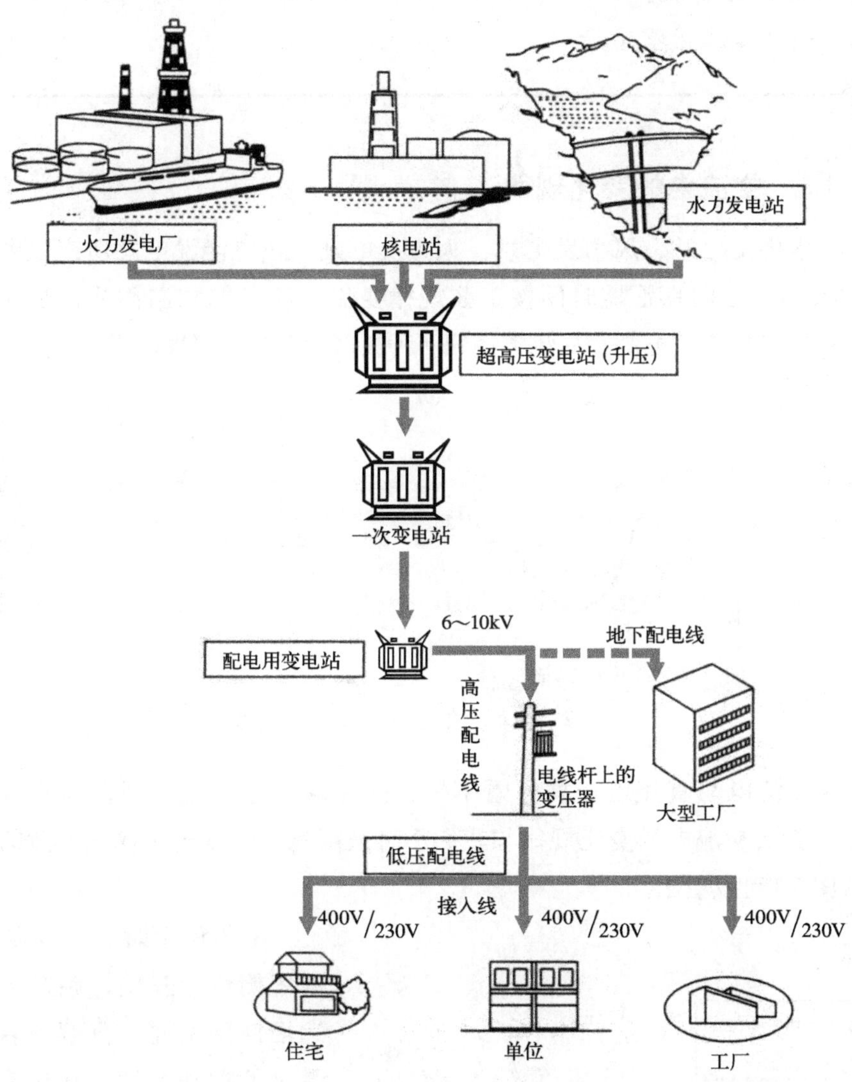

图6.1 交流电的发电、传输和利用系统

随着科技的发展和人类生活的进步，人们对电的依赖越来越强烈。试想，一旦停电，其后果是什么？至少是生产停产，生活极为不便，正在生产的产品报废等极为严重的后果。那么，我们现在使用的交流电有哪些规律？它们所组成的电路又有哪些特点呢？

 6.1 正弦交流电的基本物理量

我们观察交流电通过示波器显示的波形，会看到交流电压的信号波形是随时间按正弦规律变化的。这是我们研究单向交流电的最基本的图像。下面我们将学习和了解正弦交流电的变化规律和基本物理量。

6.1.1　交流电的变化规律

水力发电站、风力发电站、火力发电站、核电能发电站所产生电流的大小和方向都是随时间按正弦规律变化，所以把它们称为正弦交流电。我们把直流电流和交流电流的两种波形图示如下（图6.2）。

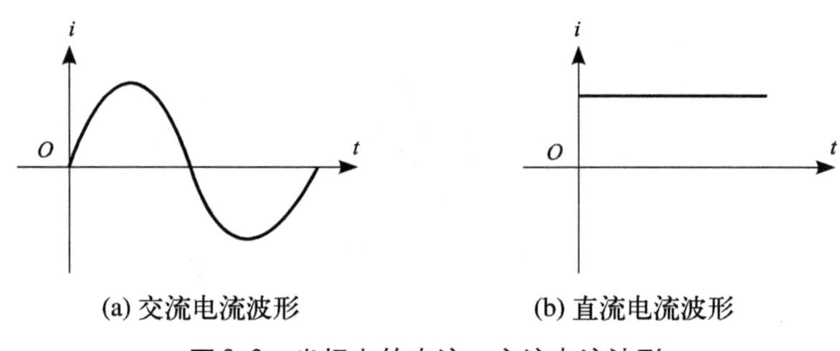

图6.2　坐标上的直流、交流电流波形

交流电与直流电一样，看不见、摸不着，它的变化规律似乎很抽象，其实交流电的变化规律与我们小时候荡秋千的摆动规律是一致的，从图6.3可以看出。

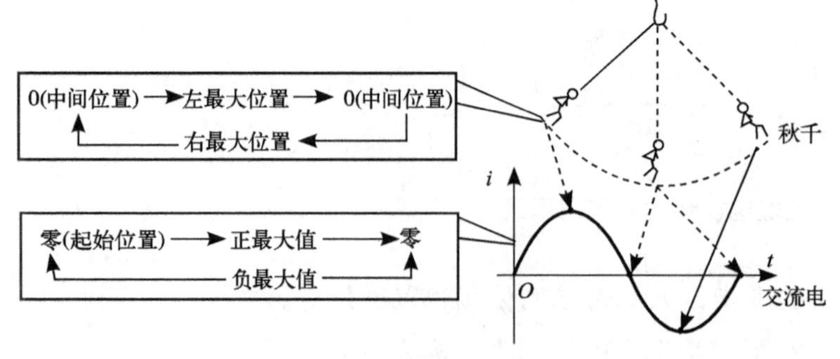

图6.3　荡秋千与交流电变化规律的对比

在荡秋千时，人体从中间平衡位置开始，到左边最远后回到中间，再摆到右边最远的摆动规律，与交流电的变化规律相似。交流电从0→正最大值→0→负最大值→0，这种周而复始的变化（周期性变化）遵守数学中的正弦函数的变化规律，所

以把它称为正弦交流电。在正弦交流电中电流的计算公式为

$$i = I_m \sin\omega t \tag{6.1}$$

式中，i——正弦交流电瞬时值，随时间不断变化，A；

I_m——正弦交流电最大值，A；

ω——交流电的角频率，rad/s（弧度每秒）。

6.1.2 交流电解析式与波形图之间的关系

图6.3中右下部的图，称为交流电的波形图，式（6.1）叫做交流电的解析式，它们是交流电的两种表示法。下面探讨交流电流、电动势、电压解析式与它们的波形图之间的对应关系。这三个量的对应关系如表6.1所列。

表6.1 交流电解析式与波形图的对应

交流电参数	解析式	波形图	说明
交流电流	$i_1 = I_{1m}\sin\omega t$ $i_2 = I_{2m}\sin(\omega t + \varphi_0)$	i, I_{2m}, I_{1m}, i_1, t, φ_0, O, i_2, $-I_{2m}$, $-I_{1m}$	当交流电 i_2、e_2、u_2 起始时不在坐标原点，有一个初始角，即后面要学习的初相位；i_1、e_1、u_1 起始于坐标原点，初相位为零
交流电动势	$e_1 = E_{1m}\sin\omega t$ $e_2 = E_{2m}\sin(\omega t+\varphi_0)$	e, E_{2m}, E_{1m}, e_1, t, φ_0, O, e_2, $-E_{2m}$, $-E_{1m}$	
交流电压	$u_1 = U_{1m}\sin\omega t$ $u_2 = U_{2m}\sin(\omega t + \varphi_0)$	u, U_{2m}, U_{1m}, u_1, t, φ_0, O, u_2, $-U_{2m}$, $-U_{1m}$	

> **注意**：在波形图中，各自采用的坐标系不一样。电流用 i-t，电动势用 e-t，电压用 u-t。表中，i、e、u 表示正弦电流、电动势、电压的瞬时值，I_m、E_m、U_m 是它们对应的最大值。

6.1.3　交流电的相关物理量及三要素

1. 最大值、有效值与平均值及其相互关系

表示交流电的物理量除了上面提到的瞬时值、最大值外，还有有效值、平均值。

(1) 瞬时值

正弦交流电的电流、电动势、电压随时间不断变化，但每一个时刻都有一个确定值，这个值叫瞬时值，瞬时值一般用小写字母表示，如电流用i，电压用u，电动势用e。它们各自的变化规律是

$$\left.\begin{aligned} i &= I_m \sin\omega t \\ u &= U_m \sin\omega t \\ e &= E_m \sin\omega t \end{aligned}\right\} \tag{6.2}$$

图6.4中在 t_1时刻所对应的电流 i_1，就是该时刻的电流瞬时值。

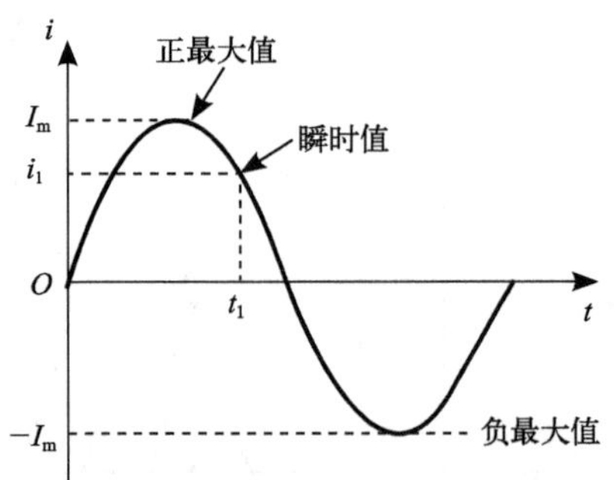

图6.4　交流电流的瞬时值与最大值

(2) 最大值

最大值又叫振幅或峰值，是正弦交流电最大的瞬时值，用大写字母带下标“m”表示，用I_m、U_m、E_m分别表示电流、电压和电动势的最大值。在图6.4中，I_m和$-I_m$分别是交流电流的正最大值和负最大值。

(3) 有效值

正弦交流电有效值是根据它热效应的效果来规定的，即让交流电与直流电分别通过相同阻值的电阻，在相同时间内，两者所产生的热量相同，则这个直流电的数值就规定为交流电的有效值，其中电流、电压和

电动势的有效值分别用大写字母 I、U、E 表示。

有效值与最大值的关系是：有效值是最大值的

$\frac{1}{2}=0.707$ 倍，即

$$\left.\begin{aligned} I&=\frac{1}{\sqrt{2}}I_m=0.707\,I_m \\ U&=\frac{1}{\sqrt{2}}U_m=0.707\,U_m \\ E&=\frac{1}{\sqrt{2}}E=0.707\,E_m \end{aligned}\right\} \tag{6.3}$$

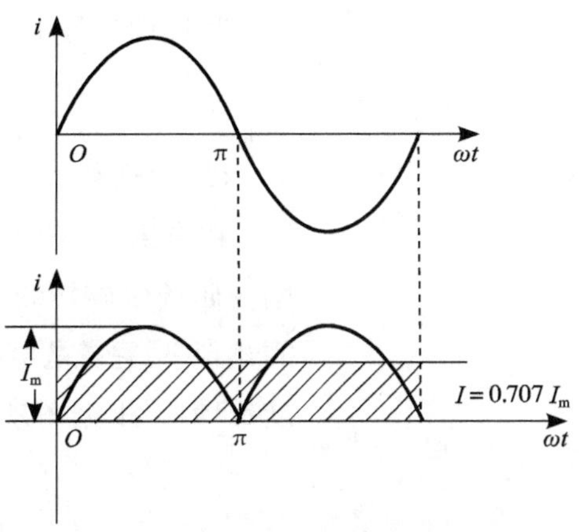

图6.5 交流电的有效值

在波形图上，有效值与最大值的关系如图6.5所示。

2. 正交流电的周期、频率、角频率及其相互关系

描述正交流电的物理量（又名参数）除了上述的瞬时值、最大值、有效值以外还有周期、频率、角频率以及相位、初相位、相位差等。这里将要讨论周期、频率与角频率的概念、符号、单位及它们之间的相互关系。

(1) 周期

正弦交流电随时间变化一周所用的时间叫**周期**。如图6.6(a) 中的交流电 $0\to\frac{T}{4}\to\frac{T}{2}\to\frac{3T}{4}\to T$ 即可完成一个周期，它是表征交流电变化快慢的参数，周期越长交流电变化越慢。

周期的符号用字母 T 表示，单位是 s（秒）。

(2) 频率

正弦交流电在1s内完成循环变化的周数叫**频率**。频率也是表征交流电变化快慢的参数，频率越低，变化越慢。频率用字母 f 表示，单位是 Hz（赫兹），在技术上，赫兹的单位较小，常用的有 kHz（千赫）、MHz（兆赫兹），它们的关系是

$$1\text{kHz}=1000\text{Hz}=10^3\text{Hz}$$

$$1\text{MHz}=10^6\text{Hz}$$

表示频率的波形如图6.6(b) 所示。在该图中，交流电在 1s 内完成了 3 个周期，频率为 3Hz。

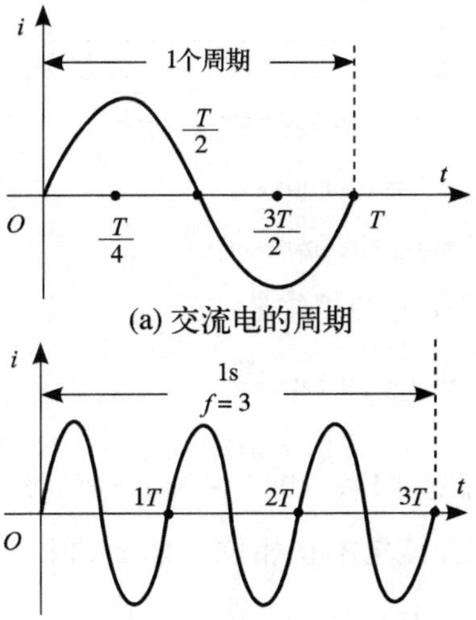

(a) 交流电的周期

(b) 交流电的频率

图6.6 周期和频率波形

从周期和频率的定义可以看出，它们之间互为倒数关系，即

$$f=\frac{1}{T} \text{ 或 } T=\frac{1}{f} \tag{6.4}$$

(3) 角频率

用电磁关系来计算交流电变化的角度叫**电角度**，它实质上是发电机线圈在磁场中旋转的角度。正弦交流电在1s内经过的电角度叫做该交流电的角频率，它就是单位时间电角度的变化量，用字母ω表示，单位是rad/s（弧度每秒）。根据角频率的定义，可得

$$\omega=2\pi f=\frac{2\pi}{T} \tag{6.5}$$

在我国的供电制式中，正弦交流电的频率为50Hz，周期是0.02s，角频率为100π rad/s 或 314rad/s。

3. 相位、初相位与相位差

(1) 相位

交流电随时间的变化遵循正弦函数的规律，它在不同时刻有不同的大小、方向和变化趋势，所以交流电在不同时刻有不同的状态。交流电在某一时刻的状态（包括大小、方向、变化趋势等）叫做交流电在该时刻的**相位**，如图6.7中，在ωt_1时刻，i_1和i_2都有它自己对应的的相位。

> **特别提示**：正弦量（正弦电流、电动势、电压）在变化过程中所经历的角度称为电角度，用希腊字母α表示，它与角频率的关系是$\alpha=\omega t$（t是时间，单位为s），如一个线圈在一对磁极的发电机中旋转，其感应电流为
>
> $$i=I_m\sin(\alpha+\varphi_0)=I_m\sin(\omega t+\varphi_0)$$
>
> 式中，$(\omega t+\varphi_0)$就是相位角。

交流电相位用符号$(\omega t+\varphi_0)$表示，单位是“°”（度）或rad（弧度）。

如图6.7中电流i_1和i_2的表达式分别为

$$i_1=I_{1m}\sin\omega t$$

$$i_2=I_{2m}\sin(\omega t+\varphi_0)$$

式中，i_1的相位是ωt；i_2的相位是

$$\omega t+\varphi_0=\omega t+\frac{\pi}{3}$$

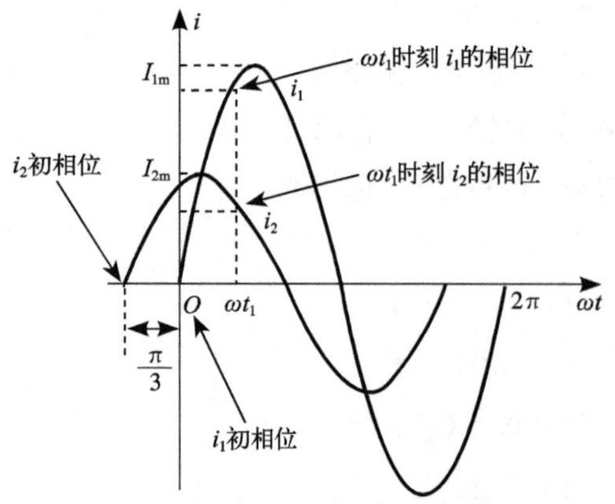

图6.7 交流电的初相位和相位

(2) 初相位

正弦交流电在起始时刻（即$t=0$的时刻）所处的状态叫该正弦交流电的初相位。如上式中i_1的初相位是0，i_2的初相位是$\varphi_0=\frac{\pi}{3}$。初相位一般都用不大于180°的角度来表示，它的取值既可为

正，也可为负。

(3) 相位差

两个同频率正弦交流电在某一时刻相位之差叫做这两个正弦交流电的**相位差**，用$\Delta\varphi$表示。在计算上有

$$\Delta\varphi=(\omega t-\varphi_1)-(\omega t-\varphi_2)=\varphi_2-\varphi_1 \tag{6.6}$$

从式（6.6）可以看出，两个同频率交流电的相位差，实际上就是两个交流电初相位之差。由于一个交流电比另一个交流电先到达最大值或零值，先到达的叫超前，后到达的叫滞后。在图6.8中，i_2超前于i_1，或者说i_1滞后于i_2。如果两个交流电初相位相等，且同时达到最大值和零值，叫做这两个交流电同相位，简称同相，如图6.8(a)所示。如果一个交流电到达正最大值时，另一个同一时间到达负最大值，则它们的相位差为180°，叫做这两个交流电相位相反，简称反相，如图6.8(b)所示。

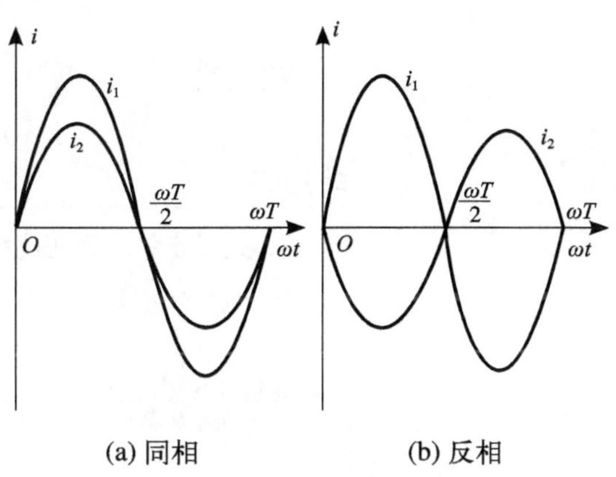

图6.8 两个交流电的同相和反相

4. 交流电的三要素

从上面对正弦交流电的表达式、波形图及有关参数的分析可以看出，如果已知交流电的最大值，就知道了这个正弦量变化的最大范围，而周期、频率和角频率反映了交流电变化的快慢，初相位又能反应交流电的起始状态，所以一旦它的**最大值**、**频率**（角频率或周期中任一项）及**初相位**三个条件确定，即可明确表示出交流电在某时刻的完整状态，从中确定它的大小、方向、变化快慢与趋势等。所以，**最大值**、**初相位**、**频率**（或角频率、周期）称为正弦交流电的三要素。

【例6.1】 已知正弦交流电流 $i_1=220\sqrt{2}\sin(100\pi t+60°)$ A，$i_2=100\sqrt{2}\sin(100\pi t-30°)$ A，试计算：

1) 两个电流的最大值和有效值；

2) 周期、频率；

3) 相位、初相位与相位差；

解：根据已知，有

1) i_1的最大值为$220\sqrt{2}$ A=311A，有效值为220A；

i_2的最大值为$100\sqrt{2}$ A=142A，有效值为100A。

2) 频率

$$f=\frac{\omega}{2\pi}=\frac{100\pi}{2\pi}=50\ (\text{Hz})$$

周期

$$T=\frac{1}{f}=\frac{1}{50}=0.02\ (\mathrm{s})$$

3) 相位

$$\alpha_1=100\pi t+60^\circ$$
$$\alpha_2=100\pi t-30^\circ$$

初相位

$$\varphi_1=60^\circ,\ \varphi_2=-30^\circ$$

相位差

$$\varphi_1-\varphi_2=60^\circ-(-30^\circ)=90^\circ$$

动脑筋

1. 在生活中，你见过哪些地方用了直流电？哪些地方用了交流电？
2. 为什么最大值、频率与初相位被列为正弦交流电的三要素？

 正弦交流电的表示法

我们已经知道可以用解析法（公式法）、图像法来表示交流电，但要计算两个及以上交流电的和与差时，这两种方法都非常困难。于是人们在科学实验中探索出了旋转矢量法，它不仅可以形象地描述正弦交流电，而且在计算两个及以上交流电的和与差时显得尤为方便。

我们常用的正弦交流电的表示方法有三种，每一种表示法都能反映出正弦交流电的三要素，即最大值、频率（或角频率，或周期）与初相位。解析法和图像法在上一节里我们研究过，在这里只进行简单概述，重点是探究旋转矢量法。

6.2.1　解析法

利用正弦函数式表示正弦交流电变化规律的方法叫解析法，也叫公式法。我们知道正弦函数表示的交流电流

$$i=I_\mathrm{m}\sin(\omega t+\varphi_0)$$

按此规律，可将正弦电流、正弦电动势、正弦电压的解析式归纳为

$$\left.\begin{aligned}i&=I_\mathrm{m}\sin(\omega t+\varphi_0)\\ e&=E_\mathrm{m}\sin(\omega t+\varphi_0)\\ u&=U_\mathrm{m}\sin(\omega t+\varphi_0)\end{aligned}\right\}\tag{6.7}$$

在上面的表达式中，正弦交流电的三要素俱全，其中 I_m、E_m、U_m 分别是正弦电流、电动势和电压的最大值，ω 是它们的角频率，φ_0 为初相位，所以可用这些解析式计算它们在任何时刻的瞬时值及其他相关参数。

6.2.2 图像法

图像法又叫波形图法，在这里主要说明波形图是怎样表示正弦交流电的三要素的。

图像法是在平面直角坐标系中，以时间 t 或电角度 ωt 为横坐标，将与之对应的交流电流 i，交变电动势 e 和交流电压 u 三个量的瞬时值作为纵坐标，按照这几个正弦量随时间变化的规律，画出的正弦曲线，也就是正弦交流电随时间变化的波形来表示的交流电，这就是交流电的图像法，又叫波形图。如图6.9是在一个坐标系中同时表示 i 和 e 的变化规律的曲线。

从图 6.9中可以看出，这个交流电流、电动势的最大值分别是I_m、E_m，角频率是ω（周期为T），e 的初相位是 φ_0，i 的初相位为零，三个要素齐全，所以可从该曲线上看出该交流电在各个时刻的状态即变化规律。

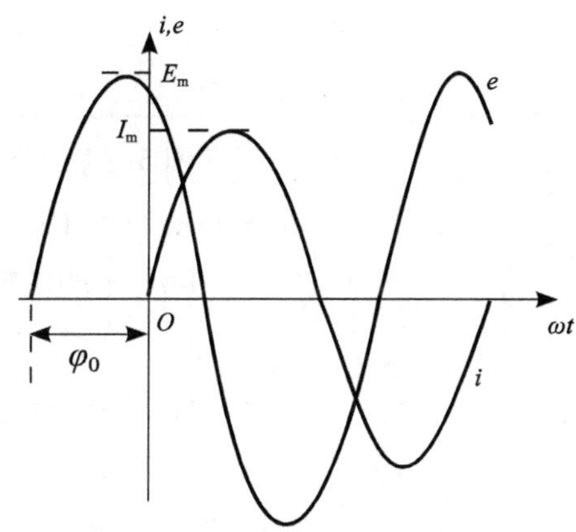

图6.9 正弦交流电图像法

6.2.3 旋转矢量法

正弦交流电的旋转矢量表示法如图 6.10所示，在平面直角坐标系内，以坐标原点为起点作一有向线段为旋转矢量。该旋转矢量的长度表示正弦量的最大值（I_m、E_m、U_m），它的角速度表示正弦量的角频率 ω，任何时刻该线段与横轴的夹角（$\omega t+\varphi_0$）为该交流电的相位角，该有向线段任何时刻在纵轴上的投影即为该正弦量的瞬时值，如在 $t=0$ 的初始时刻，$i=I_m\sin\varphi_0$；$t=t_1$ 时刻，$i=I_m\sin(\omega t+\varphi_0)$。

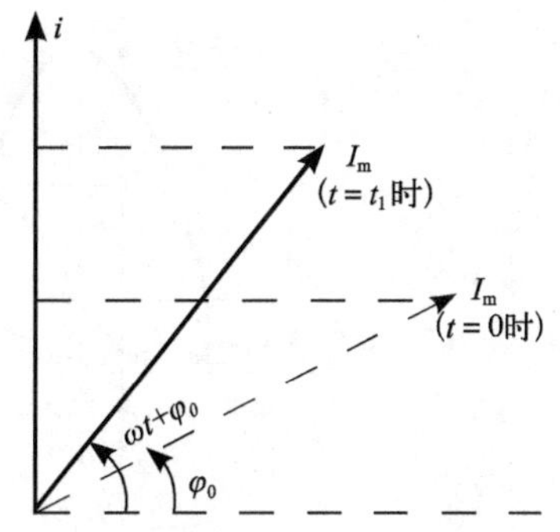

(t_1时刻瞬时值)、(t_0时刻瞬时值)

图6.10 正弦量的旋转矢量图

正弦交流电解析式 $i=I_m\sin(\omega t+\varphi_0)$ 与旋转矢量图和波形图的对应关系如图 6.11所示，根据解析式可以作出波形图或旋转矢量图。在该图中，旋转矢量从 OA（初相位为 φ_0）出发，在逆时针方向经过B、C、D再回到A旋转一周，与波形图上的a、b、c、d各点一一对应。它的初始位置与横坐标的夹角φ_0也与波形图上的φ_0互相对应。并且规定，旋转矢量逆时针方向旋转角度为正值，顺时针方向旋转角度为负值。

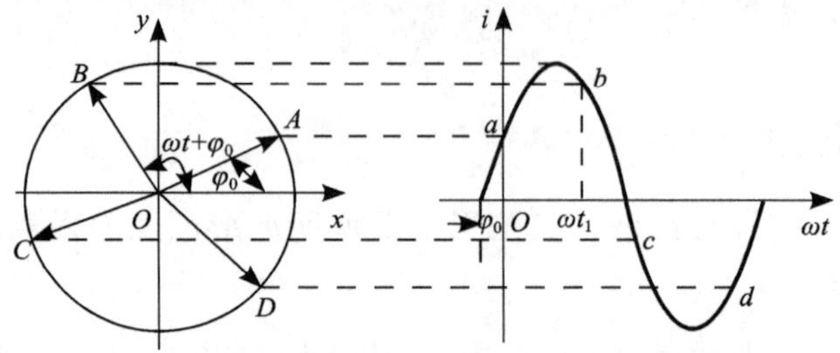

图6.11 正弦量的旋转矢量与波形图的对应

特别提示：用旋转矢量法分析计算正弦交流电的条件是：必须是同频率的交流电才能使用。如果几个同频率正弦量的旋转矢量画在同一坐标系中时，由于它们频率相同，所以沿逆时针方向旋转的角度相等，则各正弦量之间的相对位置（即相位差）是不变的，相当于几个旋转矢量之间处于相对静止，所以在研究矢量之间的关系时，一般只按初相位角作矢量图，不必标出它的角频率。

【例6.2】 已知正弦交流电流 $i_1=220\sqrt{2}\sin(100\pi t+60°)$ A，$i_2=100\sqrt{2}\sin(100\pi t-30°)$ A，试画出：

1）i_1、i_2的波形图；

2）i_1、i_2的矢量图。

解：1) 根据已知i_1、i_2的解析式，可以画出它们的波形图，如图6.12所示。

2) 根据解析式作出i_1、i_2的矢量图，如图6.13所示。

答：从本例题可以看出，正弦交流电的解析式、波形图和矢量图不仅均能表示正弦量的三要素，而且可以互相转换。

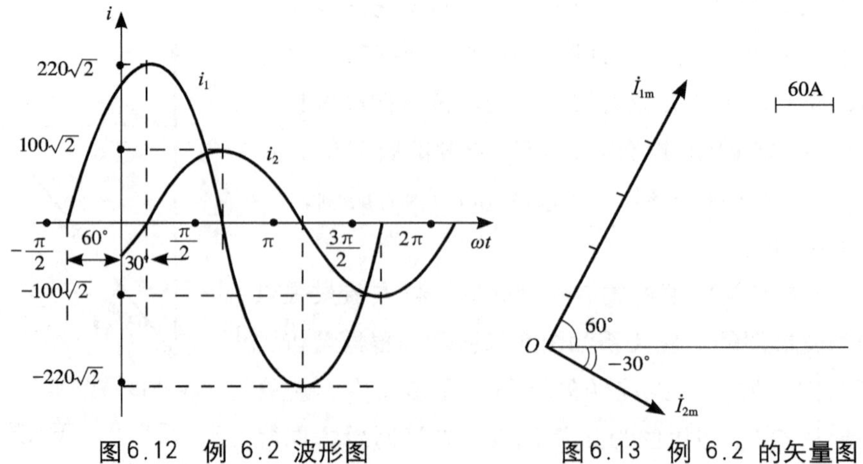

图6.12 例 6.2 波形图

图6.13 例 6.2 的矢量图

知识窗 关于矢量及其加减运算

所谓“矢”，源于古时侯作战时用的弓箭箭头。箭的射出，是有明确方向的，所以在科学上就把既有大小又有方向的量称为“矢量”，如物理学中的速度、力等。矢量的加减运算遵循“平行四边形法则”。如图6.14中，已知两个矢量的大小和方向，如力为F_1和F_2，则它们的合力F就等于以F_1和F_2为邻边所作平行四边形的对角线。如果要求F_1与F_2的差，则在F_2的反向作与F_2等长的矢量$-F_2$，再求F_1与$-F_2$之和即为F_1与F_2之差。可见，用矢量进行加减法运算是很简单的。

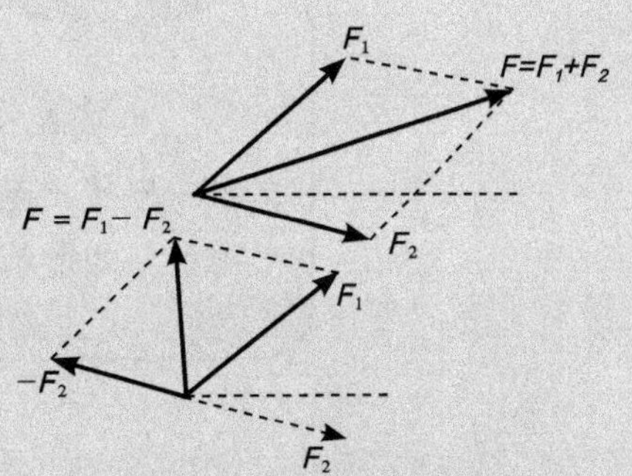

图6.14 矢量的加减运算

计算正弦交流电矢量和与差的五个步骤：

第一步，确定作图基准线，即用虚线在水平方向作出x轴。

第二步，确定计量正弦量大小的长度单位，如图6.13中1cm的长度表示电压为60V。

第三步，从坐标原点O出发，有几个正弦量就画出几条有向线段。它们与基准线Ox的夹角分别为各自的初相位，逆时针方向角度为正，顺时针方向的角度为负；有向线段的长度根据最大值的数值，有几个单位长，就用几倍单位长度表示该正弦量最大值，最后在末端画上箭头。

第四步，对图中的正弦量用平行四边形法则进行加减运算，图6.14中画出了力F_1和F_2，并用平行四边形法则求它们的矢量和。

第五步，代入数据，计算出和矢量的大小和相位，写出和矢量的瞬时值表达式。

动脑筋

1. 在正弦交流电的三种表示法中，计算两个正弦量的和与差时，哪种表示法最方便？你能说出方便在哪些地方吗？
2. 你是怎样从旋转矢量上看出正弦量的三要素的？
3. 你能叙述用平行四边形法则求矢量和与矢量差的操作步骤和方法吗？

6.3 电容器与电容

电容器在电力系统中用于提高供电系统的功率因数，在电子技术中常用来滤波、耦合、旁路、调谐、选频等。了解电容器的种类、外形及其主要技术参数是非常必要的。

找一找、看一看

图6.15所示是电脑显示器的局部电路板，看一看，你能找出其中的电容器吗？由这块电路板可以看出，电容器与电阻器一样是组成电路的主要元器件。

这些元器件都是电容器啊？

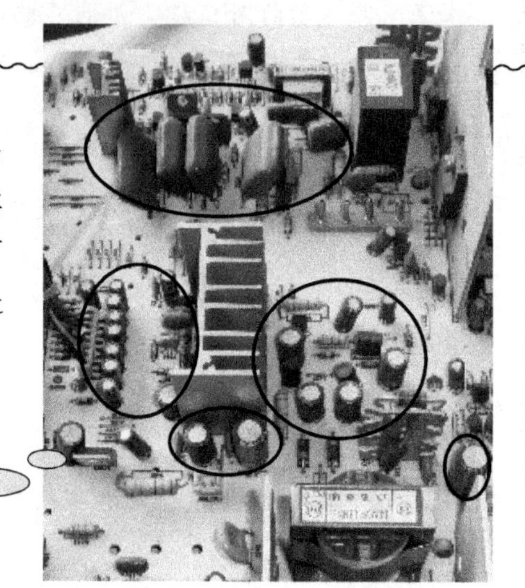

图6.15 电脑显示器电路板局部

6.3.1 认识电容器

常见电容器的外形如图6.16所示。

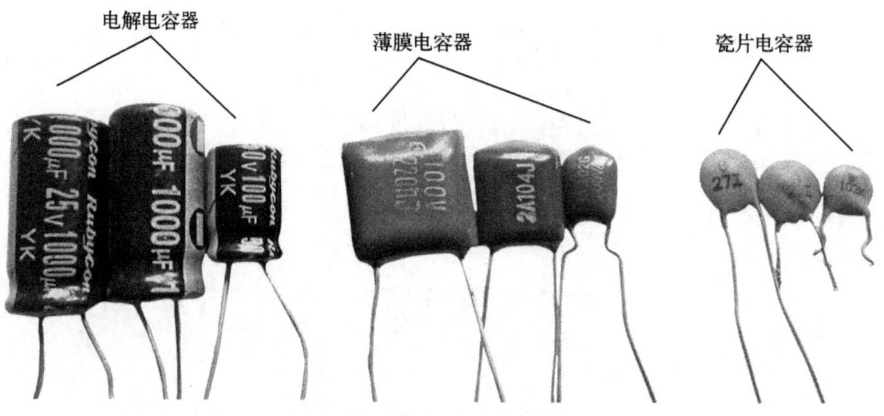

图6.16 常见电容器的外形

1. 初识电容器

在两金属导体中间用绝缘介质相隔，并引出两个电极就构成了一个电容器。

电容器的结构示意如图6.17(a)所示，其文字符号为 C，一般图形符号如图6.17(c)所示。

特别提示：电解电容是有极性的，它引脚长的一端为正极，短的一端为负极。

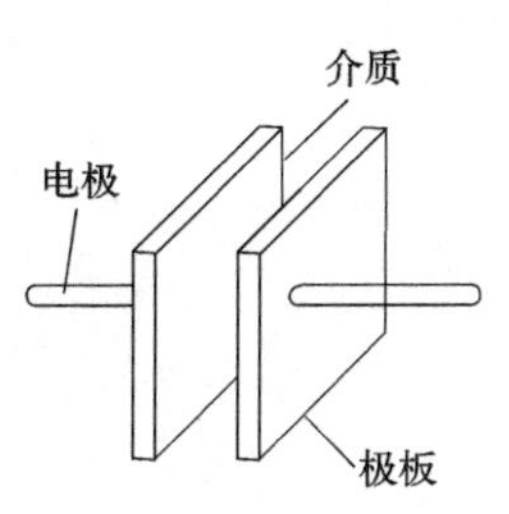

(a) 电容器结构示意

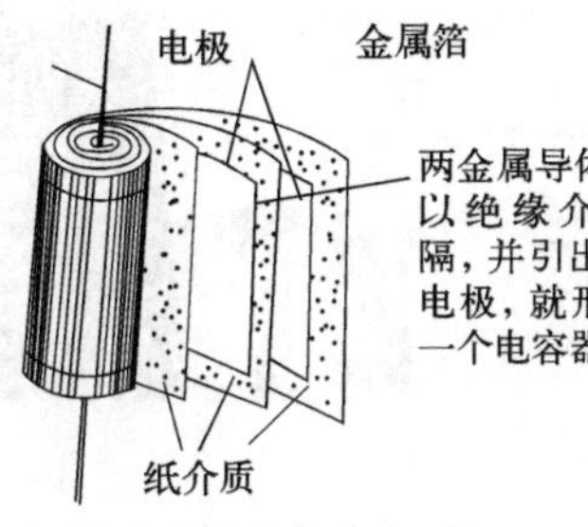

(b) 纸介电容器结构示意

普通电容器

C

(c) 电容器一般图形符号

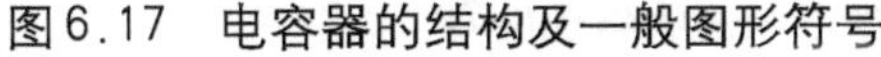

图6.17　电容器的结构及一般图形符号

2. 电容器的储能特性

让我们先做一个小实验来帮助我们认识电容器的储能特性。

小实验 电容器的储存电能本领

准备一块万用表和如图6.18所示的元器件，实验电路原理图如图6.19所示。

我们先准备一节9V干电池 (a)，电解电容器 (b)、小灯泡 (c)、电阻 (d)、连接导线的接线夹 (e)，如图6.18所示。

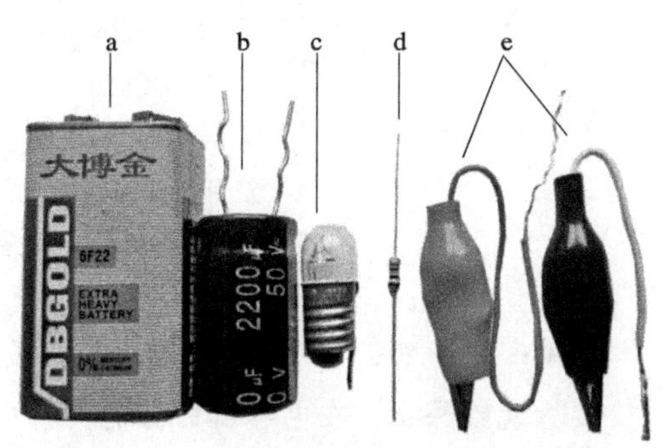

图6.18　电容器储能实验元器件与材料

1. 测量电池与电容器的端电压

用万用表的直流电压挡测量电池与电容器的两端电压。注意：红表笔接电池的正极。

现象：测得电池的端电压为9V，电容器的端电压为0V。

2. 搭接实验电路实物图

把电容器串联一只100Ω的限流电阻后与9V的干电池接成闭合回路，电容器引脚长的一端（正极）接电池的正极，如图6.20所示。

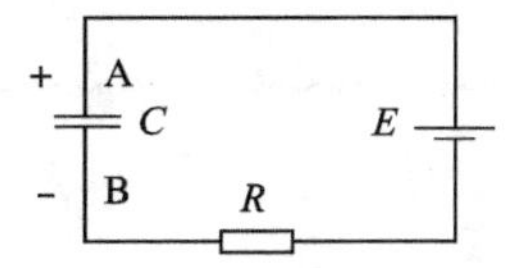

图6.19　实验原理图

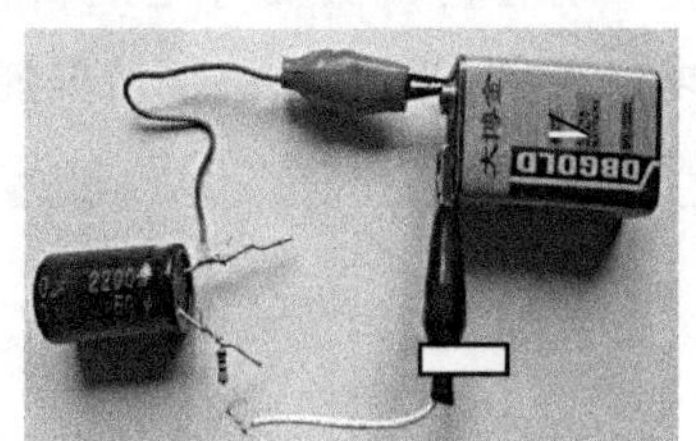

图6.20　实验实物图

3. 再次测量电容器的端电压

图6.20接通后几分钟，移开电池，用万用表的直流电压挡测量电容器的端电压，红表笔接电容器的正极，如图6.21所示。

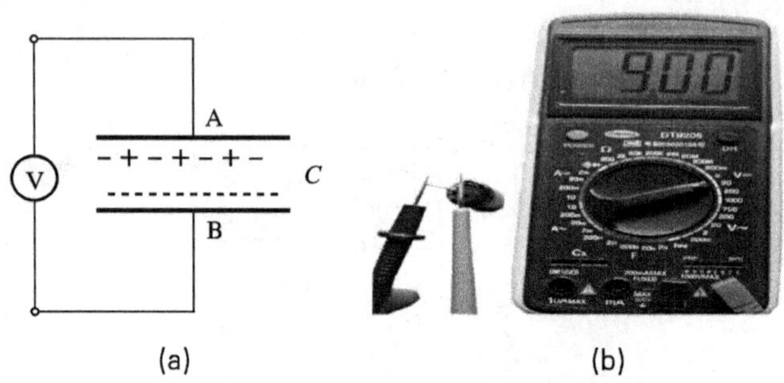

图6.21 电容器充电后端电压示意图

现象：电容器充电后的端电压等于电池的端电压9V。

4. 把小灯泡接在充电后的电容器两端

把小灯泡与充电后的电容器接成闭合回路，如图6.22所示。

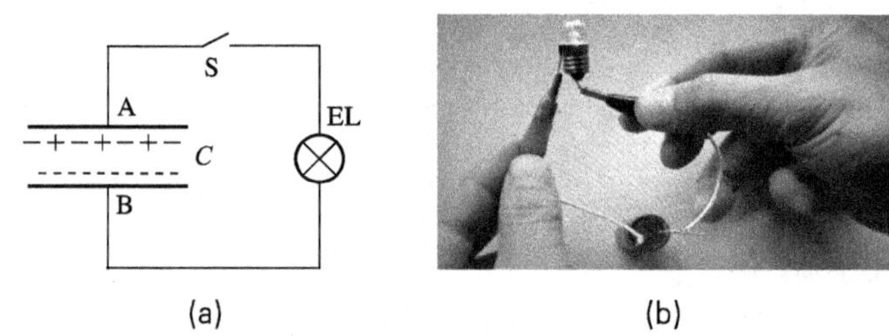

图6.22 电容器储能实验示意图

现象：小灯泡在与电容器接成闭合回路的一瞬间亮了。

实验现象探索：在电容器的储能实验中，我们观察到接在电容器两端的小灯泡亮了，使灯泡发光的电能是哪里来的呢？是电容器储存的电能让小灯泡发光。

实验结论：电容器是能储存电荷的容器，它是一种储能元件。

电容器因其储存电能特性被称为电容器，简称电容。电容器储存电能的过程叫充电。电容器通过负载释放电能的过程叫放电。

3. 电容器的电容

在电容器的储能小实验中发现，用同一个电源对不同的电容器充电，充电结束后，有的电容器使小灯泡发光的时间长一点，有的电容器

使灯泡发光的时间相对短些，这是为什么呢？

我们很容易地想到，使灯泡发光时间长的电容器在充电时储存的电能多，使灯泡发光时间短的电容器在充电时所储存的电能少。在充电电源相同的情况下，电容器储存电能的多少跟什么因素有关呢？为表示电容器储存电能本领的大小，我们引入了电容量这个物理量。为了更好地理解电容量的物理意义，我们先来看看图6.23中电容器与水容器的对比示意图。

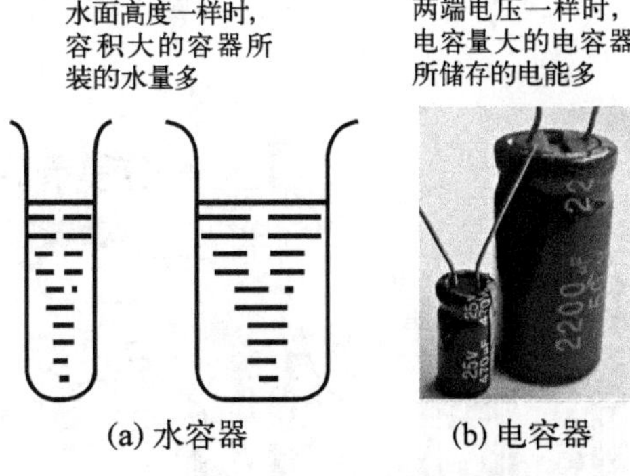

图6.23 电容器与水容器

在图6.23(a)中有两个水容器，虽然它们的水面高度一样，但是右边的水容器装的水会多一些，那是因为它的容积大些。如果把水面高度理解为电容器的电压，把水容器的容积理解为电容器的电容量，我们就很容易理解，当电容器两端的电压一样时，电容量大的电容器所储存的电能多，如图3.9(b)所示。

把电容器两极板间的电压每增加1V所需的电量，叫做**电容器的电容量**。简称**电容**，用符号 C 表示。电容的单位为**法**，用字母 F 表示。

一个电容器，如果带1C（库仑）的电量时两极板间的电压是1V（伏），这个电容器的电容就是1F（法）。电容 C、电量 Q、电压 U 三者具有如下的关系，即

$$C=\frac{Q}{U} \tag{6.8}$$

式中，Q——极板上所带电（荷）量，C；

U——极板间的电压，V；

C——电容量，F。

由于法的单位太大，电容常用的单位有毫法(mF)、微法(μF)、纳法(nF)和皮法(pF)(皮法又称微微法)等，其换算关系为

$$1\text{F}=10^3\text{mF}=10^6\mu\text{F}$$

$$1\text{F}=10^9\text{nF}=10^{12}\text{pF}$$

电容器的电容量与电容器极板的面积成正比，与两极板间的距离成反比。任何两个相邻导体间都存在电容，称为分布电容或寄生电容。它们对电路是有害的。

电容器与电容量都简称电容，但是它们的含义是不一样的，电容器是一个能储存电能的电子元件，电容量是衡量电容器储存电能本领大小的一个物理量。

6.3.2 常用电容器的种类与外形

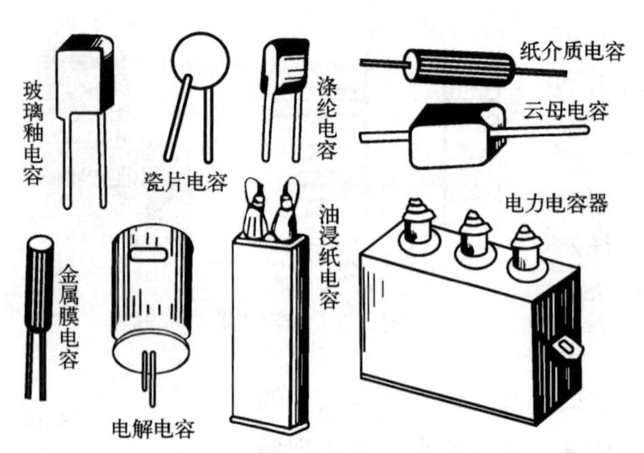

图6.24 常用的固定电容器

电容器按其结构可分为固定电容器、可变电容器和微调电容器三类。

1. 固定电容器

电容量不可以调节的电容器叫固定电容器。固定电容器按介质材料可分为纸介电容器、云母电容器、油质电容器、陶瓷电容器、有机薄膜电容器、金属膜电容器以及电解电容器等，如图6.24所示。

2. 可变电容器

电容量能在较大范围内调节的电容器叫可变电容器。常用的可变电容器有空气介质可变电容器和聚苯乙烯薄膜介质可变电容器，如图6.25所示。它们一般用作调谐元件，常用于收音机的调谐电路。

3. 微调电容器

电容量在某一较小范围内可以调整的电容器叫微调电容器。常见的有陶瓷微调电容器、云母微调电容器、拉线微调电容器等，如图6.26所示。

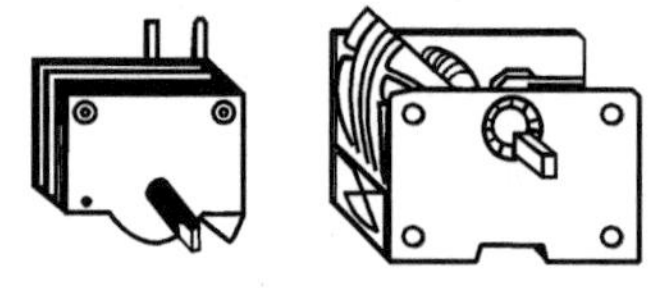

图6.25 常用的可变电容器

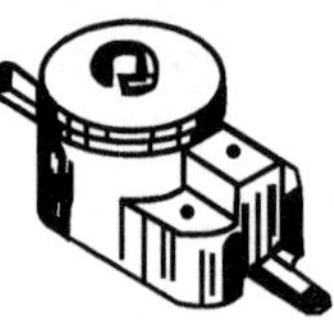

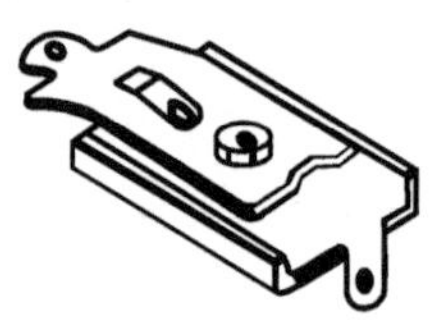

图6.26 常用的微调电容器

6.3.3 电容器的主要技术参数及其识读

在观察电容器时，我们发现，在电容器的外壳上写着各种各样的符号，它们表示什么意义呢?

1. 标称容量

成品电容器体表上所标出的电容量叫标称容量，如图6.27所示。

2. 额定工作电压

电容器的额定工作电压又称“耐压”，是指电容器接入电路后，连续可靠工作所能承受的最大直流电压。电容器承受的电压超过它的允许值可能造成电容器击穿损坏而不能使用（金属膜电容和空气介质电容例

外）。电容器的额定工作电压常常直接标示在成品电容器的外壳上，如图6.27所示。

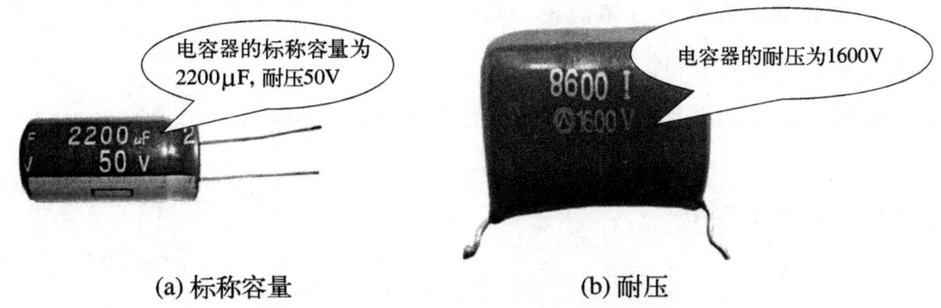

(a) 标称容量　　(b) 耐压

图6.27　电容器的标称容量与耐压

工作在交流电路中电容器，所加交流电压的最大值不能超过其额定工作电压。

3. 允许误差

电容器的实际电容量与标称容量之间有一定的误差，在国家标准规定的允许范围之内的误差称为允许误差。电容器的允许误差可采用直接标注、字母标注、罗马数字标注等各种方法，标注在电容器的外壳上，如图6.28所示。

(a) 直接标注　　(b) 字母标注　　(c) 罗马数字标注

图6.28　电容量允许误差的标注方法

电容量的允许误差用罗马数字标注时，I、Ⅱ、Ⅲ分别表示±5%、±10%、±20%。电容量的允许误差用字母标注时，字母所代表的含义见表6.2。

表6.2　允许误差字母含义

字　母	D	F	G	J	K	M
允许偏差／%	±0.5	±1	±2	±5	±10	±20

动脑筋

1. 电容器与电容量都简称电容，它们表示的含义有什么不同？

2. 一只电容量很小的电容器，在充电后不能使小灯泡发光，是否说明这只电容器就没有储存电能的本领？

3. 公式$C=\dfrac{Q}{U}$是否说明电容器的电容量C跟它极板上所储存的电量Q成正比呢？

4. 微调电容与可变电容有什么区别？

实践活动：用指针式万用表检测电容器质量

1. 电容器质量的检测方法与量程选择

将指针式万用表转换到欧姆挡，对于不同容量的电容器，选取不同的量程，如表6.3所示。检测电容器时，将万用表的两表笔分别接触电容器的两根引线，对于电解电容器，万用表的黑表笔接其正极（引脚长的一端），并将检测结果填入表6.4。

表6.3 万用表检测电容器量程选择参考表

电容器的电容量	选用量程
1pF以下	$R\times10$k
1～47 μF	$R\times1$k
47 μF以上	$R\times100$

表6.4 电容器质量检测表

检测元器件	测量挡位	标称值/μF	指针摆动状况	质量判定
电容器1				
电容器2				
电容器3				

2. 电容器质量的判断

现象一：对于电容量5000pF以下的电容器，检测时指针应无偏转现象，阻值应为无穷大，否则为漏电或击穿。

现象二：对于电容量在0.01～1μF之间、1～47μF之间以及47μF以上的电容器，根据表6.3选择相应的量程，检测时指针应向右偏转一定的角度后即回无穷大。指针向右偏转的角度越大说明电容器的电容量越大。如指针无偏转现象则电容器开路，不能回无穷大为漏电或击穿。

单一参数交流电路

按照人们对事物由浅入深的认识规律，在交流电路的探究中，我们先从只有一个参数的交流电路，即单一参数交流电路——纯电阻电路、纯电感电路和纯电容电路，开始认识交流电路。

单一参数电路又叫纯电路。这里说的单一参数，在实际电路中严格说来是不存在的，只是在某一元件上，某个参数占了绝对优势，而其他参数与之相比，可以忽略。

6.4.1 纯电阻电路

在日常生活中，我们所接触的白炽灯泡、电烙铁、电熨斗等的发热元件都是由高电阻材料镍铬丝等制成的。在它们的电气参数中，电阻值很大，而其他参数如电感、电容则小到可以忽略，所以可以将它们的电路视为纯电阻电路进行讨论，如图 6.29 所示。

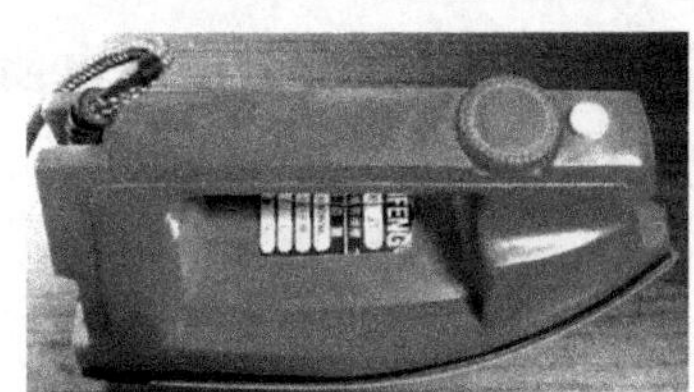

(a) 纯电阻电器——电熨斗

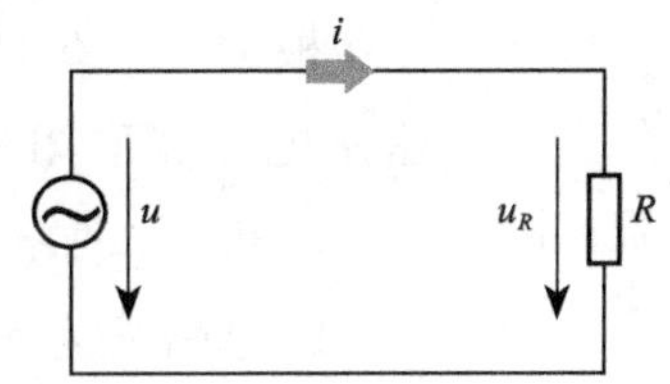

(b) 电路

图6.29 纯电阻电路

1. 纯电阻电路电流、电压间的关系

为了了解纯电阻电路交流电流与电压的关系，我们先做一个小实验。

小实验 纯电阻电路电流、电压间的数量关系观察

我们用图6.30为实验电路。在该实验电路中，交流电流表与电阻串联，交流电压表与电阻并联。由信号发生器向电路提供超低频交流电压和交流电流。

开启信号发生器电源开关，使它向电路提供 5～10Hz 左右的交流信

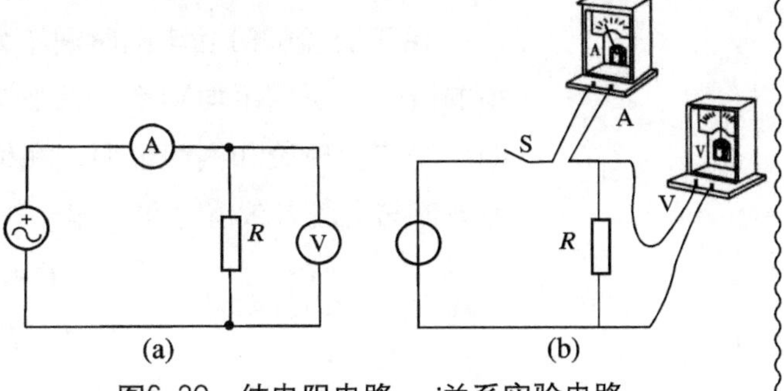

图6.30 纯电阻电路u–i关系实验电路

号。当提高信号发生器输出电压时，我们可以看出：电压表读数升高，电流表读数亦同步且成比例地升高。调低信号频率，重做上面的实验，结论相同，即在纯电阻电路中，电流与电压成正比。由于它们变化同步，所以电流电压相位相同，即它的有效值、最大值、瞬时值均满足欧姆定律：

$$\left.\begin{aligned} I &= \frac{U}{R} \\ I_{\mathrm{m}} &= \frac{U_{\mathrm{m}}}{R} \\ i &= \frac{u}{R} \end{aligned}\right\} \tag{6.9}$$

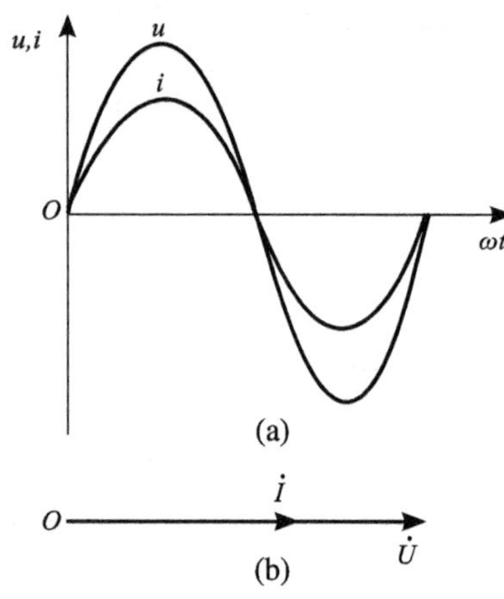

图6.31　纯电阻电路电流－电压波形和矢量图

从上面的实验看出，该电路中，电流电压同相，则它们的相位差

$$\varphi = \varphi_{Ou} - \varphi_{Oi} = 0$$

设流过电阻的交流电流瞬时值表达式为

$$i_R = I_{\mathrm{m}} \sin \omega t \tag{6.10}$$

由于二者同相，则电压瞬时值表达式为

$$u_R = U_{\mathrm{m}} \sin \omega t \tag{6.11}$$

根据式（6.10）和式（6.11）可画出纯电阻电路电压－电流波形图和矢量图，如图 6.31 所示。

2. 纯电阻电路的功率

以电烙铁为例，当交流电流通过烙铁心的电阻丝时会发热，这就是电流通过电阻丝作功，在电阻上必然要消耗电能。

由于交流电的电流、电压随时间不断变化，所以电阻上的功率也是不断变化的，不同时刻，功率的大小不同。我们把**某一时刻电阻上消耗的功率叫瞬时功率**，它与直流电路功率（$P=IU$）有相同的规律，等于某时刻电流瞬时值与电压瞬时值之积，即

$$p = iu \tag{6.12}$$

由于交流瞬时功率随时间不断变化，难于计算，我们引入了平均功率的概念。所谓平均功率，就是交流电变化一个周期在电阻上消耗功率的平均值。理论和实践证明，在纯电阻电路上交流电的平均功率为电压有效值与电流有效值之积，即

$$P = IU$$

$$P = I^2 R = \frac{U^2}{R} \tag{6.13}$$

可以看出，用有效值计算纯电阻电路的平均功率满足直流功率的运算关系。

关键与要点 纯电阻电路的特点

1. 电流电压在数量关系上，有效值、最大值、瞬时值均满足欧姆定律。

2. 电流、电压同相位，两者间相位差为0。

3. 电阻是耗能元件，电阻上所耗功率满足直流功率运算关系，且全部为有功功率。

6.4.2 纯电感电路

当电感元件串入交流电路时，由于它的电感量远大于自身的电阻和电容，电感在电路中起决定作用，所以在忽略电阻、电容后，将它视为纯电感电路，如图6.32所示。

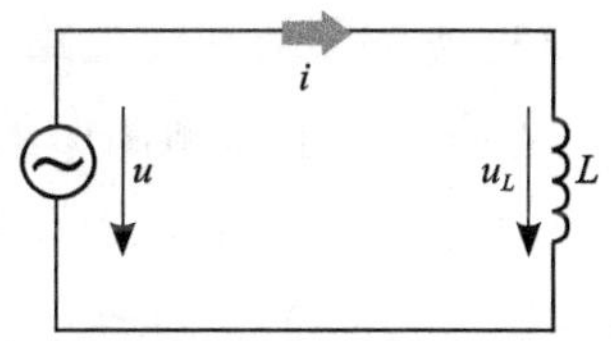

图6.32 纯电感电路

1. 纯电感电路电流与电压间的数量关系

小实验 纯电感电路电压与电流之间的数量关系

用交流电源向纯电感电路提供交流电压信号，用交流电流表检测电路中的电流，用交流电压表检测电感器的端电压（图6.33）。

实验操作：

1. 设置电感器的电感量为31.4mH，让交流电源为实验电路提供10V、50Hz的交流信号，接通电源，合上开关S。把电流表与电压表的读数以及计算得出的X_L填入表6.5中。改变交流电源的电压值，重复上述操作。

2. 保持电感器的电感量31.4mH与交流电源的电压值10V不变，改变电源的频率，将相关的实验数据填入表6.6中。

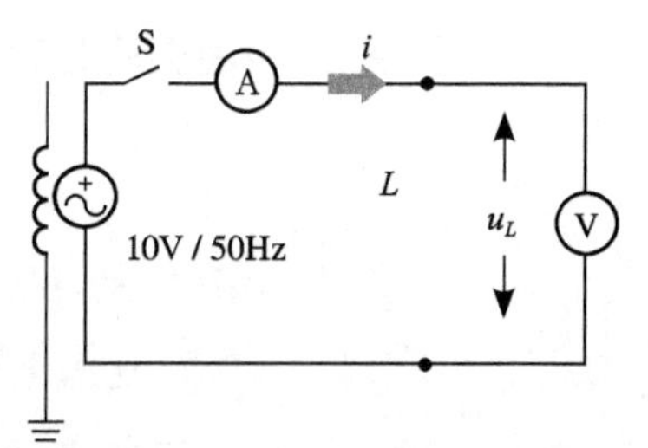

图6.33 纯电感实验电路原理图

表6.5 电流与电压数量关系表实验数据表

U_L/V	I/A	$X_L=\frac{U_L}{I}$/Ω
10	1	10
100	10	10

表6.6 阻抗与频率关系实验数据表

f/Hz	U_L/V	I/A	$X_L=\frac{U_L}{I}$/Ω
50	10	1	10
500	10	0.1	100

3. 保持50Hz、10V交流电源的电压信号不变，改变电感器的电感量，将相关的实验数据填入表6.7中。

表6.7　阻抗与电感量关系实验数据表

L / mH	U_L / V	I / A	$X_L=\frac{U_L}{I}$ / Ω
31.4	10	1	10
314	10	0.1	100

实验数据分析：

由小实验的三组实验数据表可以看出纯电感电路具有如下的规律：

(1) 电感器对交流电路中的电流具有阻碍作用

电感器对交流电路中的电流的阻碍作用称为感抗，用符号X_L表示。由实验可知，感抗与交流电源的频率成正比（表6.6），与电感器的电感量成正比（表6.7）。感抗的计算公式为

$$X_L = 2\pi f L = \omega L \tag{6.14}$$

式中，f——电源频率，Hz；

L——电感器的电感量，H；

ω——角频率，rad/s。

(2) 纯电感电路的电压与电流的有效值、最大值都满足欧姆定律

由实验数据表可得出

$$X_L = \frac{U_L}{I} = \frac{\sqrt{2}\,U_L}{\sqrt{2}\,I} = \frac{U_{Lm}}{I_m} \tag{6.15}$$

由上式可知，电压与电流的有效值、最大值都满足欧姆定律。

2. 纯电感电路电压与电流间的相位关系

以电流为参考量，设电流的初相为零，则电流与电压的瞬时值表达式为

$$\left.\begin{aligned} i &= I_m \sin\omega t \\ u_L &= U_{Lm}\sin\left(\omega t+\frac{\pi}{2}\right) \end{aligned}\right\} \tag{6.16}$$

根据解析式，可以画出纯电感电路电流与电压相位关系的波形图与矢量图，如图6.34所示。

特别提示：由纯电感电路电压与电流相位关系的波形图可以看出，电压与电流的瞬时值不满足欧姆定律。

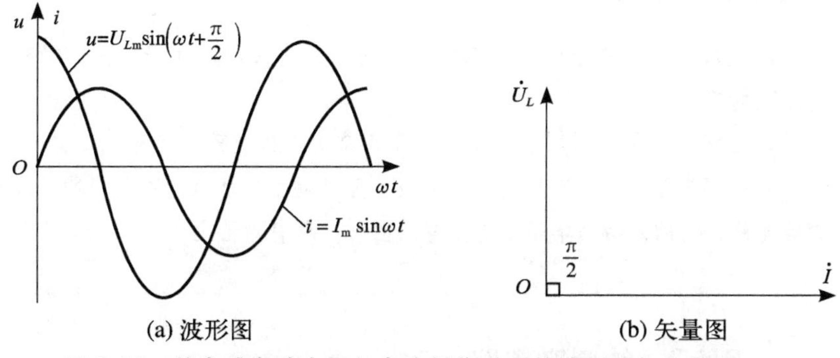

(a) 波形图　　(b) 矢量图

图6.34　纯电感电路电压与电流相位关系的波形图与矢量图

3. 纯电感电路的功率

在电感线圈上，由于电流 i，电压 u 随时间不断变化，所以功率也是不断变化的，这个功率也叫**瞬时功率**，**它等于电流瞬时值与电压瞬时值之积**，即

$$P_L = iu = I_L U_L \sin 2\omega t \tag{6.17}$$

从上式可以看出，纯电感电路瞬时功率仍然按照正弦规律变化，但它的变化频率提高到了原来的两倍。理论研究证明：在交流电的一个周期内，电感线圈两次向电源吸取能量，又两次将这些能量释放给电源，完成电源能与线圈磁场能的两次交换，纯电感线圈本身并不消耗能量，所以它的有功功率为零。

电感线圈虽然不消耗能量，但将电源能与磁场能进行反复交换的过程中，要占据一定的能量，而且这部分能量是不能用来做有用功的。为了表述电感线圈随时间在电源与线圈之间进行交换的能量大小，我们引入了无功功率的概念。

无功功率指在数值上等于加在电感线圈两端电压有效值 U_L 与线圈中的电流有效值 I_L 之积，即

$$Q = U_L I_L$$

或

$$Q = I_L^2 X_L = \frac{U_L^2}{X_L} \tag{6.18}$$

式中，Q——无功功率，单位为var（乏）。

> **注意**：这里的“无功”功率，是相对有功功率而言的，它指的是电感在交流电路中，不“消耗”功率，但必须占用功率，供电感与电源之间的能量转换。

关键与要点 纯电感电路的特点

1. 电流、电压在数值上，只有有效值、最大值遵从欧姆定律，瞬时值不遵从欧姆定律。

2. 电流、电压为同频率交流电，在相位上电压超前于电流$\frac{\pi}{2}$。

3. 电感线圈不消耗有功功率，只占用无功功率，所以它不是耗能元件而是贮能元件。它的无功功率等于电流有效值与电压有效值之积。

6.4.3 纯电容电路

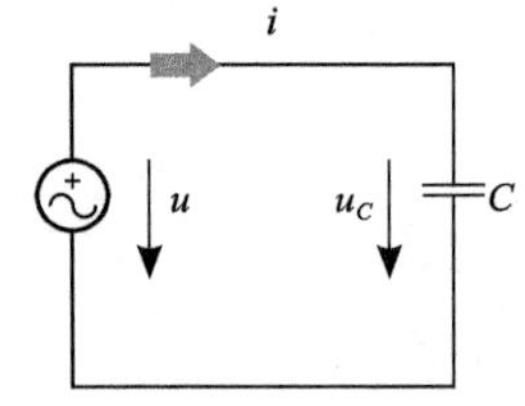

图6.35 纯电容电路原理图

当电路中电容器的电容起绝对作用，而电阻、电感的影响可忽略不计时，这种电路叫做纯电容电路，如图6.35所示。

1. 纯电容电路电流与电压间的数量关系

小实验 纯电容电路电压与电流之间的数量关系

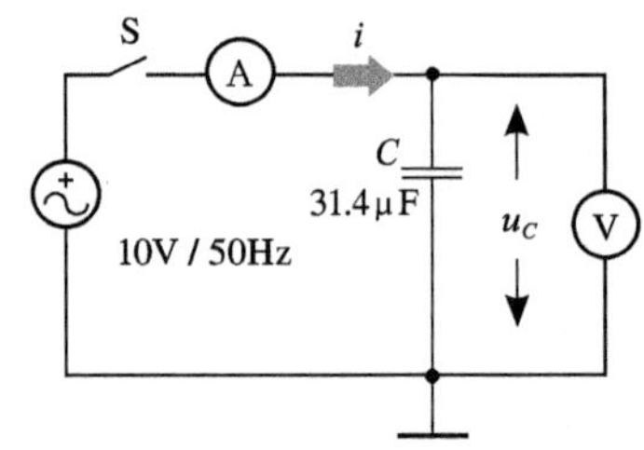

图6.36 纯电容实验电路图

特别提示：取样电阻的阻值必须足够小，否则会影响电路的纯电容特性。本实验采用 $C = 31.4\,\mu F$，$R = 1\,\Omega$ 的实验参数主要是为了使实验数据接近整数，使电阻端电压与电路中电流在数值上相等。

用交流电源向实验电路提供交流电压信号，用交流电流表检测电路中的电流；用交流电压表检测电容器的端电压。电路图如图6.36所示。

实验操作：

1. 设置电容器的电容量为31.4μF，让交流电源为实验电路提供10V、50Hz的交流信号，接通电源，合上开关S。把电流表与电压表的读数以及计算得出的X_C填入表6.8中。改变交流电源的电压值，重复上述操作。

2. 保持实验图中电容器的电容量与交流电源的电压的值不变，改变电源的频率，将相关的实验数据填入表6.9中。

3. 保持电源50Hz、10V的电压信号不变，改变电容器的电容量，将相关的实验数据填入表6.10中。

表6.8 电流与电压数量关系实验数据

U_C/V	I/A	$X_C=\frac{U_C}{I}$/Ω
10	0.1	100
100	1	100

表6.9 容抗与频率关系实验数据

f/Hz	U_C/V	I/A	$X_C=\frac{U_C}{I}$/Ω
50	10	0.1	100
500	10	1	10

表6.10 容抗与电容量关系实验数据

$C/\mu F$	U_C/V	I/A	$X_C=\frac{U_C}{I}/\Omega$
31.4	10	0.1	100
314	10	1	10

由小实验的三个实验数据表可以看出纯电容电路具有如下的规律：

(1) 电容器对交流电路中的电流具有阻碍作用

电容器对交流电路中的电流的阻碍作用称为容抗，用符号X_C表示，由实验数据表分析可知，容抗与交流电源的频率成反比，与电容器的电容量成反比。容抗的计算公式为

$$X_C=\frac{1}{\omega C}=\frac{1}{2\pi fC} \tag{6.19}$$

式中， f——电源频率，Hz；

C——电容器的电容量，F；

ω——角频率，rad/s。

关键与要点 纯电容电路的特点之一

1. 当$f=0$，电源为直流电源时，$X_C=\frac{1}{2\pi fC}=\infty$，即电容器对于直流电源而言，相当于开路状态，这就是电容器的“隔直作用”。

2. 当$f\to\infty$，电源为高频电源时，$X_C=\frac{1}{2\pi fC}\to 0$，即电容器对于高频电源而言，相当于短路状态，这就是电容器的“通交作用”。

(2) 电压与电流的有效值、最大值都满足欧姆定律

由实验数据分析得出：

$$X_C=\frac{U_C}{I}=\frac{\sqrt{2}\,U_C}{\sqrt{2}\,I}=\frac{U_{Cm}}{I_m} \tag{6.20}$$

由上式可知，电压与电流的有效值、最大值都满足欧姆定律。

2. 纯电容电路电压与电流间的相位关系

以电压为参考量，设加在电容器两端的交流电压初相为零，则电压、电流的瞬时值表达式为

$$\left.\begin{aligned} u_C &= U_{Cm}\sin\omega t \\ i &= I_m\sin\left(\omega t+\frac{\pi}{2}\right) \end{aligned}\right\} \tag{6.21}$$

根据解析式，可以画出纯电容电路如图6.37所示的电流与电压相位关系的波形图与矢量图。

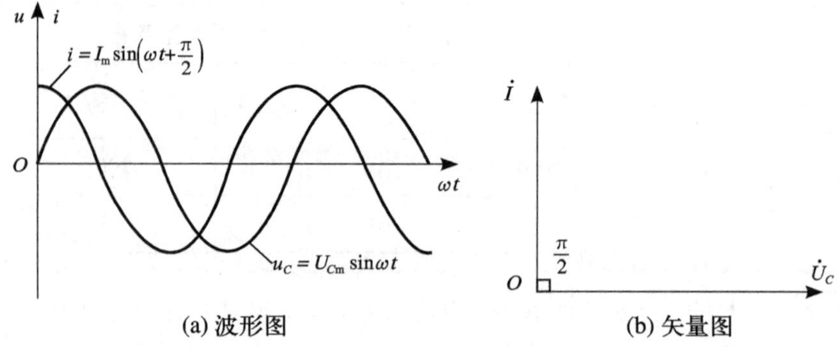

(a) 波形图　　(b) 矢量图

图6.37　纯电容电路电压与电流相位关系波形图与矢量图

由电压与电流相位关系波形图可知，纯电容电路电压与电流的瞬时值不满足欧姆定律。

3. 纯电容电路的功率

与纯电感电路类似，纯电容电路的瞬时功率也等于电流瞬时值与电压瞬时之积，即

$$p_C=iu_C=U_C I\sin 2\omega t \qquad (发\ \ )$$

可以看出，纯电容电路的瞬时功率仍然是按正弦规律变化的，它的最大值为 $U_C I$，频率为电源频率的2倍。在电源电流或电压变化的一个周期内，电容器两次向电源吸收能量给极板充电，将电源能转换为电场能储存在两极板中，又两次对电源放电，将电容器贮存的电场能释放回电源。与纯电感电路一样，在电容器这种充、放电过程中，只有能量的互相交换，而无能量消耗，所以电容器也是储能元件，而不是耗能元件，与电感线圈不同的是：电感线圈储存的是磁场能，而电容器储存的是电场能。

由于电容器在充、放电过程中不消耗有功功率，也只是占用无功功率，它的无功功率等于电流有效值与电压有效值之积，即

$$Q_C=U_C I \tag{6.23}$$

或

$$Q_C=I^2X_C=\frac{U_C^2}{X_C} \tag{6.24}$$

关键与要点　纯电容电路的特点之二

1. 电流与电压的数量关系，只有有效值和最大值满足欧姆定律，瞬时值不满足欧姆定律。

2. 电流、电压为同频率正弦量，且电压滞后于电流 $\frac{\pi}{2}$。

3. 不消耗有功功率，无功功率等于电流有效值与电压有效值之积，瞬时功率频率为电源频率的 2 倍。

三种单一参数交流电路物理量之间的关系特点见表6.11。

表6.11 单一参数交流电路相关物理量的关系特点

内容＼电路类型	纯电阻电路	纯电感电路	纯电容电路
电流电压数量关系	$u=iR$ $U=IR$ $U_m=I_mR$	$u_L\neq iX_L$ $U_{Lm}=I_mX_L$ $U_L=IX_L$	$u_C\neq iX_C$ $U_{Cm}=I_mX_C$ $U_C=IX_C$
电流电压相位关系	I、U同相位	u超前于i，$\frac{\pi}{2}$	u滞后于i，$\frac{\pi}{2}$
阻抗与频率的关系	R与f无关	$X_L=2\pi fL$	$X_C=\frac{1}{2\pi fC}$
满足欧姆定律参数	最大值、有效值、瞬时值	最大值、有效值	最大值、有效值
有功功率	$P=IU$	$P=0$	$P=0$
无功功率	$Q=0$	$Q_L=I^2X_L$	$Q_C=I^2X_C$
阻碍电流的参数及其作用	R既阻直，又阻交	L通直（短路）、阻交	C隔直（开路）、阻交

动脑筋

1. 无论是R、L或C，确定它们之一为纯电路的条件是什么？

2. 如果以电流为基准，在三个单一参数交流电路中，电压与电流各存在什么关系？

3. 交流电的频率跟电阻R，感抗X_L和容抗X_C之间各有什么关系？

4. 你能动动脑筋，说明纯电感电路中电流瞬时值与电压瞬时值之间不满足欧姆定律的道理吗？

5. 有功功率与无功功率有什么不同？

6.5 串联交流电路

在实际交流电路中，单一的纯电路是不存在的。只是在某一参数起决定作用时，将其他次要参数忽略罢了。但在工程技术中，经常有两个或以上的参数的交流电路，这些参数都将起明显作用而不能忽略。本节我们将讨论两个甚至三个参数串联的交流电路。

6.5.1 电阻、电感串联电路（RL串联电路）

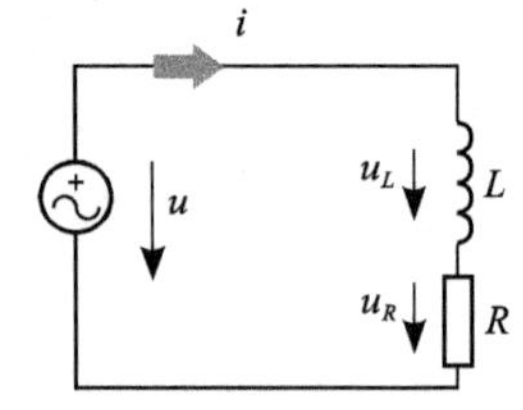

图6.38 RL串联电路原理图

在电气设备和器件中，同时具有电阻和电感的事例很多，如日光灯电路、变压器和电动机都可以视为电感与电阻串联电路，如图6.38所示。

以电流为参考量，RL串联电路中电流与各元件的端电压的瞬时表达式为

$$\left.\begin{aligned} i &= I_m \sin\omega t \\ u_R &= U_{Rm}\sin\omega t \\ u_L &= U_{Lm}\sin\left(\omega t + \frac{\pi}{2}\right) \end{aligned}\right\} \quad (6.25)$$

上面的瞬时表达式很清楚地表示出了RL串联电路中电流与各元件的端电压的相位关系，在RL串联电路中电流与总电压之间具有怎样的相位关系？总电压与各元件端电压之间存在怎样的数量关系？下面通过矢量图来探索RL串联电路的特点。

1. RL串联电路的电压三角形与阻抗三角形

(1) RL串联电路的电压三角形

如果以RL串联电路的电流作为参考矢量，很容易得出如图6.39(a)所示的RL串联电路的矢量图。矢量图很清楚地表示出电阻端电压与电流同相位，电感器端电压超前电流90°的特点。由矢量图可以得到如图6.39(b)

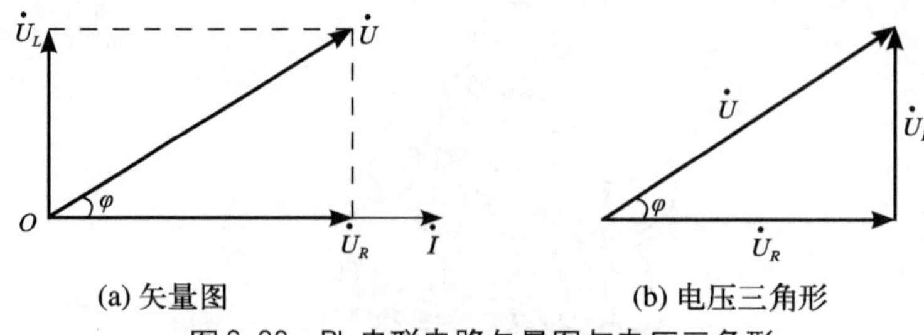

(a) 矢量图 (b) 电压三角形

图6.39 RL串联电路矢量图与电压三角形

所示电压三角形。根据电压三角形，运用勾股定理分析可得出结论：总电压的平方等于电阻器端电压的平方与电感器端电压的平方之和，即

$$U^2 = U_R^2 + U_L^2$$

$$U = \sqrt{U_R^2 + U_L^2}$$

(2) RL串联电路的阻抗三角形

阻抗三角形也可以由电压三角形的三条边分别除以电流得到。如图6.40所示，根据阻抗三角形，运用勾股定理分析可得出结论：电路总阻抗的平方等于电阻器阻值平方与电感器感抗平方之和，即

$$Z^2 = R^2 + X_L^2$$

$$Z = \sqrt{R^2 + X_L^2}$$

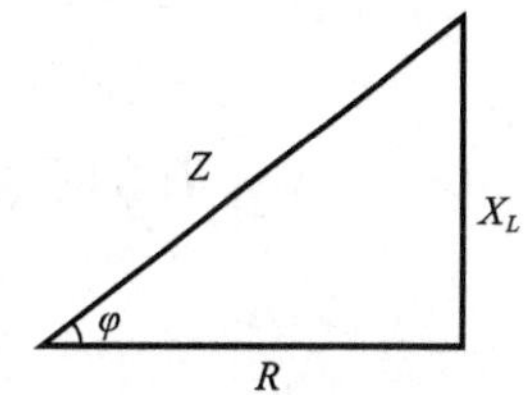

图6.40　RL串联电路阻抗三角形

式中，Z——RL串联电路的阻抗，表示电阻与感抗对交流电共同的阻碍作用，单位为欧姆（Ω）。

2. RL串联电路电流与电压间的相位关系

电压、阻抗三角形中的角度φ，其实就是RL串联电路中电流与总电压之间的相位差，其数学计算公式为

$$\varphi = \arctan \frac{U_L}{U_R} \tag{6.26}$$

或者

$$\varphi = \arctan \frac{X_L}{R} \tag{6.27}$$

从电压与阻抗三角形可见，RL串联电路的总电压总是超前于电流小于90°的相位角。

6.5.2　电阻、电容串联电路（RC串联电路）

RC串联电路在电子技术中应用尤其广泛，常见的有RC耦合、RC振荡、RC移相电路等，如图6.41所示。

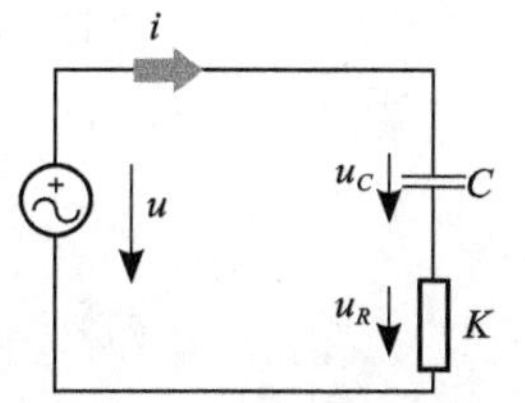

图6.41　RC串联电路原理图

以电流为参考量，RC串联电路中电流与各元件端电压的瞬时表达式为

$$\left.\begin{aligned} i &= I_m \sin\omega t \\ u_R &= U_{Rm} \sin\omega t \\ u_C &= U_{Cm} \sin\left(\omega t - \frac{\pi}{2}\right) \end{aligned}\right\} \tag{6.28}$$

上面的瞬时表达式很清楚地表示出了RC串联电路中电流与各元件端电压的相位关系。以下用矢量图来探索RC串联电路的特点。

1. RC串联电路的电压三角形与阻抗三角形

(1) RC 串联电路的电压三角形

如果以 RC 串联电路的电流作为参考矢量，很容易得出如图6.42所示的RC 串联电路的矢量图。矢量图很清楚地表示出电阻端电压与电流同相位，电容器端电压滞后电流 90°的特点。RC 串联电路总电压与电阻器端电压、电容器端电压满足电压三角形的关系，如图6.43 所示。根据电压三角形，运用勾股定理分析可得出结论：总电压的平方等于电阻器端电压的平方与电容器端电压的平方之和，即

$$U^2=U_R^2+U_C^2$$

$$U=\sqrt{U_R^2+U_C^2}$$

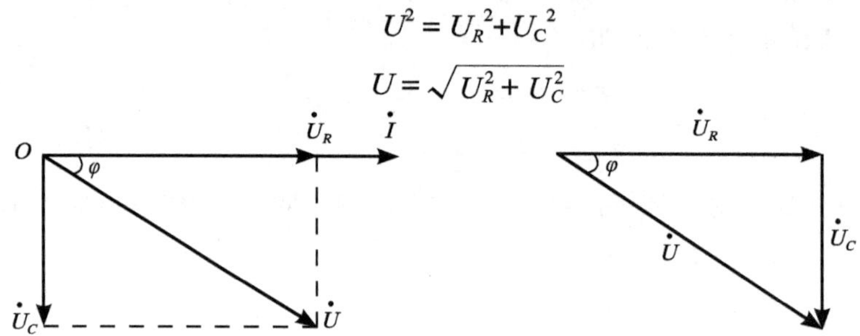

图6.42 RC 串联电路矢量图　　图6.43 RC 串联电路的电压三角形

(2) RC 串联电路的阻抗三角形

RC 串联电路总阻抗与电阻器的阻值和电容器的容抗满足阻抗三角形的关系，如图6.44所示。阻抗三角形也可以由电压三角形的三条边分别除以电流得到。

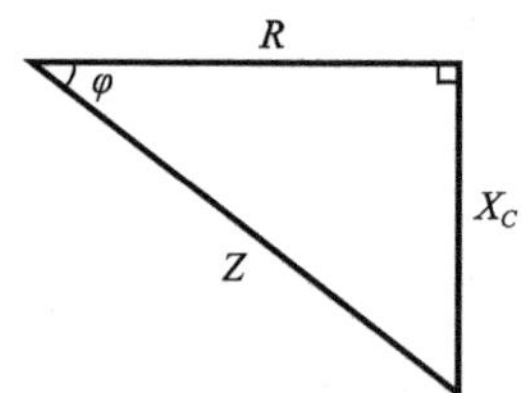

图6.44 RC串联电路阻抗三角形

根据阻抗三角形，运用勾股定理分析可得出结论：电路总阻抗的平方等于电阻器阻值平方与电容器容抗平方之和，即

$$Z^2=R^2+X_C^2$$

$$Z=\sqrt{R^2+X_C^2}$$

式中，Z—— RC 串联电路的总阻抗，它表示电阻与电容对交流电共同的阻碍作用，单位为欧姆(Ω)。

2. RC串联电路与电压间的相位关系

电压、阻抗三角形中的角度φ，其实就是RC 串联电路中电流与总电压之间的相位差，其数学计算公式为

$$\varphi=\arctan\frac{U_C}{U_R} \tag{6.29}$$

或者

$$\varphi=\arctan\frac{X_C}{R} \tag{6.30}$$

从电压和阻抗三角形可见，RC串联电路的电流总超前于总电压一个小于90°的角度。

6.5.3 电阻、电感和电容串联电路（RLC串联电路）

RLC 串联电路在电工电子技术应用也非常广泛。为了提高电感性设备如电动机、变压器等对电能的利用率而连接有补偿电容的电路；收音机中为了选择电台而设置的接收选台电路，都是电阻、电感和电容串联电路的应用实例。RLC 串联电路原理电路如图6.45所示。

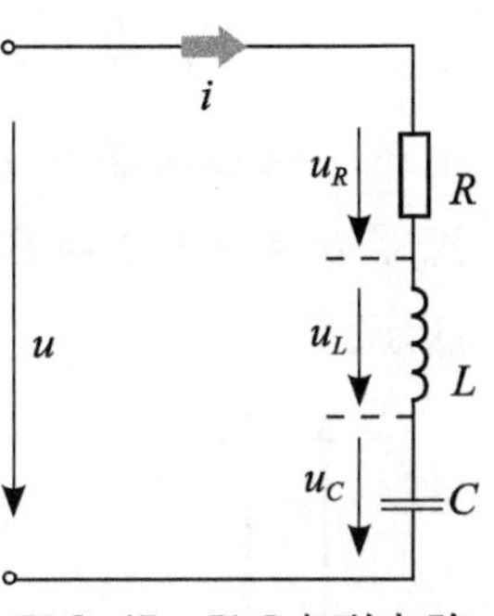

图6.45 RLC串联电路

以电流为参考量，RLC 串联电路中电流与各元件端电压的瞬时值表达式为

$$\left.\begin{aligned} i &= I_{\rm m}\sin\omega t \\ u_R &= U_{R\rm m}\sin\omega t \\ u_L &= U_{L\rm m}\sin\left(\omega t+\frac{\pi}{2}\right) \\ u_C &= U_{C\rm m}\sin\left(\omega t-\frac{\pi}{2}\right) \end{aligned}\right\} \tag{6.31}$$

上面的瞬时值表达式很清楚地表示出了 RLC 串联电路中电流与各元件端电压的相位关系，在 RLC 串联电路中电流与总电压之间具有怎样的相位关系？

总电压与各元件端电压之间存在怎样的数量关系？下面通过矢量图来探索RLC串联电路的特点。

1. 总电压与各元件端电压间的数量关系

1) 总电压的平方等于电感器端电压与电容器端电压之差的平方与电阻器端电压的平方之和，即

$$U^2=(U_C-U_L)^2+U_R^2$$

$$U=\sqrt{U_R^2+(U_C-U_L)^2}$$

2) 电路总阻抗的平方等于感抗与容抗之差的平方与电阻器阻值的平方之和，即

$$Z^2=(X_C-X_L)^2+R^2$$

$$Z=\sqrt{R^2+(X_C-X_L)^2}$$

式中，Z——RLC 串联电路的总阻抗，它表示电阻、感抗、容抗对交流电的共同阻碍作用，单位为欧姆（Ω）。

2. RLC串联电路的电压三角形与阻抗三角形

(1) RLC 串联电路的电压三角形

如果以 RLC 串联电路的电流作为参考矢量，很容易得出如图 6.46 所示的 RLC 串联电路的矢量图。矢量图很清楚地表示出 RLC 串联电路呈感性的特点，电路的总电压超前电流 φ。RLC 串联电路总电压与电阻器端电压、电感器端电压与电容器端电压之差满足电压三角形的关系，当电感器端电压大于电容器端电压（电路呈感性）时，其电压三角形如图6.47所示。

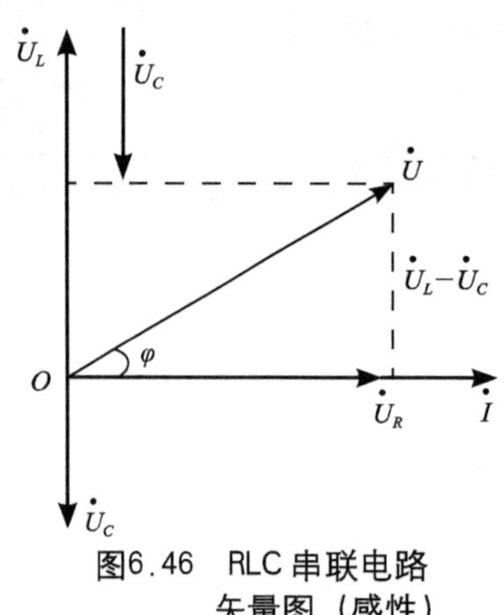

图6.46 RLC 串联电路矢量图（感性）

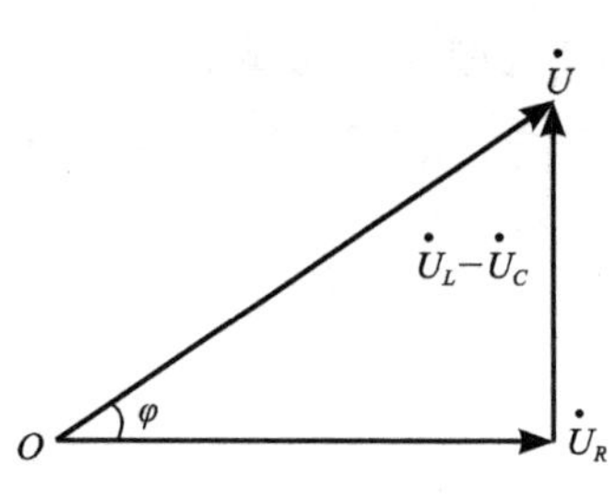

图6.47 RLC 串联电路的电压三角形（感性）

如果以RLC 串联电路的电流作为参考矢量，很容易得出如图 6.48 所示的RLC 串联电路的矢量图。矢量图很清楚地表示出 RLC 串联电路呈容性的特点，电路的总电压滞后电流 φ。当电感器端电压小于电容器端电压（电路呈容性）时，其电压三角形如图6.49 所示。

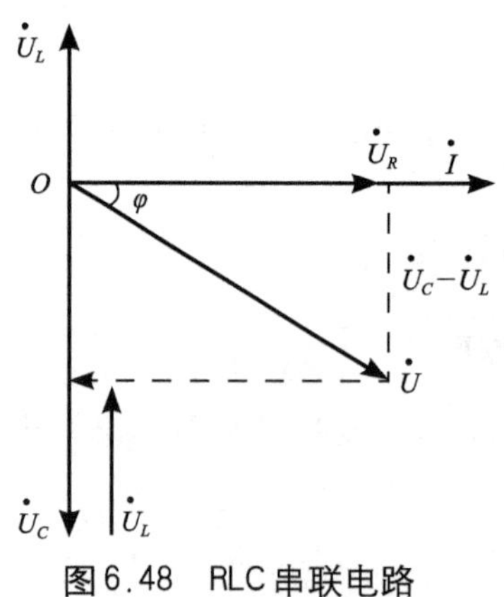

图6.48 RLC 串联电路矢量图（容性）

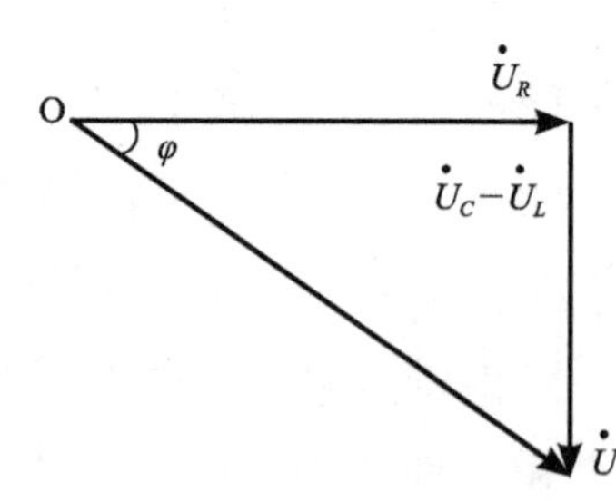

图6.49 RLC 串联电路的电压三角形（容性）

(2) RLC 串联电路的阻抗三角形

RLC 串联电路总阻抗与电阻器的阻值、电感器的感抗与电容器的容

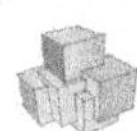

抗之差满足阻抗三角形的关系，如图6.50所示。阻抗三角形也可以由电压三角形的三条边分别除以电流得到。

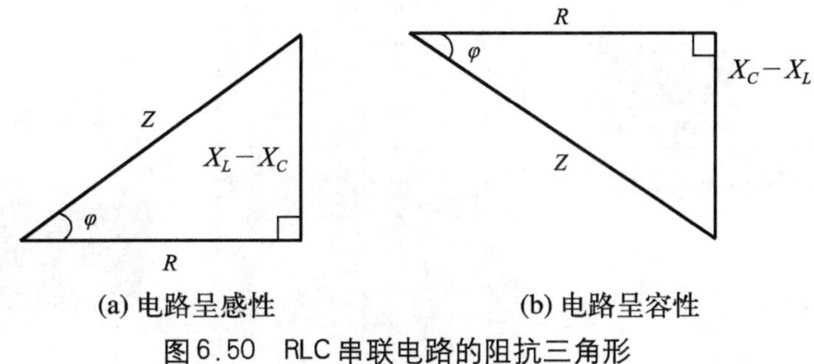

(a) 电路呈感性　　(b) 电路呈容性

图6.50　RLC串联电路的阻抗三角形

3. RLC串联电路电流与电压间的相位关系

电压、阻抗三角形中的角度φ，其实就是RLC串联电路中电流与总电压之间的相位差，当电路呈感性时，φ的数学计算公式为

$$\varphi=\arctan\frac{X_L-X_C}{R} \tag{6.32}$$

总电压总是超前于电流0°～90°的相位角。

当电路呈容性时，φ的数学计算公式为

$$\varphi=\arctan\frac{X_C-X_L}{R} \tag{6.33}$$

总电压总是滞后于电流0°～90°的相位角。

当电路中感抗等于容抗$X_C=X_L$时，RLC串联电路呈纯电阻的特性，这种现象称为RLC串联谐振。

动脑筋

*1. 学生互动：讨论在生活和学习中见到过哪些地方用了RL、RC、RLC串联电路。

*2. 在RLC串联电路中，要使电路呈感性、容性和阻性，各应具备什么条件？

实践活动：用万用表测量单相正弦交流电路

一、RC串联电路的测量

1）调节自耦变压器输出电压为50V，如图6.51所示。

2）按图6.52所示连接RC串联电路（其中：$R=200\Omega$/25W，$C=4.7\mu$F/500V），接线测量图如图6.53所示。

3）用电工实训台自带的数字交流电流表测出电路中电流I的数值，用万用表交流电压挡测出各元件上的电压值，将数据记入表6.12中。

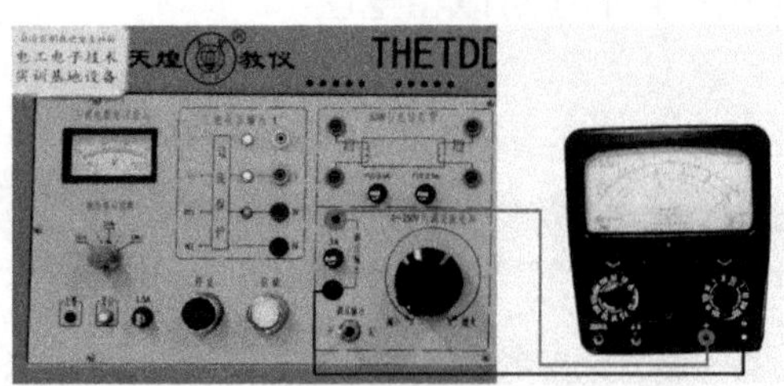

图6.51　调自耦变压器输出为50V

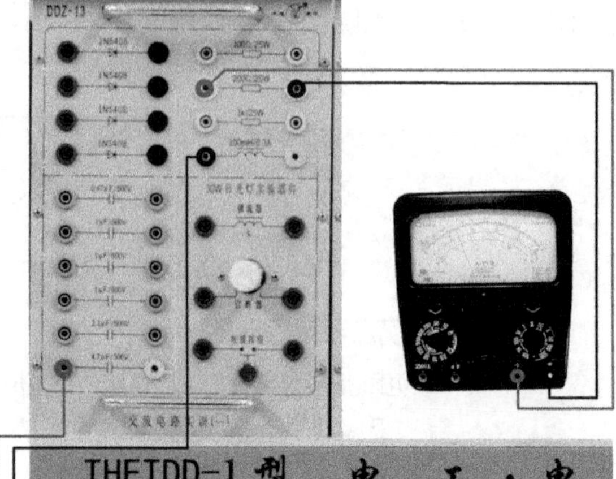

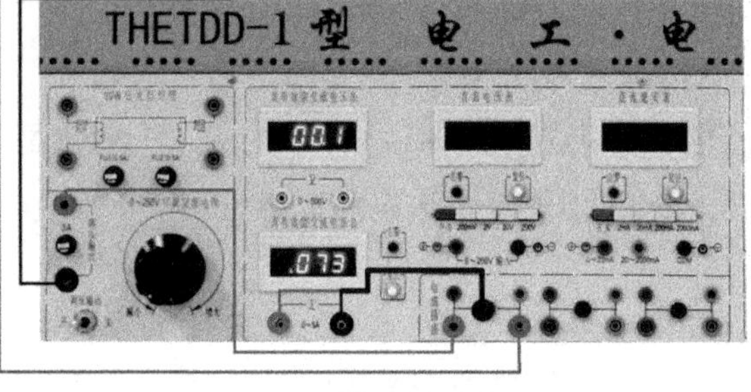

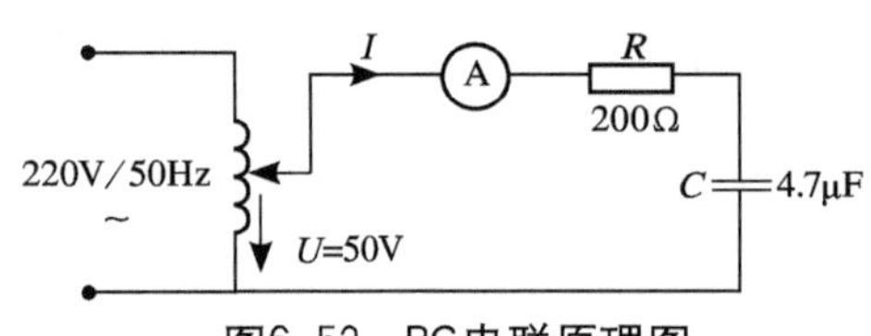

图6.52　RC串联原理图

图6.53　RC串联接线测量图

表6.12　RC串联电路实验数据表

U/V	U_R/V	U_C/V	I/mA
50			

二、RLC串联电路的测量

1）按图6.54所示连接RLC串联电路（其中：$R=200\Omega/25W$，$C=4.7\mu F$，$L=100mH$），接线图如图6.55所示。

2）用电工实训台自带的数字交流电流表测出电路中电流I的数值，用万用表交流电压挡测出各元件上的电压值，将数据记入表6.13中。

表6.13　RLC串联电路实验数据表

U/V	U_R/V	U_C/V	U_L/V	I/mA
50				

动脑筋

验证RC串联电路中总电压和分压的关系是U=________，验证RLC串联电路中总电压和分压的关系是U=________。

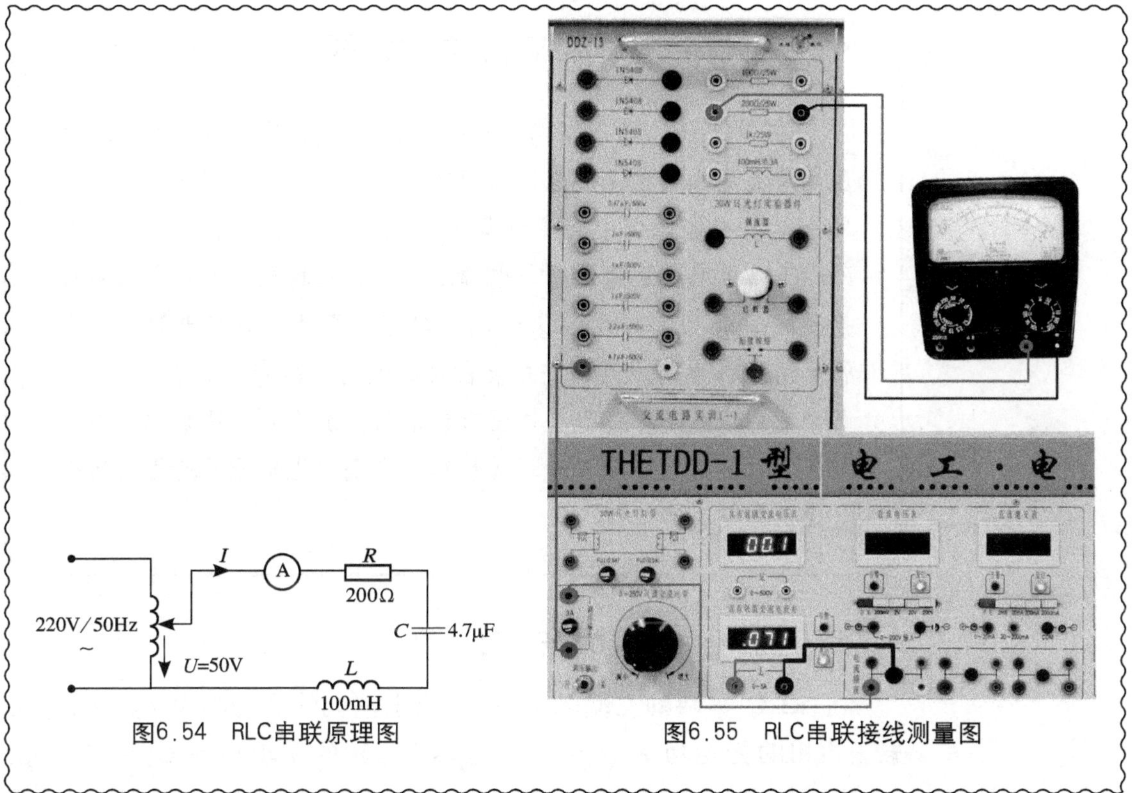

图6.54　RLC串联原理图

图6.55　RLC串联接线测量图

知识拓展　钳形电流表

钳形电流表外形如图6.56所示，它的用途与交流电流表相同。测量时不用断开线路，直接将被测导线钳入仪表钳口中间位置即可读数，在量程选择上仍然要注意必须大于被测线路电流峰值，如图6.57所示。

图6.56　钳形电流表

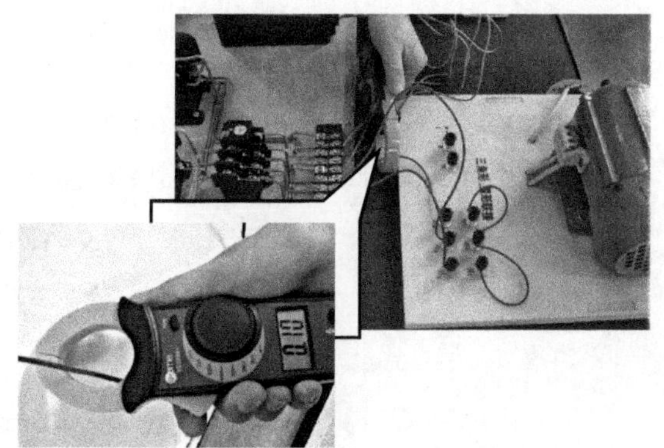

图6.57　用钳形电流测量对称三相负载星形联结的电流

6.6 交流电路的功率

在RL、RC及RLC串联的交流电路中，它们各个元件上电压之间的关系都遵从矢量运算规律，从而得出了电压三角形。从单一参数交流电路的功率计算中我们知道，电阻上消耗的功率$P=IU_R$，电感上因为电感与电源之间进行磁场能与电能之间的交换要占用的无功功率为$Q_L=IU_L$，电容上因为电容与电源之间进行电场能与电能之间的交换要占用的无功功率$Q_C=IU_C$，可见这几个元件上的功率都等于电压有效值与电流有效值的乘积。由于三个元件的电压遵从矢量运算规律，它们乘上电流后所得的功率亦遵从矢量运算规律。

6.6.1 交流电路功率的概念与计算

在RLC串联的交流电路中，电阻上消耗的有功功率$P_R=U_RI$，电感上占用的无功功率$Q_L=U_LI$，电容上占用的无功功率$Q_C=U_CI$。由于U_L与U_C反相，属于相减关系，所以在电感和电容上所占用的无功功率为$Q=Q_L-Q_C=U_LI-U_CI=I(U_L-U_C)$。以$P_R$、$Q$作邻边，用平行四边形法则求出电路的视在功率为$S$。由$P_R$、$Q$、$S$三边所围成的三角形，叫RLC串联电路的**功率三角形**，如图6.58所示。

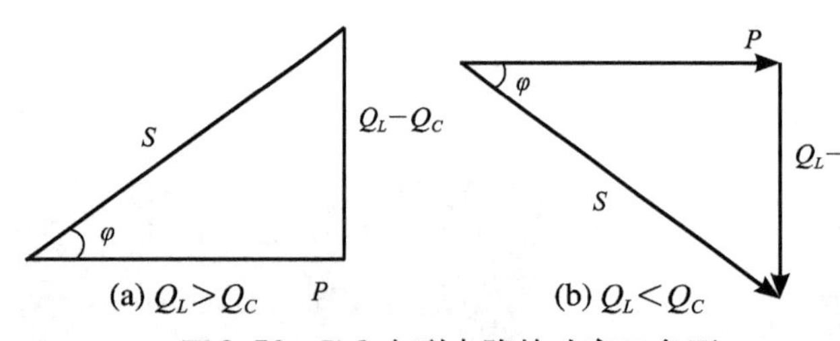

图6.58 RLC串联电路的功率三角形

解此三角形即得

$$\left.\begin{aligned}
&S=\sqrt{P^2+Q^2}=\sqrt{P^2+(Q_L-Q_C)^2}=IU=I^2Z\\
&P=I^2R=IU\cos\varphi\\
&Q=I^2X=I^2(X_L-X_C)\\
&\varphi=\arctan\frac{Q}{P}
\end{aligned}\right\}\quad(6.34)$$

如果交流电路中只有两个元件，如RL、RC，则它们的功率三角形将演变成如图6.59所示的两组三角形。各相关参数的运算关系满足于直角三角形的运算规律，即：

在RL串联电路中有

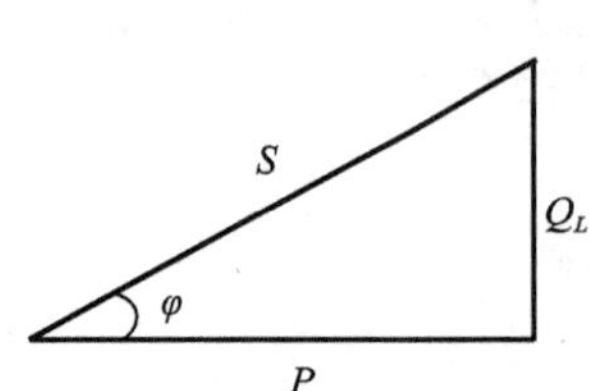

(a) RL串联电路功率三角形

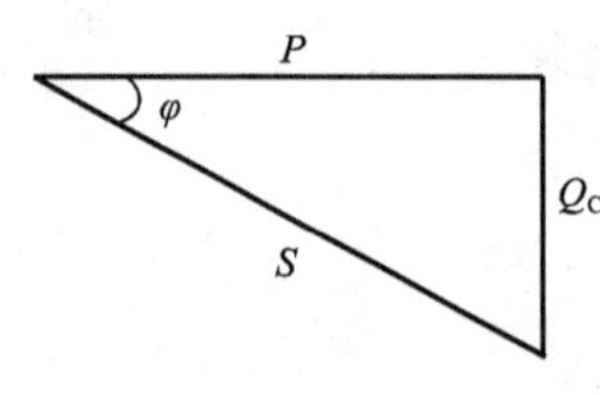

(b) RC串联电路功率三角形

图6.59 两个元件串联电路的功率三角形

$$\left.\begin{aligned} S &= \sqrt{P^2 + Q_L^{\ 2}} \\ P &= S\cos\varphi \\ Q_L &= S\sin\varphi \\ \varphi &= \arctan\frac{Q_L}{P} \end{aligned}\right\} \tag{6.35}$$

在 RC 串联电路中有

$$\left.\begin{aligned} S &= \sqrt{P^2 + Q_C^{\ 2}} \\ P &= S\cos\varphi \\ Q_C &= S\sin\varphi \\ \varphi &= \arctan\frac{Q_C}{P} \end{aligned}\right\} \tag{6.36}$$

6.6.2 功率因数

在交流电路的功率计算中，有功功率所占比例越大，则电能的利用率就越高。为了衡量电能利用率的高低，我们引入了功率因数的概念，用 $\cos\varphi$ 表示，**功率因数在数值上等于有功功率与视在功率之比，即**

$$\cos\varphi = \frac{P}{S} \tag{6.37}$$

式中，如果 S 一定，P 越大，$\cos\varphi$ 越大，功率因数越高，电能利用率越高。

【例6.3】 在电子设备中，有一只电阻 $R=4\Omega$，电感 $L=25.4\text{mH}$ 的线圈，与电容 $C=637\mu\text{F}$ 的电容器串联。并将其接于 $u=220\sqrt{2}\ \sin\left(100\pi t+\frac{\pi}{6}\right)$ V 的交流电路中，试求：有功功率、无功功率、视在功率及功率因数。

解：从 $u=220\sqrt{2}\ \sin\left(100\pi t+\frac{\pi}{6}\right)$ V，可知：

$$U=220\text{V},\ \omega=100\pi=314\text{rad/s},\ \varphi=\frac{\pi}{6}$$

线圈感抗 $X_L=\omega L=314\times25.4\times10^{-3}=8\ (\Omega)$

电容容抗 $X_C=\dfrac{1}{\omega C}=\dfrac{1}{314\times637\times10^{-6}}=5\ (\Omega)$

电路阻抗 $Z=\sqrt{R^2+(X_L-X_C)^2}=5\ (\Omega)$

电流有效值 $I=\dfrac{U}{Z}=\dfrac{220}{5}=44(\Omega)$

电阻电压 $U_R=IR=44\times4=176\ (\text{V})$

电感电压 $U_L=IX_L=44\times8=352\ (\Omega)$

电容电压 $U_C=IX_C=44\times5=220\ (\Omega)$

有功功率 P、无功功率 Q、视在功率 S 与功率因数 $\cos\varphi$ 分别为

$$P=I\,U_R=44\times176=7744\ (\text{W})$$

$$Q=I\,(U_L-U_C)=44\times(352-220)=5808\ (\text{var})$$

$$S = IU = 44 \times 220 = 9680\,(\text{V·A})$$
$$\cos\varphi = \frac{P}{S} = \frac{7747}{9680} = 0.8$$

答： 该串联电路有功功率为7744W，无功功率为5808var、视在功率为9680V·A，功率因数为0.8。

6.6.3 提高功率因数的意义和方法

1. 提高功率因数的意义

要节约电能，其中之一的重要举措就是最大限度地提高设备的电能利用率。准确地说就是千方百计降低设备对无功功率的占用，努力提高功率因数，从而提高有功功率在视在功率中的比例。

提高功率因数的重要意义体现在如下两个方面：

1) 提高电气设备对电能的利用率，使设备的容量得到充分利用。如一台容量（即视在功率）为500kV·A的发电机，如果它的功率因数 $\cos\varphi=1$，则它输出的有功功率 $P=S\cos\varphi=500\text{kW}$。如果它的功率因数 $\cos\varphi=0.6$，则它输出的有功功率就只有300kW，说明这台发电机在功率因数为0.6时对它额定容量的利用率（有功功率）只有60%。

2) 提高输电线路对电能的传输效率，减少电压损失，节约输电线路的材料。

在 $P=IU\cos\varphi$ 中，输电线路传输的电流

$$I=\frac{P}{U\cos\varphi}$$

如果传输功率 P 不变（即传输同样的功率），功率因数 $\cos\varphi$ 越高，则传输电流 I 越小，所需电线的横截面越小，这样就可以用横截面较小的电线传输同样的功率，节省了电线材料。再则，因传输电流减小，电线的电压损失 $\Delta U=IR$ 也小，一方面节约了电能，一方面保证了用电设备所需的额定电压。

2. 提高功率因数的方法

电力系统中大量使用感性负载，如各类电机、变压器、日光灯等，这些感性负载由于占用无功功率大，所以功率因数较低。技术上为提高电力系统的功率因数，通常采用下面两种方法：

(1) 并联电容器补偿法

在感性电路两端并联适当电容量的电容器，抵消电感对无功功率的占用，从而提高功率因数。

(2) 合理选用用电设备

在电力系统中提高自然功率因数主要是指合理选用电动机，即不

要用大容量的电动机来带动小功率负载（俗话说的“不要用大马拉小车”）。另外，应尽量不让电动机空转。

实践活动：日光灯电路的连接与功率因数的提高

一、日光灯

日光灯由灯管、镇流器和启辉器组成。镇流器是一个铁芯线圈，因此日光灯是一个感性负载，功率因数较低，采用并联电容的方法可以提高整个电路的功率因数，其电路如图6.60所示。

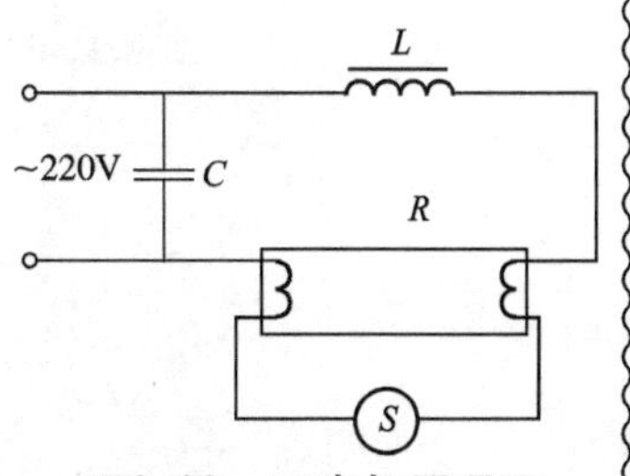

图6.60　日光灯原理图

二、实验步骤

1）按图6.61接线。接完线后经检查无误后，方可通电。

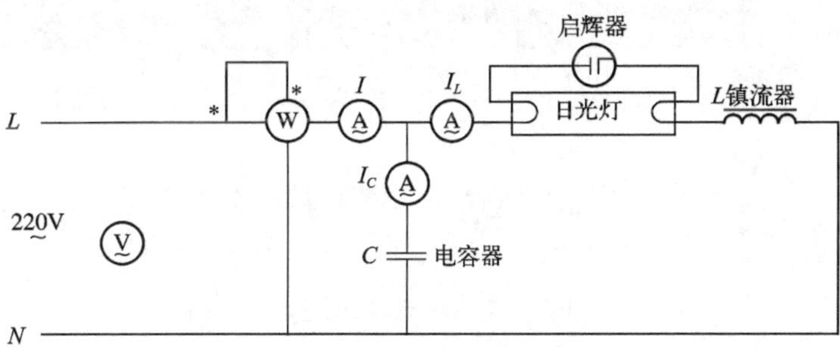

图6.61　实验电路原理图

2）断开电容C，记下此时的功率P及电流I值，并用万用表测量电压U值，将数据记入表6.14中，测量图如图6.62所示。

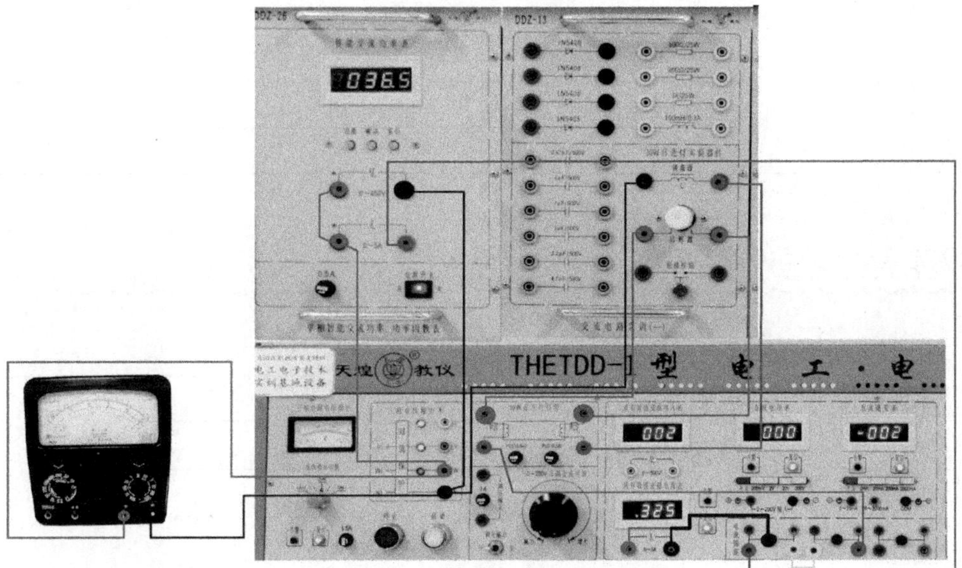

图6.62　无电容时测P、U、I

3）接通电容，测量电容分别为1μF、2.2μF、4.7μF时的各电压、电流 、功率因数cosφ与功率P值，将数据记入表6.14中，测量图如图6.63所示。

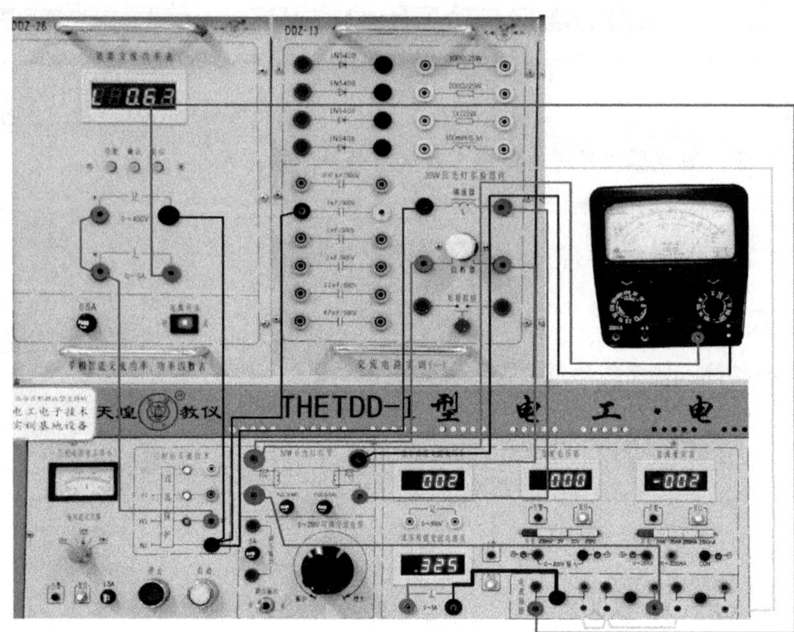

图6.63 接1μF电容时测cosφ、U_R、I

表6.14 实验数据表

电容值/μF	测量数值								
	P/W	cos/φ	U/V	U_R/V	U_L/V	U_C/V	I/A	IL/A	IC/A
无电容						—			—
1									
2.2									
4.7									

4）测量完毕，关闭电源电压和实训台电源。

5）清理干净桌面，摆放好实训设备或工具。

动脑筋

1. 日光灯电路提高功率因数的方法是________________。

2. 提高功率因数的意义：(1) ________________；

(2) ________________。

实训项目4　常用电光源的认识与荧光灯的安装

实训目的　1. 认知常用照明电光源。

2. 了解常用电光源的结构。

3. 熟悉常用电光源的应用场合。会安装荧光灯。

实训器材　1. 认识常用电光源所需器材：白炽灯、普通荧光灯、常见节能灯、碘钨灯、高压汞灯、高压钠灯、LED照明灯等。

2. 荧光灯安装部分器材：电工木板、荧光灯管、荧光灯配套灯座、镇流器、启辉器、启辉器座、电源平开关各1个；BVS两色导线适量；MF47型万用表1块；试电笔、大小一字型螺丝刀、大小十字型螺丝刀、钢丝钳、剥线钳、电工刀。

实训任务　本实训项目的任务有三项，认识常用电光源、荧光灯的安装和常见故障的排除。

任务一　认识常用照明电光源

常见的电光源有白炽灯、普通荧光灯、节能灯、LED节能灯、碘钨灯、高压汞灯、高压钠灯、其他金属卤化物灯等。

1. 常用与新型电光源

(1) 白炽灯

白炽灯是靠钨丝白炽体的高温热辐射发光的一种电光源。在所有的照明灯具中，白炽灯是效率最低、成本最低、价格最低、产量最大、应用最广泛的电光源。

普通灯泡额定电压一般为220V，功率为10～1000W，灯头有卡口和螺口之分。

低压灯泡额定电压为6～36V，功率一般不超过100W，用于局部照明、手持式照明和特殊场所照明。

白炽灯抗振性差、易碎、表面温度高，平均寿命一般为1000h，它所消耗的电能只有12%～18%可转化为光能，其余部分都以热能的形式散失。

(2) 普通荧光灯

荧光灯俗称日光灯，是一种气体放电光源，它是应用最广泛的电光源之一，其特点是光效高，使用寿命长，光谱接近日光，显色性好，缺点是功率因数低，有频闪效应，不宜频繁开启。

荧光灯广泛应用在图书馆、教室、隧道、地铁、商场等对显色性要求较高的场所。

(3) 节能灯

节能灯又叫紧凑型荧光灯（国外简称CFL灯）。由于它具有光效高（是普通灯泡的5倍，节能效果明显)、寿命长(是普通灯泡的8倍)、体积小、使用方便等优点，受到各国的重视和欢迎。我国于1982年成功研制出了SL型紧凑型荧光灯，近30年来，产量迅速增长，质量稳步提高，国家已经把它作为重点发展的节能产品推广和使用。节能灯的种类繁多，外形结构各不相同，其基本工作原理类同。如实训图4.1所示是最为常用的节能灯。

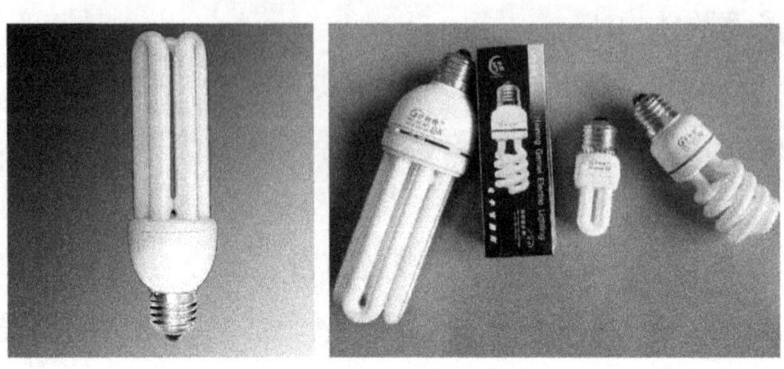

实训图4.1 节能灯

节能灯不存在白炽灯那样的电流热效应，能量转换效率也很高。节能灯主要应用于一般照明、小面积照明的场合。

(4) 无极荧光灯

无极荧光灯是1995年开始由福建源光亚明电器有限公司自主研发的具有独立知识产权和专利的最新照明光源。它的显著特点是：寿命长（平均10万小时），维修量极小；光效高，启动快（通电即亮）；功率因数大于98%；无闪烁、低光衰、恒功率（电源电压波动10%时，功率变化小于3%）；适用范围广、无环境污染等。由于它去除了制约使用寿命的灯丝和电极，所以寿命特长。其工作原理是照明所用功率通过变压器耦合将电能传输到灯管内，使游离汞和惰性气体混合蒸汽电离形成等离子体而辐射出紫外线，紫外线激发灯管壁的荧光粉即发出可见光。

无极灯的结构主要由三个部分组成，即电子镇流器（高频功率发生器）、功率耦合器（磁环变压器）和灯体泡壳部分（实训图4.2）。

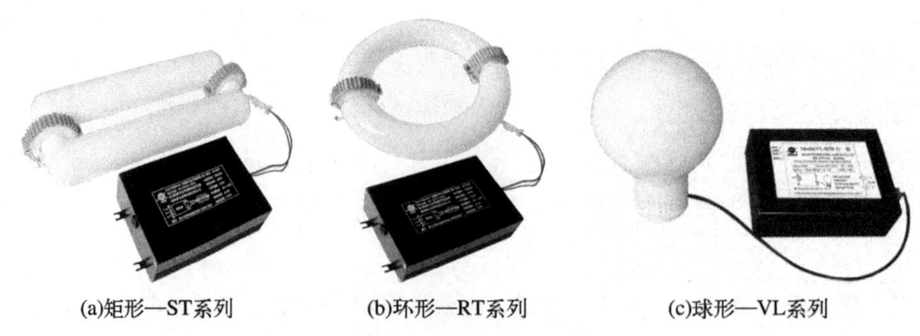

(a)矩形—ST系列　(b)环形—RT系列　(c)球形—VL系列

实训图4.2 无极荧光灯常用品种

(5) LED 节能灯

LED 节能灯由发光二极管为主构成。LED 电光源品种繁多，有 LED 照明灯、LED 带灯、LED 杯灯、LED 车灯、LED 装饰灯、LED 地埋灯、LED 轮廓灯、LED 投光灯等。实训图 4.3 所示是LED 杯灯和 LED 条灯。

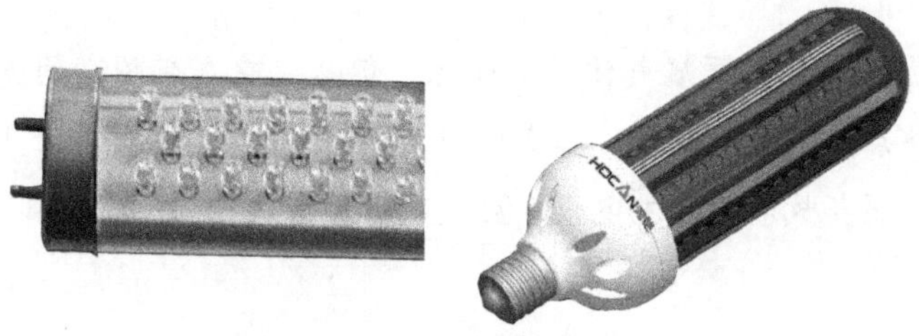

实训图4.3　LED 节能灯

当前 LED 节能灯已得到广泛应用，由最初仅作为仪器仪表的指示光源，已发展到汽车车灯、居家照明、交通信号灯、建筑物泛光装饰照明、台灯、手电筒等。LED 光源的应用在快速普及和发展，我国已将其作为重点发展的节能产品。

知识窗　LED光源特点

LED光源有以下几个特点：

1）LED 光源的电源电压一般在 6～24V 之间，特别安全，适用于公共场所。

2）LED 光源消耗电能是同光效的白炽灯的 20%。

3）LED 单元体积较小，所以可以制备成各种形状的器件，并且适合于多种复杂环境。

4）LED 光源寿命特长，一般为 10 万小时。

5）LED 光源响应时间快，白炽灯的响应时间为毫秒级，LED 灯的响应时间为纳秒级。

6）LED 光源对环境没有任何的污染。

7）LED 光源可以变色，实现红黄绿蓝橙多色发光。如小电流时为红色的 LED，随着电流的增加，可以依次变为橙色、黄色，最后为绿色。

(6) 碘钨灯

碘钨灯外形图如实训图 4.4 所示。它的发光效率比白炽灯高30%。碘钨灯必须水平安装，倾斜角不得大于 4°，工作时的管壁温度可高达 600℃，不能与易燃物接近，灯脚的引入线必须采用耐高温的导线。碘钨灯灯管的外形结构如图 4.5 所示。

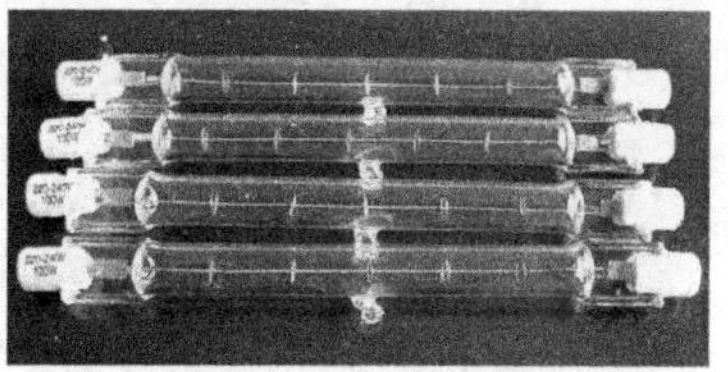

实训图4.4　碘钨灯外形图

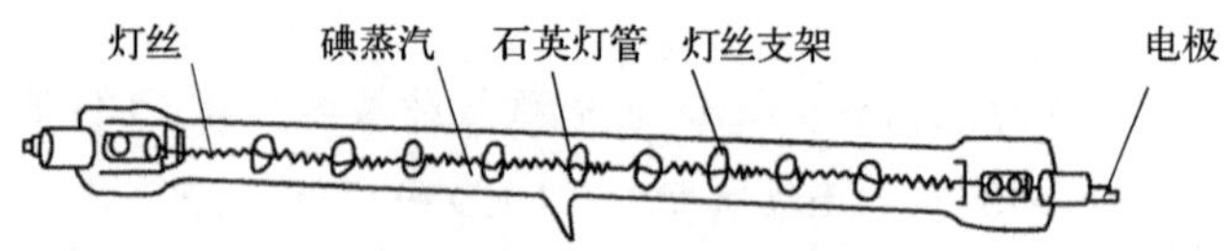

实训图4.5 碘钨灯管结构图

(7) 高压汞灯

高压汞灯与荧光灯一样，同属气体放电光源。但是，它具有较高的光效、较长的寿命、较强的抗振性能，其缺点是辨色率较差。如实训图4.6所示是高压汞灯的外形图。高压汞灯由内涂荧光粉的玻璃外壳、石英放电管、主电极、启动电极等组成，如实训图4.7所示是高压汞灯的结构图。

实训图4.6 高压汞灯

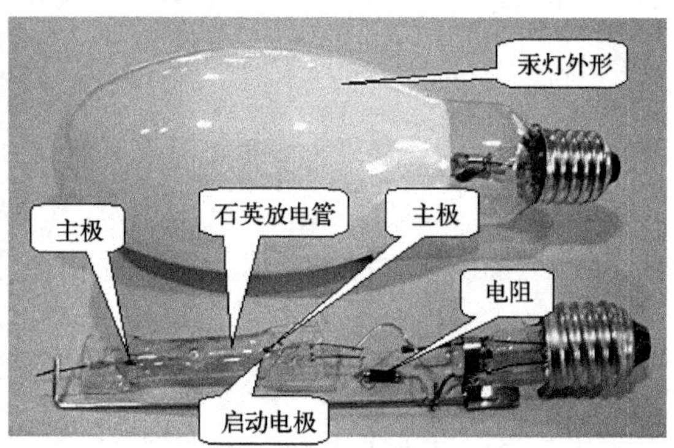

实训图4.7 高压汞灯外形与结构

接通电源时汞灯内的主电极与相邻电极产生辉光放电，使气体电离产生大量电子和离子，造成两主电极之间发生弧光放电，产生大量热量，随着时间延长，放电管内温度升高，促使液态汞不断气化，汞蒸汽压力和管内电压同时升高，液态汞全部蒸发后，在管内形成高压汞蒸汽放电，发出可见光和紫外线，紫外线激发玻璃灯泡内壁上的荧光粉，便发出较强的可见光。

高压汞灯在熄灭后，不能马上再次点燃，通常需5～10min后才能再次发光。高压汞灯适用于较大面积的照明，对色还原要求不高的场合，例如街道、广场、没有色差要求的仓库、车间等。

(8) 高压钠灯

实训图4.8 高压钠灯

高压钠灯是利用钠蒸汽放电的电光源。如实训图4.8所示是钠灯的外形图。钠灯的光效比汞灯更高，使用寿命更长，但在刚启动时，钠灯的光色呈桔黄偏红，经过一段时间稳定后光色转白。如实训图4.9所示是高压钠灯的结构示意图。

高压钠灯的触发启动有两种方法，一种是利用装在灯管内的双金属片受热后触点断开的瞬间产生脉冲

高压，使两电极击穿灯泡内气体放电来启动、点燃钠灯；另一种是靠灯管外接电子触发器，产生高压脉冲，同样使两电极击穿灯泡内气体放电来启动点燃钠灯，这种启动方法称外触式的高压钠灯。高压钠灯的光线穿透性很强，适用于多雾、多尘的场所的照明，高压钠灯广泛用于街道、桥梁等大型露天场地的照明。

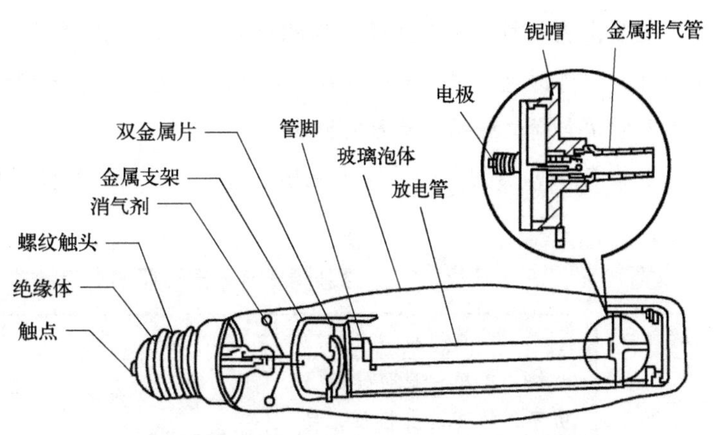

实训图4.9　高压钠灯灯管的外形结构图

(9) 其他金属卤化物灯

氟、氯、溴、碘等元素统称为卤素，它们的化合物称为卤化物。金属卤化物灯是为了改善光色，灯泡内充入了卤素与金属的化合物。金属卤化物灯一般通称为金卤灯，它的种类较多，如实训图 4.10 所示是金属卤化物灯的两种常见的类型。它的构造、发光原理与荧光灯、高压汞灯类似。金属卤化物灯主要有两类：在灯管内充以碘化钠、碘化铊、碘化铟的灯泡称金属卤化物钠铊铟灯，如实训图 4.11 所示是钠铊铟灯的结构图；在灯管内充以碘化镝、碘化铊的灯泡称金属卤化物镝铊灯，如实训图 4.12 所示是镝铊金卤灯的结构图。

实训图4.10　金属卤化物灯

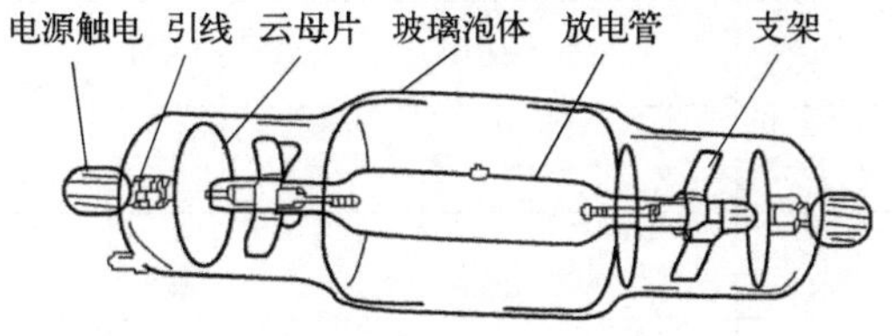

实训图4.11　钠铊铟灯外形结构图

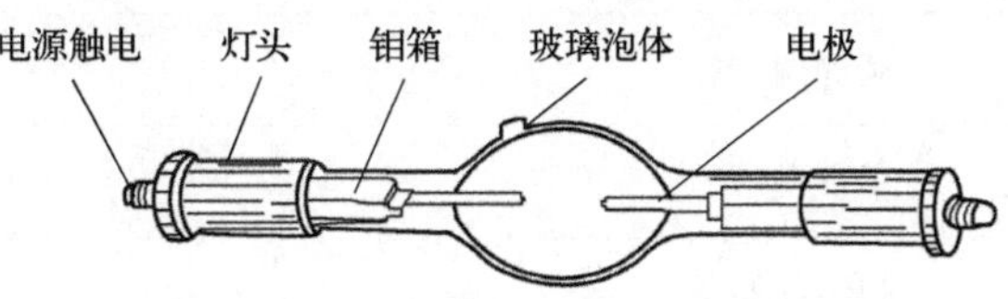

实训图4.12　镝铊金卤灯外形结构图

金属卤化物灯的启动电流较小，但是，启动的时间较长。金属卤化物灯在熄灭后，须等待约 10min 后才能重新启动。

金属卤化物灯主要应用于大面积照明，例如：体育馆、剧场、广场、车间、大型超市等。金属卤化物灯的色还原性较好，故应用于对颜色有要求的场合。

2. 常用与新型照明电光源的性能

实训表4.1对常用的一些电光源作了对比。请将电光源识别记录填入实训表4.2中。

实训表4.1 常用照明电光源的特点

种 类	优 点	缺 点	适用场合
白炽灯	结构简单，显色性好，功率因数高，价格低，使用维修方便	光效低，寿命短，不耐振、耗能	频繁开关，对照度要求不高的室内照明
荧光灯	光效较高，寿命长，光色较好	附件较多，不能频繁开关	办公室、会议室、商店等
节能灯	光效高，节能	频繁开关，影响寿命	一般照明，小面积照明
LED节能灯	光效高、节能、环保、寿命长、安全	成本较高	应用场合极为广泛，小面积照明
高压汞灯	光效高，寿命长	价格高，启动时间较长，光源显色性较差，功率因数低	广场、车间、车站码头，对识别颜色要求不高的场合
高压钠灯	光效高，寿命长，穿透性好，适用于雾天、多尘环境	光源显色性差，功率因数低，启动时间较长	广场、车间、车站码头，对颜色要求不高的场合
金卤灯	光效高，显色性好	寿命短，启动设备复杂	体育馆、剧场、广场、车间、车站码头，对颜色有要求的场合

实训表4.2 电光源的识别训练记录

品 种	特 点	适用场合
白炽灯		
碘钨灯		
荧光灯		
节能灯		
高压汞灯		
高压钠灯		
金卤灯		
LED灯		

任务二　荧光灯的安装

荧光灯又称日光灯，是日常生活中最为常见的一种灯具。无论是居室、办公室、宿舍还是教室，几乎任何地方都可以看到荧光灯的身影。荧光灯因光线明亮、节省电能、价格低廉而广泛用于各种场所的照明，如办公室、教室、住家、商店、会场等。

任务目标

本实训是用护套线完成单管荧光灯电路安装。在安装过程中，了解荧光灯的品种规格、整流器的选配，掌握荧光灯的电气线路图以及相关的图形、文字符号，进一步掌握相关用电安全知识。灯具的安装可按实训图4.13所示的荧光灯的护套线线路图进行。其中实训图4.13(a)所示是荧光灯接线图，实训图4.13(b)所示是安装位置尺寸图，实训图4.14所示是安装后的实物图。

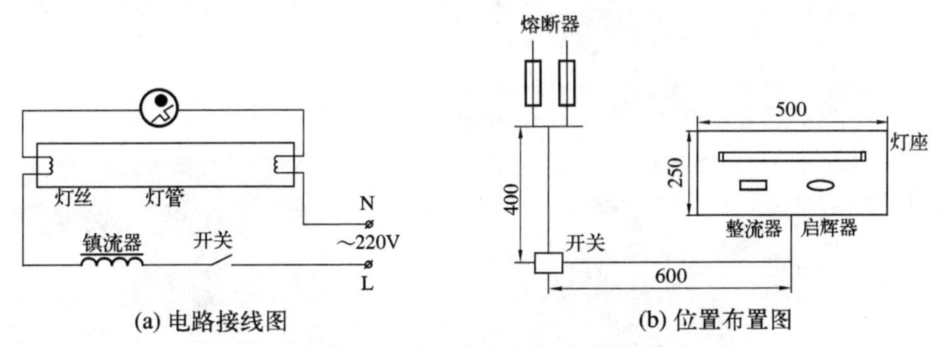

实训图4.13　荧光灯安装电路图

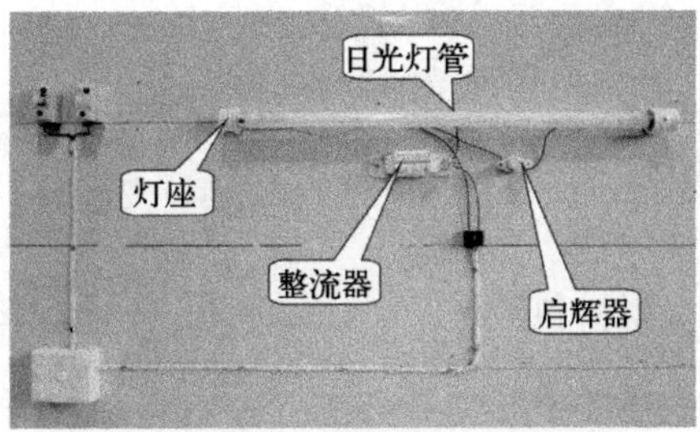

实训图4.14　荧光灯安装完成图

1. 准备工作

材料和工具按实训图 4.15 所示进行准备。

2. 画出安装图

根据安装要求在安装板上标画出熔断器、接线盒、开关、荧光灯座的位置，标画出护套线的走向以及线卡的位置，如实训图 4.16 所示。

3. 固定器材和安装线路

1) 固定熔断器、接线盒。

2) 敷设护套线线路。

4. 安装灯具

(1) 荧光灯灯座的安装与接线

荧光灯的灯座由一个固定式灯座和一个带弹簧的活动式灯座组成，以便于荧光灯灯管的安装。固定式、活动式的安装接线的方法相似，如实训图 4.17 所示。

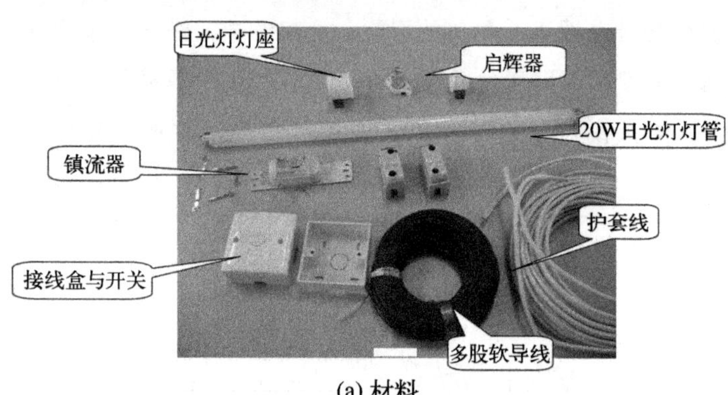

(a) 材料

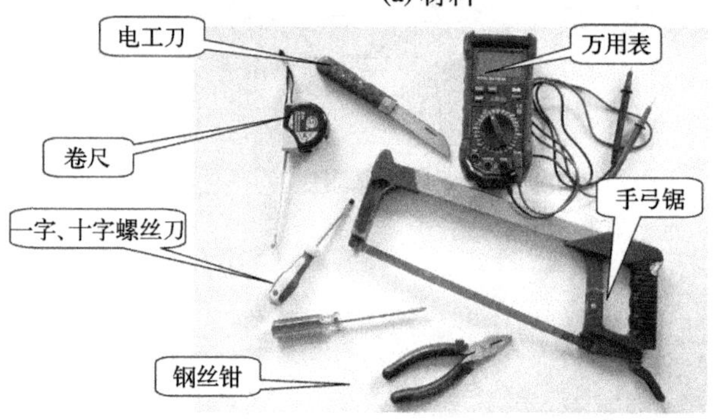

(b) 工具

实训图 4.15 材料和工具

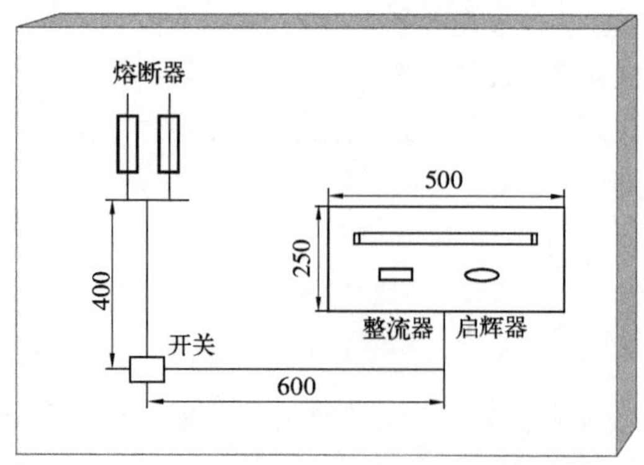

实训图 4.16 标画出安装位置

荧光灯灯座的安装与接线步骤

旋松灯脚与支架螺丝，卸下支架

以灯管2/3的长度截取四根1mm²多股软导线作为荧光灯电路的接线。用剥线钳剥去导线线端的绝缘层，绞紧线芯，制作一个压线圆圈俗名“羊眼圈”，直径略大于压线螺丝

将压线螺丝旋入灯座的接线端

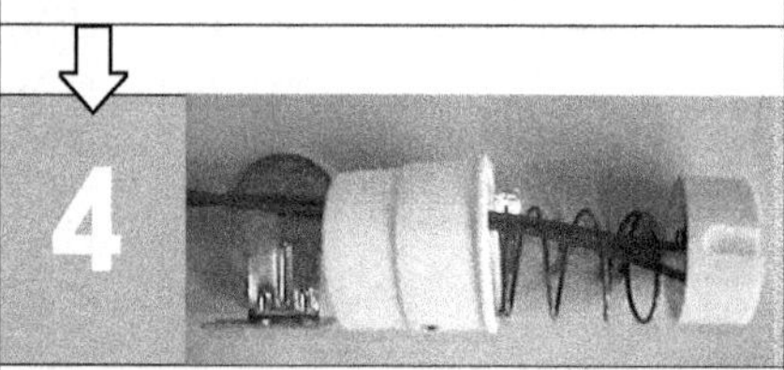

活动式灯座内有弹簧，接线时先旋松灯座上方的螺钉使灯座与支架分离，完成两股灯座连接导线的压接

将灯脚引线沿灯脚下端缺口引出，旋紧灯脚支架与灯脚的紧固螺钉，恢复灯脚支架与灯座的连接，将灯座固定在安装板上

实训图 4.17 荧光灯灯座的安装与接线

(2) 镇流器、启辉器的安装与接线

镇流器、启辉器的安装与接线的操作如实训图4.18所示。

镇流器、启辉器的安装与接线步骤

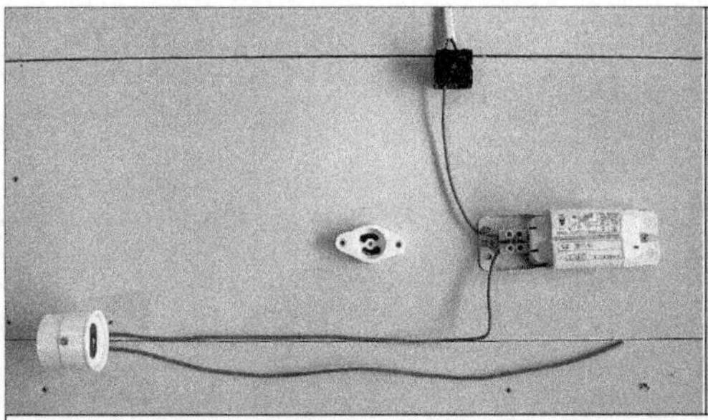

按图示位置固定荧光灯镇流器，根据荧光灯原理图将一端灯座中的一根引线接入镇流器的接线端，另一接线端与开关相连，通过开关后再连接电源相线

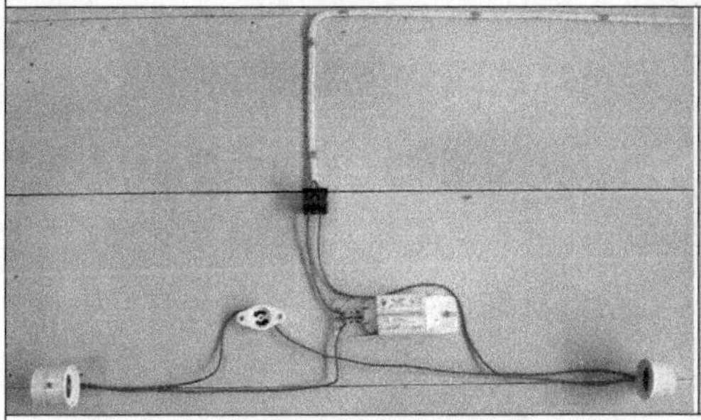

根据荧光灯原理图，分别从两个灯座中各取出一根导线与启辉器座连接。启辉器接线完成后，用木螺丝将启辉器座固定在安装板上

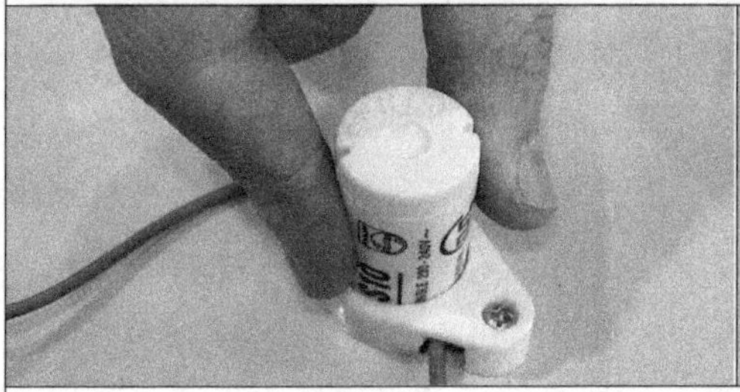

将启辉器插入启辉器座内，顺时针方向旋转约60°左右

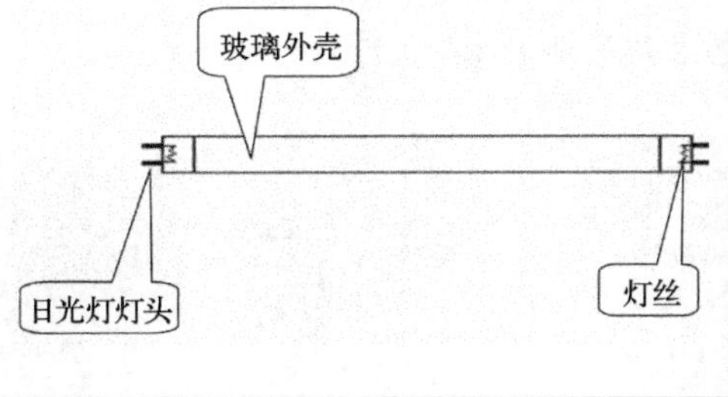

玻璃外壳

日光灯灯头

灯丝

将灯管的灯丝引脚插入活动（内有弹簧）的灯座内的灯脚插孔，然后推压灯管，使另一边的引脚对准固定式灯座的灯脚插孔，利用弹簧力的作用使其插入灯座内，再按荧光灯原理图将电源零线接入荧光灯线路中

实训图4.18　镇流器、启辉器的安装与接线

5. 通电前检验

通电检查线路是否连接正确，线路接头是否连接牢固。

6. 通电检验

接通开关，观察荧光灯的启动及工作情况，正常情况应看到荧光灯管在闪烁数次后被点亮。

知识窗 **电子镇流器荧光灯**

在照明灯具市场，还有一种应用更为普及的电子镇流器荧光灯。它的成本更低，这种镇流器不但具有电感镇流器的功能，还涵盖了启辉器功能，使得它的电路更为简单，其电路图如实训图4.19所示。

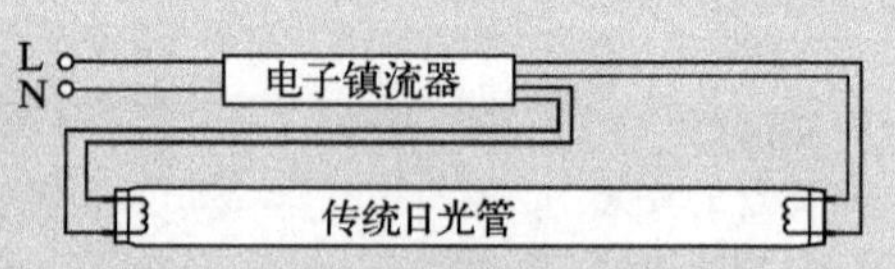

实训图4.19 电子镇流器荧光灯电路图

这种荧光灯在安装上与上述电感镇流器荧光灯基本相同，由于电子镇流器兼有启辉器功能，所以省去了启辉器的安装步骤与工艺。

任务三 荧光灯线路常见故障的排除

故障现象1 通电后荧光灯不能发光

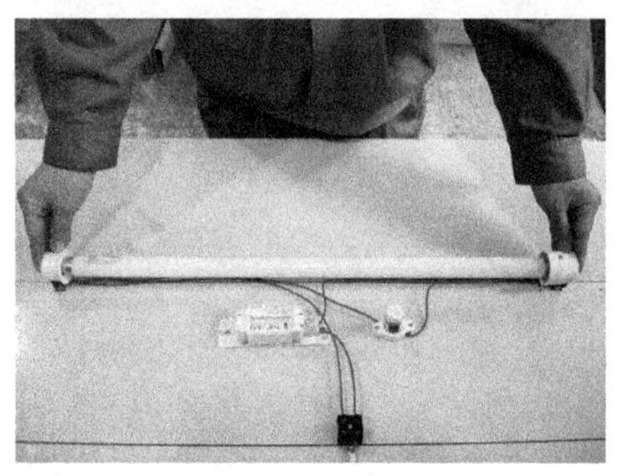
实训图4.20 灯座接触不良

荧光灯不能发光的原因通常是灯座接触不良，使电路处于断路状态。可用手将两端灯脚推紧（实训图4.20）。

如果还不能正常发光，应检查启辉器。可采用比较法，将该荧光灯的启辉器装入能正常发光的荧光灯中，重新接通电源，观察能否点亮荧光灯。如果不能，则应更换启辉器。如果能，说明启辉器正常，应检查荧光灯管，将荧光灯管拆下，用万用表电阻挡分别测量灯管两端的灯丝引脚，如实训图4.21所示。如果测出电阻无穷大，说明灯丝已烧断应更换灯管，灯丝的正常阻值应与实训表4.3所列冷态电阻相同或相近。

当灯管正常时，荧光灯出现闪烁一下即熄灭，然后再也无法启动的现象，往往是镇流器内部线圈短路造成的。这时可用万用表测量确定（实训图4.22）。如测出的电阻基本为零或无穷大，应更换镇流器。镇流器的冷态电阻如实训表4.4所列。

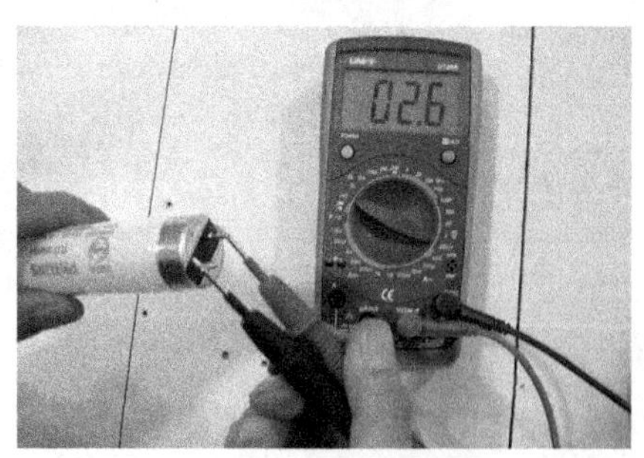

实训图4.21 用万用表测量灯管灯丝

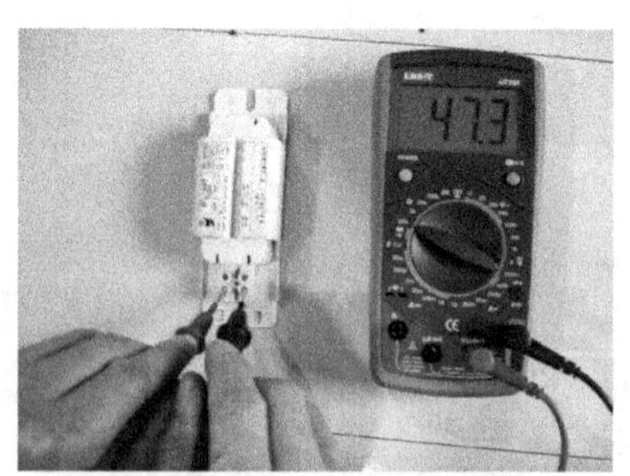

实训图4.22 检测镇流器

实训表4.3　常用规格灯管的冷态电阻

灯管功率／W	6~8	15~40
冷态电阻／Ω	15~18	3.5~5

实训表4.4　镇流器的冷态电阻

镇流器规格／W	6~8	15~20	30~40
冷态电阻／Ω	80~100	28~32	24~28

故障现象2　灯管一直闪烁但点不燃

造成灯管一直闪烁的主要原因是启辉器损坏，如启辉器中双金属片频繁接通和断开，这种情况应更换启辉器。另外，线路出现接触不良（如灯座接触不良）使电路时断时通，也会造成上述现象，此时应检查线路的各个连接点，方法是用万用表按原理图逐点测量，找出故障点，重新连接该点。

本地区电压不稳定也会造成灯管闪烁，此时应使用交流250V挡万用表测量荧光灯的电源电压。解决这一问题可采用交流稳压电源，选取时还应考虑电路的功率。

故障现象3　灯管两头发红但点不燃

该故障原因是启辉器损坏造成。启辉器内双金属片触点粘连或电容器被击穿均会导致这种现象。检查方法是用万用表测量启辉器两脚，电阻应趋近于零（正常时为无穷大）。

各小组间互相在线路接头（隐蔽处）和启辉器座内设置故障然后交换排除，将排除故障情况记录于实训表4.5中。

实训表4.5　荧光灯故障排除记录表

故障现象	故障原因分析	检查方法	故障点
灯管不亮			
灯管两头发红但点不燃			

故障现象4　荧光灯在工作时有杂声

荧光灯在工作时有杂声一般是因为镇流器铁心松动，应更换镇流器，更换时应注意镇流器的功率应与荧光灯功率匹配。

知识窗　**荧光灯的工作原理**

1. 荧光灯的工作原理

(1) 灯管、启辉器、镇流器的构造

灯管玻璃管内壁涂有荧光材料，管内抽成真空后充有少量的汞和惰性气体，灯丝上涂有电子发射物质。启辉器由氖泡、电容外壳等组成，如实训图4.23所示。氖泡内装有动触片和静触片，动触片为双金属片，有受热膨胀接通触点的特性。镇流器由线圈、铁心和气隙组成，如实训图4.24所示。

(2) 荧光灯的发光原理

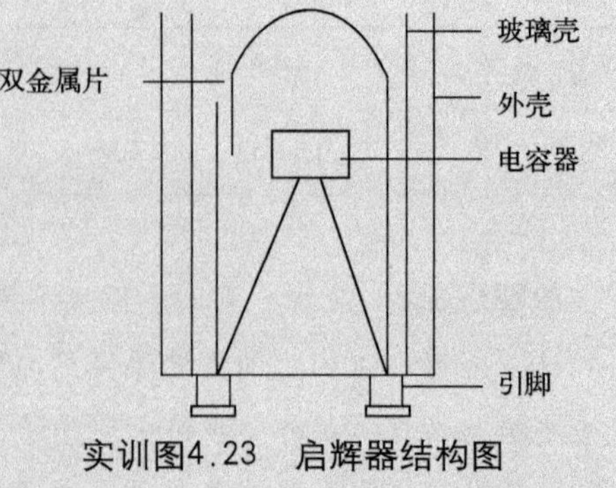

实训图4.23 启辉器结构图

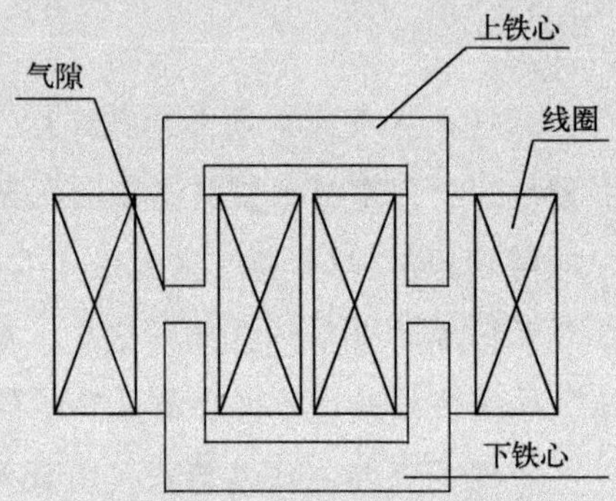

实训图4.24 镇流器结构图

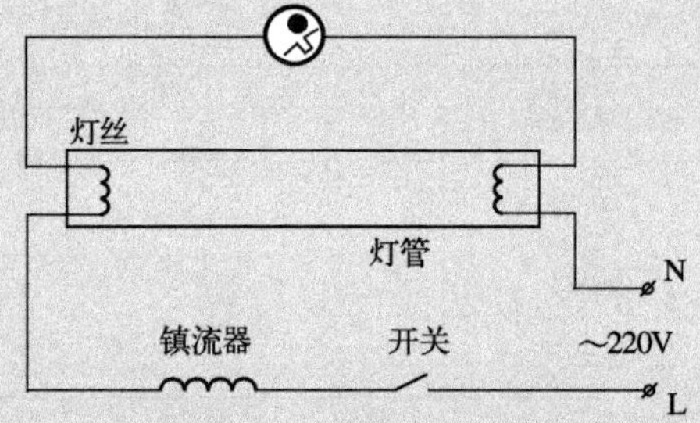

实训图4.25 荧光灯的接线图

实训图 4.25 所示是荧光灯的原理图，在接通电源的瞬间，电流通过开关后沿荧光灯管两端的灯丝，经启辉器、镇流器，将电源电压加在启辉器动、静触片两端，使动、静触片间产生辉光放电而发热，动触片受热膨胀弯曲与静触片接通，使灯丝通电发热并发射电子、启辉两触片间的电压为零，双金属片冷却复位，使动、静两触片又分断，在两触片分断瞬间，使镇流器在强大的电感作用下，两端产生感应电动势，出现瞬间的高压脉冲。在脉冲电动势的作用下，使灯管内惰性气体被电离而引起弧光放电，随着弧光放电灯管内温度升高，上述现象重复数次，直至灯管内温度使管内液态汞气化电离，引起汞蒸汽弧光放电而产生不可见的紫外线，紫外线激发灯管内壁的荧光粉后发出近似日光色的灯光。

2. 荧光灯的品种规格与灯座种类

(1) 荧光灯的品种规格

荧光灯有多种品种和规格，荧光灯灯管规格以功率标称，有 6W、8W、15W、20W、30W、40W 等多种规格，一旦灯管的功率确定，那么在荧光灯线路中，所需配套的镇流器、启辉器都需与灯管的功率数配套。

(2) 荧光灯灯座的种类

荧光灯灯座的作用是固定荧光灯灯管。灯座有多种类型，最常用的有开启式和弹簧插入式两种，如实训图 4.26 所示。

目前整套小功率荧光灯架中的灯座都采用开启式，因为它固定方便，不需使用任何工具直接插入槽内即可，如实训图 4.27 所示。功率较大（15W以上）的荧光灯座一般用弹簧插入式。

实训图4.26 荧光灯灯座的种类

实训图4.27 整套荧光灯架中的灯座

实训成绩评定，见实训表4.6。

实训表4.6 实训成绩评定表

评定内容、配分	评定标准	自评得分	教师评分
表现、态度（10分）	好10分，较好7分，一般5分，差0分		
安全、文明操作（10分）	安全、正常10分；出现事故、损坏、遗失工具器材，每项扣3分，扣完为止		
电光源识别（20分）	共8种，每种2.5分，识别错误、填表不完整酌情扣分		
灯具、配件布局（20分）	共四个配件，每个布局合理，紧固5分，一个不合理或松动各扣3分，扣完为止		
线路连接（20分）	连接全部正确、接头无松动20分，每错一处或按头松动一处，各扣2分，扣完为止		
排除故障（20分）	每排除一个故障，检测方法正确，10分；检测方法不正确或故障未排除，各扣5分		
总计得分			

评分教师签名： 自评学生签名： 检测日期______年______月______日

巩固与应用

（一）填空题

1. 交流电的有效值是指在________效应方面与直流电等效的值。它是最大值的________倍，其电动势、电压和电流分别用符号________、________和________表示。

2. 正弦交流电的表示方法有________法________法和________法。在计算两个正弦量的和与差时，用________________最简捷。

3. 直流电的频率为________，周期为________。

4. 以电流为标准，在不同电路中，电流与电压的相位差是不同的，在纯电阻电路为________。纯电感电路中为________。在纯电容电路中为________。

5. 在感性负载上提高功率因数的办法是________。

6. 电容器根据其结构可分为________、________、________三类。

7. 电容器的主要参数有________、________、________。

（二）判断题

1. 大小和方向随时间变化的电流都称为正弦交流电。（　　）

2. 旋转矢量不仅能反应正弦交流电的三要素，还能利用它在纵轴上的投影反应出瞬时值。（　　）

3. 在直流电路中，电容器视为开路，纯电感线圈视为短路。（　　）

4. 在电阻元件上，因为电流和电压同相，所以它们的初相位为零。（　　）

5. 电感和电容因为不消耗有功功率，所以被称为储能元件。（　　）

6. 在交流电路中，经常利用电容器对感性负载进行补偿以提高功率因数。（　　）

7. 荧光灯中启辉器的作用是用于灯管点燃后限制电路电流，以延长灯管寿命。（　　）

8. 在 RL 串联电路中，总电流总是滞后于总电压的。（　　）

9. 无论将电容器接在直流电源上或交流电源上，它的电容量都是不变的。（　　）

（三）单项选择题

1. 电灯泡上标注的100W / 220V，指的是（　　）。

A. 最大值　B. 有效值　C. 额定值　D. 瞬时值

2. 电容器在交流电路中的作用是（　　）。

A. 隔直阻交　B. 隔直隔交　C. 通直通交　D. 通直阻交

3. 两个同频率正弦交流电电流 i_1，i_2 分别为 20A 和 30A 时，它们的总电流为 50A，由此可判定 i_1 与 i_2 之间的相位角是（　　）。

A. 0°　B. 90°　C. 180°　D. 270°

4. 已知 $i=6\sqrt{2}\sin\left(314t-\frac{\pi}{3}\right)$ (A) 的电流通过4Ω的电阻时，它所消耗的功率为（　　）。

A. 96W　　B. 128W　　C. 144W　　D. 168W

5. 在感抗 X_L=100Ω 的纯电感线圈两端加上 $u=220\sqrt{2}\sin\left(\omega t+\frac{\pi}{6}\right)$ (V)的交流电压后，通过该线圈的电流为（　　）。

A. $i=2.2\sin\left(\omega t-\frac{\pi}{3}\right)$ (A)　　B. $i=3.1\sin\left(\omega t-\frac{\pi}{3}\right)$ (A)

C. $i=2.2\sin\left(\omega t-\frac{\pi}{6}\right)$ (A)　　D. $i=3.8\sin\left(\omega t-\frac{\pi}{6}\right)$ (A)

*6. 在 RLC 串联电路中，已知 $R=X_L=X_C=10\Omega$，则该电路的阻抗为（　　）。

A. 10.26Ω　　B. 14.14Ω　　C. 16.68Ω　　D. 10Ω

（四）问答题

1. 通过本单元的学习和实训，你认识了哪些测量交流电路的仪器仪表？它们各自的用途是什么？

2. 正弦交流电的三要素是指的哪三个量？试说明，它们被称为“三要素”的理由。

3. 试说明：交流电瞬时值、有效值和最大值各自的含义及其相互关系。

4. 交流电有哪三种表示法？在计算正弦量的和与差时，用哪种方法最好？为什么？你是怎样从一个旋转矢量上看出交流电三要素的？

5. 一只 220V\100W 的灯泡，分别接于 220V 交流电路和 220V 直流电路，它们的发光强度是否相同，为什么？

6. 为什么在电容器上加上交流电压后电路中就有电流？交流电流能否通过电容器极板间的介质？

7. 公式 $C=\frac{Q}{U}$，是不是说明电容器不带电时，$Q=0$，$U=0$，因此 $C=0$，电容器就无电容了？

8. 电容器充电结束后，电路中的电流为零，说明电容器具有什么特性？

（五）计算题

1. 已知正弦交变电动势 $e=220\sqrt{2}\sin\left(314t-\frac{\pi}{3}\right)$ (V)，试求：该电动势的最大值E_m、有效值E、角频率 ω、频率f和初相位 φ_0，并指出其中的三要素。

2. 一个“220V/2000W”的电炉，接于电压 $u=220\sqrt{2}\sin\left(100\pi t+\frac{\pi}{3}\right)$ (V)的单相交流电源上。

(1) 画出电压、电流的波形图和矢量图；

(2) 设每天使用3小时，每月按30天计，问一个月能用多少度电？

3. 有一线圈，电阻小到可以忽略不计，现将它接于 220V，50Hz 的交流电源上，测得通过该线圈的交流电流为2A，试计算该线圈的自感系数 L。

4. 在 $u=100\sqrt{2}\sin\left(100\pi t-\frac{\pi}{3}\right)$ (V)的交流电源上，接入C=100μF的电容器，试计算：(1) 流过该电容器的电流有效值；(2) 画出电流、电压波形图和旋转矢量图；(3) 当电源频率变为100Hz 时电路的容抗是多少？电流有效值有多大？

5. 一台异步电动机，绕组电阻 $R = 9\Omega$，感抗为27.8Ω，将其接在有效值为220V电源上拖动额定负载工作，试计算通过电动机绕组的电流、有功功率、无功功率及功率因数。

*6. 在RLC串联电路中，已知$R = 16\Omega$，$X_L = 4\Omega$，$X_C = 16\Omega$，接于电源电压 $u = 100\sqrt{2}\sin\left(100\pi t + \frac{\pi}{4}\right)$(V)的交流电源上，试求：电路阻抗、有功功率、无功功率、视在功率和功率因数，画出电流、电压矢量图。

（六）实践题

1. 用 300V 交流电压表分别测量正常工作的荧光灯灯管两端电压和镇流器两端电压，再算出它们的算术和与矢量和，看它们与电源电压有何关系？

2. 从实验室空调器铭牌上记下它的额定功率（有功功率），用万用表测出空调器两端电压，再用钳形电流表测出该空调器的工作电流，看能否粗略估算出该空调器的功率因数。

单元 7 单户住宅的用电系统

单元学习目标

知识目标 ☞

1. 了解单相电能表的结构和工作原理，知道其接线方法。
2. 了解家庭配电装置的组成、元件作用及安装要求。

能力目标 ☞

1. 能估算家庭用电的设备容量，选择合适的总闸开关及导线。
2. 能根据要求设计室内综合电路。
3. 能够安装与检测室内综合电路，并对出现的故障进行分析、排除。

7.1 电能的测量与节能

交流电通过电路和用电器会作功，将电能转换成其他形式的能。电流作功的多少，怎样进行量度，这就是本节要讨论的问题。

7.1.1 电能测量仪表的应用

1. 认识单相感应式电能表的面板结构

电能表又称电度表或火表，是一种量度家庭、单位在某段时间内使用电能多少的累记式电工仪表。根据它测量电能的相数不同，电能表分为单相电能表和三相电能表，根据测量原理的不同又分为感应式电能表和电子式电能表。

(a) 实体照片

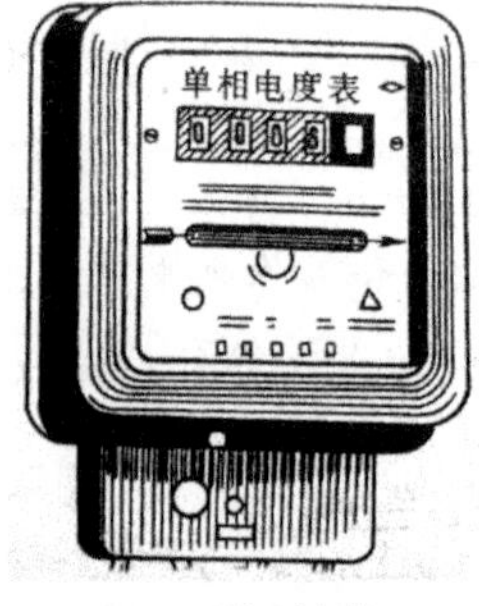

(b) 面板结构

图7.1 单相感应式电能表

单相感应式电能表面板结构简单，如图7.1(a)所示，从上向下看依次是：读取用电度数的长方形窗口，窗口下边是该表的量度单位kW·h（度），而且用数字如2400r／kW·h来表明每用一度电（1kW·h）时表内铝盘的转数。下面有4(8)A、5(10)A、10(20)A、20(40)A等读数是该表的量程，括号内的数字表示这块表的极限量程。图7.1(b)是它的面板结构。

2. 用电度数的计量

某一段时间的用电度数从表的方框中读取，如图7.2所示，其中黑色方框内表示个、十、百、千位的整数度数，红色方框是不足一度电的十分位、百分位的小数。

通常电能表装好后，应记下原有读数作为计量用电量的起点。称为“底度”。第二次所得读数与底度之差即为两次抄表时间间隔内的用电度数（kW·h）。电业部门在计算电费时，一般以整数的kW·h为准，余下的小数在下次抄表时累计。图7.2中，底度为8度，第二次抄表时读数为138度，说明这两次抄表时间间隔内用电130度。

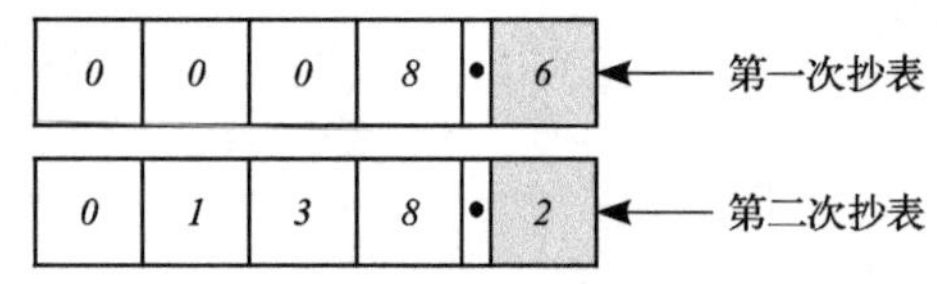

图7.2 电能表的读数

7.1.2 新型电能表简介

感应式电能表结构简单，使用维修方便，但在计量电能时准确度较差。特别是大电流电能表在负荷很小时，它的铝盘转动缓慢或不转，达

不到准确计量的目的，有的还存在潜动现象，因此现在大量推广的电子式电能表，则可避免上述弊端。

电子式电能表的显著优点是高精度、高可靠性、高过载、防窃电、低功耗、体积小、重量轻，还可编程扩展功能，一表多用，具有双向计量功能。

电子式电能表的种类很多，常见的电子式电能表外形如图7.3所示。

电子式电能表的安装接线要求与感应式电能表基本相同，特别注意接线时应按照接线盒背面的电路图进行操作。

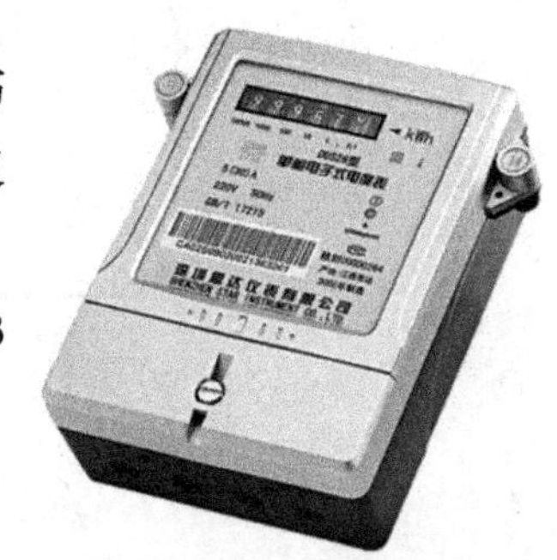

图7.3 常见电子式电能表

7.1.3 节约用电技术

在生活生产的各个领域都应该大力开展节约用电的行动，在此我们将大家经常接触的领域如何开展节约用电的措施做一简单介绍。

1. 照明工程节能

在我国，照明用电占着较重要的地位，在照明领域的节能不可忽视。照明领域可从如下几个方面节约电能：

1) 选用节能灯具，逐步淘汰耗能光源。

2) 推广节电控制器材，如声控开关、光控开关，实现在不需要用电时自动关闭电源。

3) 充分利用自然采光。

4) 充分利用高效反光罩和环境反射面，增强光照效果。

2. 电动机节能

电动机所消耗的电能占全国总发电量的60%～70%，是我国电能消耗的最大用户。电动机节能从以下方面着手：

1) 推广、选用节能型电动机，如现在广泛使用的Y系列、YP系列，变频空调、无刷直流电动机等，淘汰老式耗能电动机。

2) 力求使电动机输出功率与被拖动负载的功率配套，避免大功率电动机拖动小功率负载。

3) 使用电容器对电感性负载的补偿，提高功率因数。

7.2 总闸开关和导线的选择

家庭用电安装配电箱，如何选择总闸开关和合适的导线，这是本节要讨论的问题。

7.2.1 总闸开关的选择

选择总闸开关，必须先了解住宅的负荷情况，根据负荷情况选择合适的开关、设备和导线。

一般负载（也可以称为用电器，如电灯、冰箱等）分为两种，一种是电阻性负载，一种是电感性负载。电阻性负载功率的计算公式为$P=UI$，电感性负载（如日光灯）功率的计算公式为$P=UI\cos\varphi$。不同的电感性负载其功率因数不同。根据经验，计算家庭用电器时可以将功率因数$\cos\varphi$统一取0.8。比如一个家庭所有用电器的总功率为6000W，则最大电流是

$$I=P/U\cos\varphi=6000/220\times0.8=34(\text{A})$$

一般情况下，家里的电器不会同时使用，所以加上一个需要系数K，一般单户住宅需要系数K=0.5。所以，上面的计算应该改写为

$$I=P\times K/U\cos\varphi=6000\times0.5/220\times0.8=17(\text{A})$$

也就是说，这个家庭总的电流值为17A，则总闸开关应选择大于17A的。

7.2.2 导线的选择和布线的一般原则

1. 导线的选择

一般按6A/mm^{2}计算应选用2.5mm^{2}的导线，或者根据国家标准GB4706.1—1992/1998规定的电线负载电流值来选择。

2. 布线的一般原则

布线应根据线路要求、负载类型、场所环境等具体情况，设计相应的布线方案，采用适合的布线方式和方法，同时应遵循以下一般原则。

1) 选用符合要求的导线。

2) 尽量避免布线中的接头。布线时，应使用绝缘层完好的整根导线一次布放到头，尽量避免布线中的导线接头。因为导线的接头往往造成接触电阻增大和绝缘性能下降，给布线埋下事故隐患。如果是暗线敷设（实际上室内布线基本上都是暗线敷设），一旦接头处发生接触不良或

漏电等故障，就很难查找和修复。必需的接头应安排在接线盒、开关盒、灯头盒或插座盒内。

3) 布线应牢固、美观。明线敷设的导线走向应保持横平竖直、固定牢固。暗线敷设的导线也应水平或垂直走线。导线穿过墙壁或楼板时应加装保护用套管，敷设中注意不得损伤导线的绝缘层。

7.2.3　家用配电箱中元件的选择及连接

1.家用配电箱所需电器材料

1) 配电箱一个，如图7.4所示。

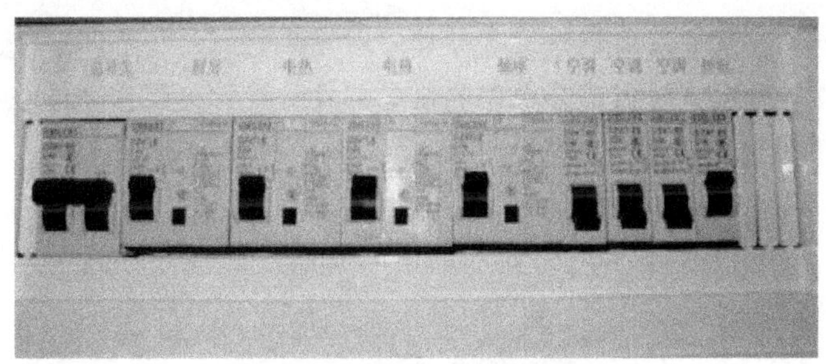

图7.4　家用配电箱外形

2) 带漏电保护器的空气开关一个（一般家用20A就行，具体根据用户的用电负荷而定）。

3）单级空气开关的个数根据用户的分支线路定，如照明一路（10A）、插座设一路（也可厅房、卫生间、厨房分开设）、空调各设一路（16A，如大功率空调适当加大）。

2. 接线方法

1）将电源进线的火线和零线按要求接到漏电保护器的进线侧（上端）。如图7.5所示。

2）将漏电保护器的火线出线接到其他各个单路空气开关的上端，零线接开关箱的共用零线接线处。如图7.5所示。

3）将照明、插座、空调等线路的火线进线分别接到各个相关的空气开关的下端，零线一起接开关箱的共用零线接线处。

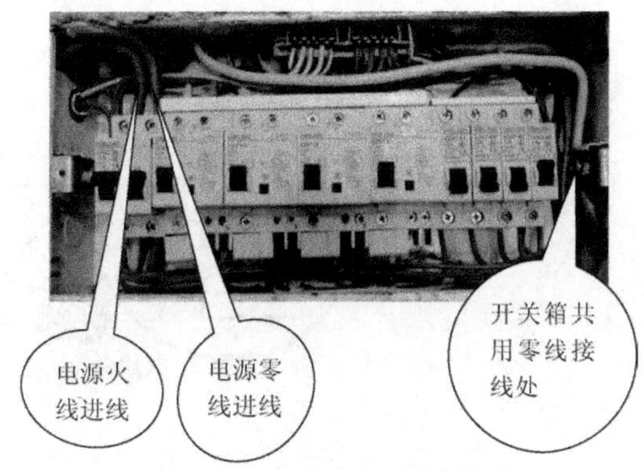

图7.5　火线与零线的接线

动脑筋

1. 你能算一算自己家庭所有电器的总功率是多少吗？用什么规格的导线？

2. 请你注意观察实训室或是你家里的配电箱，看一看都有什么电气元件？规格、型号、作用是什么？如何接线的？

实训项目 5　室内综合电路的安装与检测

实训目的　1. 认识综合电路的组成部件。

2. 会设计、安装与检测室内综合电路。

3. 树立安全用电意识，养成规范操作的行为习惯。

任务目标　要求设计一个室内综合电路：能计量电能，有闸刀开关、插座和短路保护元件，功能包括白炽灯单控、双控电路，日光灯（电子式）电路等。

实训任务　本实训项目是对学生综合能力的检验和学习能力的考察。

本实训项目的任务有两项，认识综合电路的组成部件、设计安装室内综合电路。

任务一　认识综合电路的组成部件

1. 单相感应式电能表

(1) 作用及分类

电能表又称电度表，它是累计记录用户一段时间内消耗电能多少的仪表。电能表按其结构及工作原理主要分为电气机械式、电子数字式等，按其测量的相数，可分为单相电能表和三相电能表。

单相电能表的接线要求如实训图5.1所示。在仪表下方有一个专供接线的金属盒，盒内有四个接线插孔，从左至右编号依次为1，2，3，4。其中1为接相线进；2为接相线出；3为接零线进；4为接零线出。

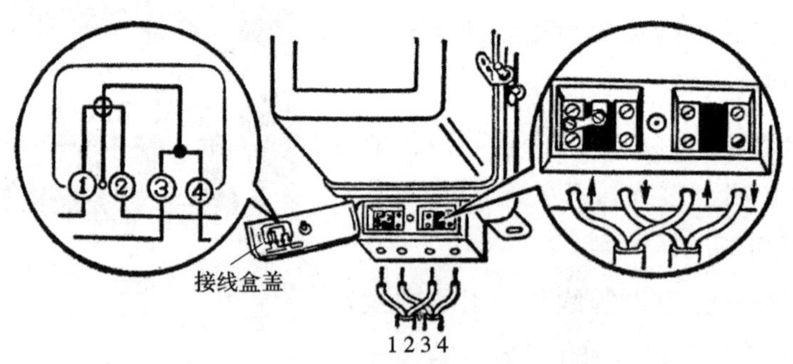

1. 接相线进；2. 接相线出；3. 接零线进；4. 接零线出

实训图5.1　单相电能表接线图

(2) 检测

用万用表R“×1”挡将两表笔分别接单相电能表的“1”“2”两个接线柱，测得R12=___Ω（电流线圈阻值）；用万用表R“×100”挡将两表笔分别接单相电能表的“1”“3”两个

接线柱，测得R13=____Ω(电压线圈阻值)。

2. 插座

(1) 作用与分类

插座的作用是为移动式照明电器、家用电器或其他用电设备提供电源接口，如实训图5.2所示。它连接方便、灵活多用，有明装与暗装之分，按其结构可分为单相两极两孔、单相三极三孔（有一极为保护接地或接零）和三相四极（有一极为接零或接地）插座等。

工作电压为50V、250V和380V。

普通家用插座的额定电流为10A，额定电压为250V。

实训图5.2　单相插座

(2) 检测

看其外观是否完好，内部的接线螺钉是否齐全。

3. 其余电气元件

闸刀开关、熔断器、开关、白炽灯见实训项目3相关内容；

日光灯（电子式）见实训项目4相关内容。

任务二　设计安装室内综合电路

1. 设计电路

1) 请根据任务目标的要求，设计室内综合电路原理图，并画在下面的方框中。

2) 请根据设计的电路图，在下面方框中画出室内综合电路的接线图。

2. 安装检测电路

(1) 元器件和材料、工具的准备

要想实现你设计的电路，需要准备哪些元器件、材料和工具呢？请你填入实训表5.1中。

实训表5.1 工具、仪表和器材表

工具					
仪表					
器材	符号	名称	型号	规格	数量
质量要求	1. 根据电路图检查选择的工具、仪表、器材等是否满足要求 2. 检查电器元件外观应完整无损，附件、备件齐全 3. 用万用表检测电器元件的质量好坏				

(2) 元器件的检测与安装

电器元件用万用表检测，有接触不良及损坏应及时更换。元器件安装应牢固、整齐、匀称，间距合理。

(3) 板前明线布线

电路布线横平竖直、分布均匀，避免走单线、交叉线；

严禁损伤导线的线芯和绝缘层；

导线中间无接头；

与接线端子连接时不得压绝缘层、不反圈及裸露线芯过长；

要求线芯接触面足够，连接牢固可靠，有一定预留。

(4) 检查安装质量

用万用表检查电路的正确性，严禁出现短路事故。

(5) 通电试验

按严格的电工安全操作规程，将单相交流电源接入控制板，经检查合格后进行通电试运行。评价表见实训表5.2。

实训表5.2　室内综合电路安装与操作评价表

序号	主要内容	考核要求	评分标准	配分	扣分	自评分	互评分	教师评分
1	安全文明生产	1) 要求遵守学习纪律。 2) 劳动保护用品穿戴整齐规范，符合安全生产要求。 3) 电工工具佩带合理齐全，使用正确。 4) 遵守操作规程，听从指令，安全操作。 5) 尊重指导老师，讲文明礼貌；报告口令及回答问题，要求声音洪亮，吐字清晰；简洁、明朗、准确。 6) 操作结束要求清理现场，保持工位整洁	1) 该项属于扣分项。 2) 实训操作及通电试验中，违反安全文明生产考核要求的任何一项扣2分每次。 3) 通电试验结束后，拆元件，把使用过的导线搓直捆成一束，清点好器材交回给老师，不执行的酌情扣1~10分。 4) 存在故意浪费实训材料、元器件现象的，酌情扣1~5分。 5) 当指导老师发现学生有重大事故隐患时，要立即予以制止，并每次扣考生安全文明生产总分5分					
2	安装可靠	1) 元件在配电板上布置要合理，安装要准确、紧固、可靠。 2) 每个接点硬线最多2根。 3) 直插式导线要打对折接入，且不压绝缘层，裸露线芯不超过1.5mm。 4) 圆垫式接线时，导线按照要求打羊眼圈接入	1) 元件布置不整齐、不匀称、不合理，每个扣1分。 2) 元件安装不牢固、安装元件时漏装螺钉，每个扣1分。 3) 元件装反或安装错误，酌情扣1~5分。 4) 损坏元件，酌情扣3~5分。 5) 接点松动、接头露线芯过长、反圈、压绝缘层，每处扣1分。 6) 损伤导线绝缘或线芯，每根扣1分 7) 单根导线接入不打对折或单个接点硬线超过2根的，每处扣1分。 8) 保险丝未按要求连接的，每处扣1分	20				

续表

<table>
<tr><th>序号</th><th>主要内容</th><th>考核要求</th><th>评分标准</th><th>配分</th><th>扣分</th><th>自评分</th><th>互评分</th><th>教师评分</th></tr>
<tr><td>3</td><td>安装工艺</td><td>1) 布线要求横平竖直，接线紧固美观。
2) 紧贴板面布线，导线有弯角的地方成90°。
3) 不交叉，不走单线，作预留。
4) 导线不能乱线敷设</td><td>1) 布线做不到横平竖直，每根线扣1分。
2) 线不贴板、弯角不成90°的，每处扣1分。
3) 存在交叉，走单线，没有作预留的，每根线扣1分
4) 布线整体美观性差，酌情扣1~10分</td><td>40</td><td></td><td></td><td></td><td></td></tr>
<tr><td>4</td><td>通电试验</td><td>在保证人身和设备安全的前提下，通电试验一次成功</td><td>1) 一次通电不成功扣10分；二次通电不成功扣20分；三次通电不成功扣30分。
2) 功能正常，但是合闸灯亮，每次扣2分。
3) 使用验电笔方法不正确，酌情扣1~3分</td><td>40</td><td></td><td></td><td></td><td></td></tr>
<tr><td>备注</td><td colspan="2">否定项：要求遵守实训室规章制度，不能出现重大事故。否则，本次技能实训视为不合格</td><td>合计</td><td>100</td><td></td><td></td><td></td><td></td></tr>
<tr><td colspan="4">教师综合评分</td><td colspan="5"></td></tr>
<tr><td colspan="3">自评学生签名</td><td>互评学生签名</td><td colspan="5">评分教师签名</td></tr>
</table>

巩固与应用

（一）填空题

单相电度表接线部分如右图所示，其中1接________线，2接________线，3接________线，4接________线。

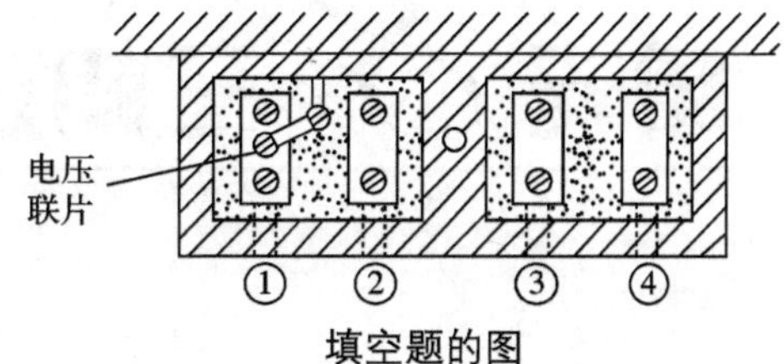

填空题的图

（二）单项选择题

1. 照明节能措施包括（　　）。

A. 积极推广使用高效、长寿命的高压钠灯　　B. 采用高效率节能灯具

C. 积极推广使用金属卤化物灯　　D. 使用自镇流高压汞灯

2. 保险丝在电路中所起的作用是（　　）。

A. 减小电路中的电流，避免产生危险　　B. 能使电路中的电压降低，避免产生危险

C. 用电器消耗的电能过多时，自动切断电路　　D. 在电流过大，超过规定值时，自动切断电源

3. 某家庭电路由使用的电灯和家用电器的情况决定，电路中总电阻的变化情况是（　　）。

A. 使用的灯和家用电器越多，总电阻越小　　B. 使用的灯和家用电器越多，总电阻越大

C. 只有一盏灯时，总电阻最小　　D. 所以用电器不工作时，总电阻为零

（三）计算题

电气专业的小明同学家建新房，要小明负责敷设电线，他家的用电器功率如下：灯具200W，音箱300W，冰柜200W，空调2300W，电冰箱150W，微波炉或电饭煲1000W，电视机180W，饮水机100W，抽油烟机50W，洗衣机200W，其他未知设备大概为500W。请你求出小明家总电流是多少。选用什么规格的总闸开关和电线才合适？

单元 8 三相正弦交流电路

单元学习目标

知识目标 ☞

1. 了解三相对称电源的概念，了解星形联结的特点，理解相序的概念。
2. 了解我国电力系统的供电制式。
3. 了解三相负载星形和三角形联结时，线电压、相电压、线电流、相电流及中线电流之间的概念及关系式，以及对称与不对称负载的概念及中线的作用。
4. 了解三相正弦交流电路的功率。

能力目标 ☞

1. 能绘制三相对称电路电压矢量图。
2. 能通过实验验证不对称负载中线的作用。
3. 能够正确安装和检测三相配电线路，并能够对出现的故障进行分析、排除。

 三相交流电源

在较大容量的电力供用电系统中，大量使用的就是三相交流电路，三相交流电路对国民经济的发展起着至关重要的作用。图8.1就是葛洲坝大型水轮发电机组，它每年的发电量超过157亿千瓦时，对国家建设所需能源的提供起着重要支撑作用。我们将讨论发电机所提供的三相交流电源以及三相负载的联结与特点，这是我们学好电类专业课程的重要基础。

8.1.1 三相正弦交流电源的典型结构、相序

三相交流电由三相交流发电机产生，三相交流发电机的外形和原理结构如图8.2所示。从它的原理结构图中可以看出，**三相发电机**主要由**定子**和**转子**组成。在定子铁心槽中，分别嵌放了三组几何尺寸、线径和匝数相同的绕组，它们在圆周上的排列相互构成了120°（即$\frac{2}{3}\pi$），这三组绕组分别称为**A相**、**B相**和**C相**，所以我们又把它称为**三相绕组**，其**首端**分别标为U_1、V_1、W_1，**尾端**分别标为U_2、V_2、W_2，**各相绕组所产生的感应电动势方向由绕组的尾端指向首端**。转子是一对磁极，在转子铁心上绕有励磁绕组，并采用直流励磁。适当采取转子磁极的形状和励

图8.1 葛洲坝水电工程水轮发电机组

(a) 发电机组外形　　(b) 结构原理图

图8.2 三相交流发电机外形及结构原理图

磁绕组的结构与数据，可实现定子与转子之间的空气间隙近似按正弦规律分布。

当转子在其他动力机，如水力发电站的水轮机、火力发电站的蒸汽轮机等的拖动下，按顺时针方向以角速度 ω 匀速转动时，相当于定子中的三相绕组按角速度 ω 作切割转子磁场的磁感线的相对运动，从而在各自绕组中产生感应电动势 e_1、e_2、e_3。由于三相绕组的数据与结构相同，又是用同一速度转动，所以这三相电动势的振幅、频率相同，只是它们之间的相位相差 120° 的角度，所以它们在相位上互相之间相差 120° 电角度。如果以 A 相绕组的电动势 e_1 为准，则这三相感应电动势的瞬时值表达式为

$$\left.\begin{aligned} e_1 &= E_m\sin\omega t \\ e_2 &= E_m\sin\left(\omega t-\frac{2}{3}\pi\right) \\ e_3 &= E_m\sin\left(\omega t+\frac{2}{3}\pi\right) \end{aligned}\right\} \tag{8.1}$$

根据式（8.1），我们可以画出这三相电动势的波形图和矢量图，如图 8.3 所示。

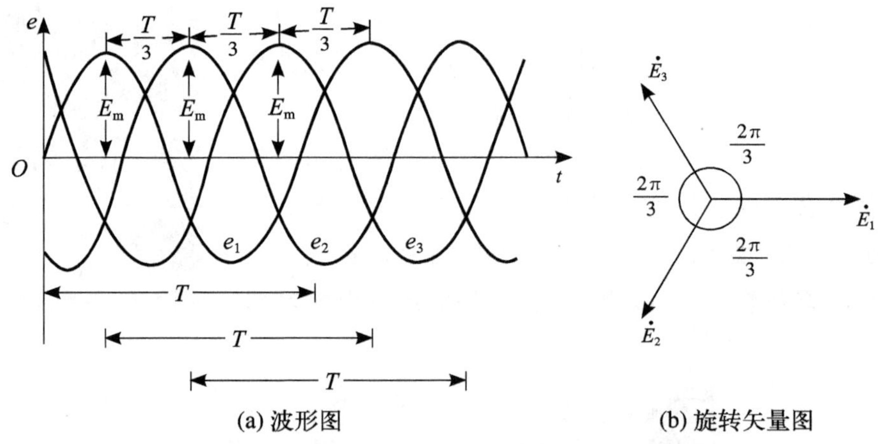

(a) 波形图　　(b) 旋转矢量图

图 8.3　三相感应电动势的波形图与矢量图

从图8.3可以看出，$\dot{E}_1$ 超前于 $\dot{E}_2$ 的 $\frac{2}{3}\pi$（即 $\frac{T}{3}$,下同）达最大值，$\dot{E}_2$ 又超前于 $\dot{E}_3$ 的 $\frac{2}{3}\pi$ 达最大值，这种以最大值到达时间的先后顺序称为相序，在电气工程上，多以 e_1-e_2-e_3 为相序，又叫正相序，在电气设备和线路杆、塔上用黄-绿-红三种颜色分别予以表示，其中黄色为 e_1 相，绿色为 e_2 相，红色为 e_3 相。

在工程技术上，我们把这种**振幅、频率相同，在相位上相差 $\frac{2}{3}\pi$ 的三相电动势称为对称三相电动势**，能提供这种对称三相电动势的电源称

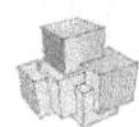

为对称三相电源，其中每相绕组所产生的电动势为单独的一相电源，可以独立对外供电。

8.1.2 三相四线制电源

我们知道，发电机的三相绕组有6个端头，U_1、V_1、W_1为首端，U_2、V_2、W_2为尾端，如果把三个尾端联结成一个公共点，并用一根导线N引出，把三个绕组的首端分别用L_1、L_2、L_3引出，如图8.4 (a)所示。这种联结方式所构成的供电系统称为**三相四线制电源**，用符号“Y”表示。

知识窗

中性线一般是接地的，所以又称为“地线”，发电机三个绕组首端所引出的导线称为相线，又叫“火线”。联结U_1、V_1、W_1的三根导线分别用黄、绿、红三种色线以示区别；中性线用黑色或白色的导线表示。

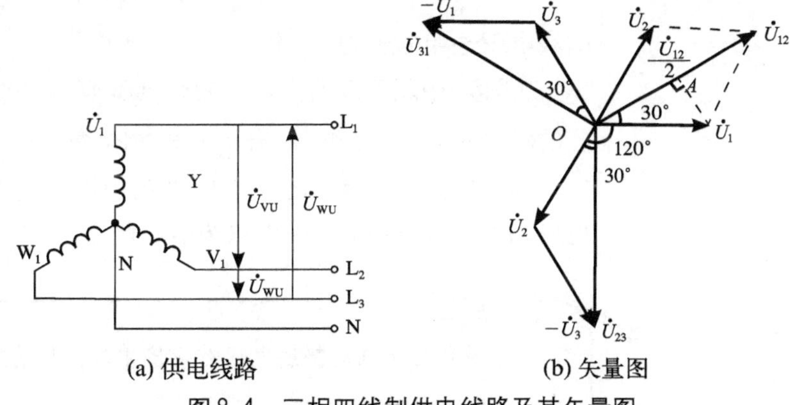

(a) 供电线路　　(b) 矢量图

图8.4　三相四线制供电线路及其矢量图

三个尾端所联结的公共点称为**中性点**，又叫**零点**。从中性点引出的导线称为中性线，又叫“零线”。

三相四线制电源的突出优点是能够输出两种电压：每相绕组首端与中性点之间的电压称为相电压，分别用U_1、U_2和U_3表示它们的有效值，相线与相线之间的电压称为线电压，分别用U_{12}、U_{23}和U_{31}表示其有效值。图8.4(b)是各线电压和相电压之间关系的旋转矢量图，从中可以看出如下规律：

线电压矢量$\dot{U}_{12}$由相电压矢量$\dot{U}_1$和$-\dot{U}_2$组成，同理，$\dot{U}_{23}$由$\dot{U}_2$和$-\dot{U}_3$组成，$\dot{U}_{31}$由$\dot{U}_3$和$-\dot{U}_1$组成，所以有

$$\left.\begin{aligned}\dot{U}_{12}&=\dot{U}_1-\dot{U}_2\\\dot{U}_{23}&=\dot{U}_2-\dot{U}_3\\\dot{U}_{31}&=\dot{U}_3-\dot{U}_1\end{aligned}\right\}\tag{8.2}$$

在直角三角形$OA\dot{U}_1$中，直角边$OA=\frac{1}{2}\dot{U}_{12}$，所以有

$$\frac{1}{2}\dot{U}_{12}=\dot{U}_1\cos30^\circ=\frac{\sqrt{3}}{2}\dot{U}_1$$

即

$$\dot{U}_{12}=\sqrt{3}\,\dot{U}_1$$

同理

$$\dot{U}_{23}=\sqrt{3}\dot{U}_2$$

$$\dot{U}_{31}=\sqrt{3}\dot{U}_3$$

由于三相线电压和相电压的有效值各自分别相等，所以可以用 U_L 表示线电压，用 U_N 表示相电压，则有

$$U_L=\sqrt{3}\,U_N \tag{8.3}$$

即线电压是相电压的 $\sqrt{3}$ 倍。

从图8.4中还可以看出，三相线电压 U_{12}、U_{23} 和 U_{31} 分别超前于各自对应的相电压 U_1、U_2 和 U_3 有 $\frac{1}{6}\pi$ 的相位角。而三相线电压之间互相相差 $\frac{2}{3}\pi$ 的相位角，三相相电压之间也互相相差 $\frac{2}{3}\pi$ 的相位角，所以三相线电压和相电压分别是以中性点为中心对称。

关键与要点

1. 对称三相电动势线电压有效值相等，相电压有效值相等，频率相同，各相之间相位差为 $\frac{2}{3}\pi$。

2. 三相四线制的线电压和相电压各自以中性点为中心对称。

3. 线电压是相电压的 $\sqrt{3}$ 倍，线电压超前于对应相电压 $\frac{1}{6}\pi$ 的相位角。

8.1.3　我国电力系统的供电制式

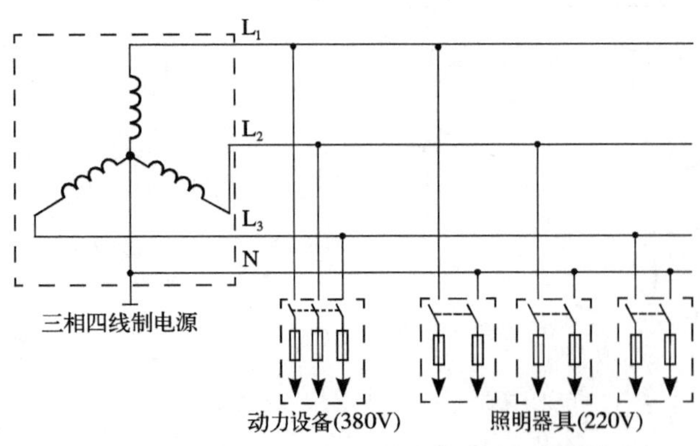

图 8.5　我国的三相四线制低压供电系统

我国电力系统中，特别是低压供电部分，一般都采用星形联结的三相四线制供电，它的供电网络原理图如图8.5所示。从图中可以看出，它可以同时用两种电压向不同用电设备供电，即以线电压和比线电压低 $\sqrt{3}$ 倍的相电压两种电压输出。在我国的低压供电系统中，线电压为 380V，相电压为 220V，其中线电压供三相动力设备使用，相电压供单相设备和照明器具使用。

8.2 三相负载的星形接法

所谓负载，就是用电设备和器具。三相负载分为对称负载和不对称负载两种，对称负载是指每相负载的大小和性质完全相同，只是相位不同的负载，而三相负载在大小和性质方面有区别的则称为不对称负载。三相负载的联结有星形联结和三角形联结两种，本节我们将讨论应用广泛的星形联结的电路形式和电流、电压的计算。

所谓负载，就是用电设备和器具。负载也有三相和单相之分，三相用电设备常用的有三相电动机、三相变压器、功率在5P (1P=850W)及以上的空调器等。

常用三相用电设备的外形如图8.6所示。单相用电设备更为普遍，如家用电器、照明器具等。

(a) 三相电力变压器

(b) 三相空调器

图8.6 常用三相用电设备

8.2.1 电路的联结形式

这种电路的分析中，要用到的符号较多，为了不至于混淆，我们对本节电流电压所用符号规定为：对电源，线电压为 U_L，相电压为 U_N；对负载，线电压为 U_{NL}，相电压为 U_{NN}，线电流为 I_{NL}，相电流为 I_{NN}。

三相负载的星形联结在形式上与三相电源的星形联结相同，即将三相负载 U_1-U_2、V_1-V_2 和 W_1-W_2 的尾端 U_2、V_2、W_2 联结成一点，并与三相电源的中性线相连。将三相负载的首端 U_1、V_1、W_1 分别与三相电源的三根相线 L_1、L_2、L_3 相连，这样的联结称为三相负载的星形联结，如图 8.7所示。

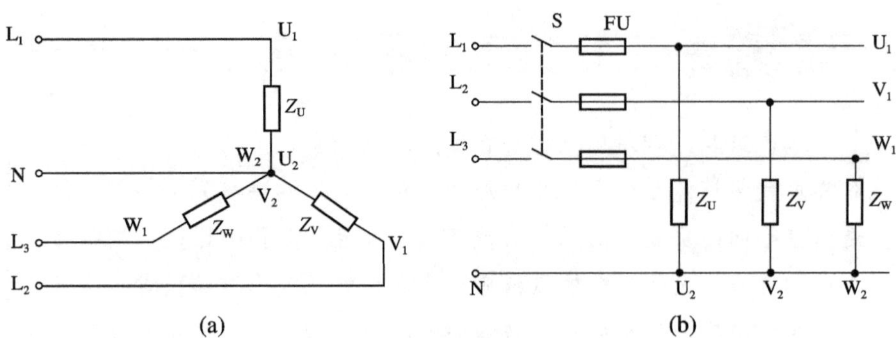

图8.7 三相负载的星形联结

在这种联结形式中，每相负载都是接在电源相线和中性线之间，所以负载两端的电压叫负载的相电压，用 U_{NN} 表示，如果忽略输电线路的电压损耗，则负载的相电压就等于电源相电压，即 $U_{NN}=U_N$，同时负载的线电压也等于电源线电压，所以在三相负载的星形联结中，负载的相电压与线电压之间的关系仍为

$$U_{NL}=\sqrt{3}\,U_{NN} \tag{8.4}$$

8.2.2 三相负载中的电流

通过每相负载的电流叫相电流，分别用 I_{NU}、I_{NV} 和 I_{NW} 表示。由于它们大小相等，一般用 I_{NN} 表示；流过每根相线的电流叫线电流，用 I_U、I_V 和 I_W 表示，它们的大小也相等，一般用 I_{NL} 表示。在三相四线制的交流电路中，因为中线的存在，所以每一相就是一个独立的交流电路，各相负载上电流电压之间的数量关系和相位关系都可以按照前述内容进行分析计算。

这种供电系统中，由于三相电源对称，三相负载也对称，所以它们的相电流相等，即

$$I_{NU}=I_{NV}=I_{NW}=I_{NN}=\frac{U_{NN}}{Z} \tag{8.5}$$

式中，I_{NU}、I_{NV}、I_{NW}——负载 U 相、V 相、W 相的相电流，A；

I_{NN}——相电流的一般符号，A；

U_{NN}——相电压，V；

Z——负载阻抗，Ω。

由于各相的相电流相等，所以只计算一个即可，但必须注意，它们之间的相位差是 $\frac{2}{3}\pi$。

在图 8.7中，我们用基尔霍夫第一定律来计算中线电流。

设中线电流为 I_{YN}，则有

$$I_{YN}=I_{NU}+I_{NV}+I_{NW}$$

由于三相相电流之间互相存在 $\frac{2}{3}\pi$ 的相位差，可以作出它们的矢量图，如图 8.8 所示。

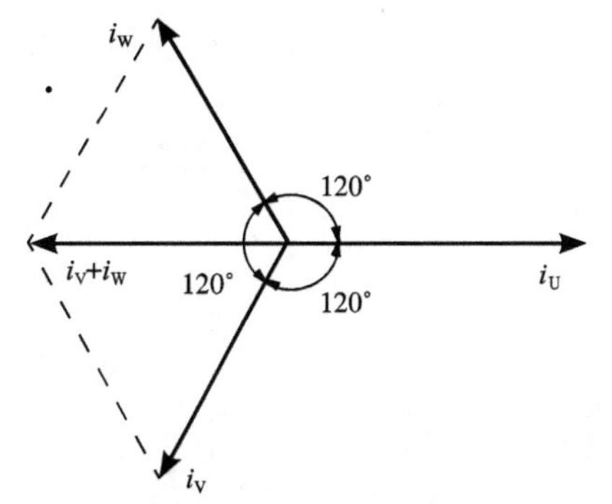

图 8.8 星形联结三相对称负载电流矢量图

知识窗

由于三相相电流相等，所以它们在中线上的矢量和 $i_{YN}=0$，即在三相四线制对称负载中，中线电流为零。所以在工程技术上为了节省原材料，对这样的用电网络，可以省去中线，将三相四线制变为三相三线制，其用电接线图如图 8.9所示。

实际上常用的三相电动机、三相变压器都是对称负载，所以它们都可以用三相三线制供电。

从图 8.9 中还可以看出，由于每相负载都是与各自对应的相线串联，所以相线上的线电流就是个负载上的相电流，即在这种供用电系统中，相电流等于线电流，即

$$I_{NN}=I_{NL} \tag{8.6}$$

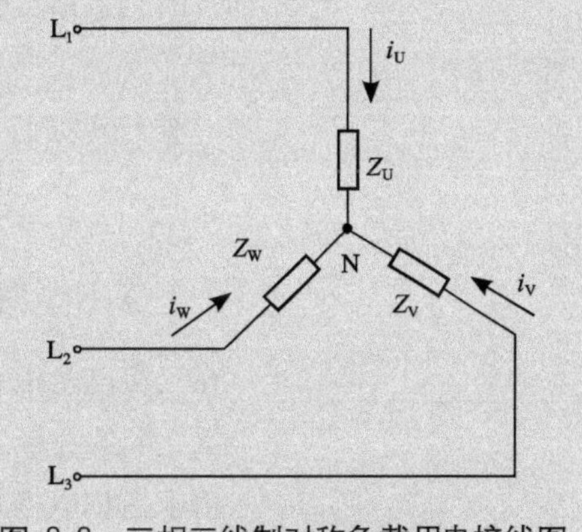

图 8.9 三相三线制对称负载用电接线图

8.3 三相负载连接时电压、电流的测试

在三相电路的应用中，星形接法应用普遍，而三角形接法的使用范围并不亚于星形接法，特别是大中型三相负载，基本上都是用三角形接法。本节将介绍三角形接法的电路联结形式及电压、电流的相关计算方法。

8.3.1 电路的联结形式

如图8.10所示，将三相负载分别接到三相交流电源的每两根相线之间，这种连接方法称为三角形接法，用符号“△”表示。在图8.10中，

图(a) 是它的原理图，图 (b) 是它的实际接线图。

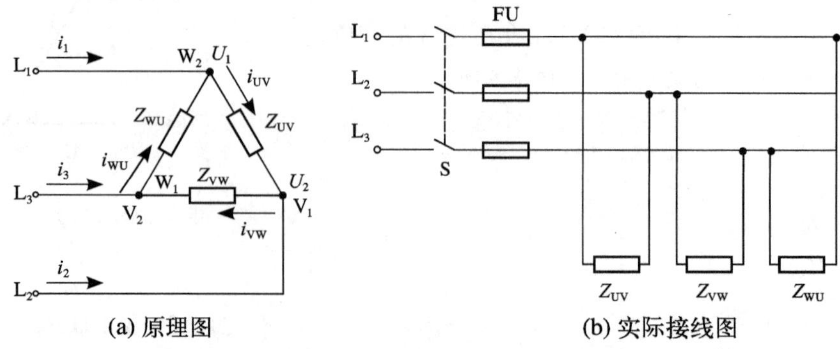

(a) 原理图 (b) 实际接线图

图8.10 三相负载的三角形接法

由于三相负载作三角形连接时，每相负载均连接在三相电源的两根相线之间，因此每相负载的相电压与线电压相等，且每相电压是对称的，即

$$U_{12}=U_{23}=U_{31}=U_{NL} \tag{8.7}$$

一般可以写成

$$U_{NL}=U_{NN} \tag{8.8}$$

8.3.2 三相负载中的电流

在三相电路中，对于每相负载来说，都是独立的单相交流电路，各相电压电流之间的数量关系与相位关系遵从单相交流电路的运算规律。

由于三相电路对称，因此流过对称负载各相电流也是对称的，利用单元6所学的单相交流电路的计算方法可知各相电流有效值为

$$I_{12}=I_{23}=I_{31}=\frac{U_{NN}}{Z_{12}}$$

各相电流之间的相位差为 $\frac{2}{3}\pi$。

在图8.10 (a)中应用基尔霍夫第一定律可以求出线电流与各相电流之间的关系为

$$\left.\begin{aligned} i_1&=i_{12}-i_{31}\\ i_2&=i_{23}-i_{12}\\ i_3&=i_{31}-i_{23}\end{aligned}\right\}$$

对应的旋转矢量关系依次为

$$\left.\begin{aligned} I_1&=I_{12}-I_{31}\\ I_2&=I_{23}-I_{12}\\ I_3&=I_{31}-I_{23}\end{aligned}\right\}$$

由于三相负载对称，各相电流对称，则所作出的各相电流I_{12}、I_{23}、I_{31}旋转矢量图如图8.11所示。应用平行四边形法则可以求出其线电流为

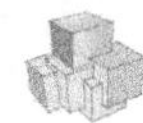

$$I_1 = 2I_{12}\cos30^\circ = 2I_{12} \times \frac{\sqrt{3}}{2} = \sqrt{3}\, I_{12}$$

同理可以求出

$$I_2 = \sqrt{3}\, I_{23}$$

$$I_3 = \sqrt{3}\, I_{31}$$

可见，当三相对称负载作三角形联结时，线电流的大小为相电流的 $\sqrt{3}$ 倍，一般可以写成

$$I_{\Delta L} = I_{\Delta N} \tag{8.9}$$

线电流的相位比相应相电流滞后$\frac{\pi}{6}$。

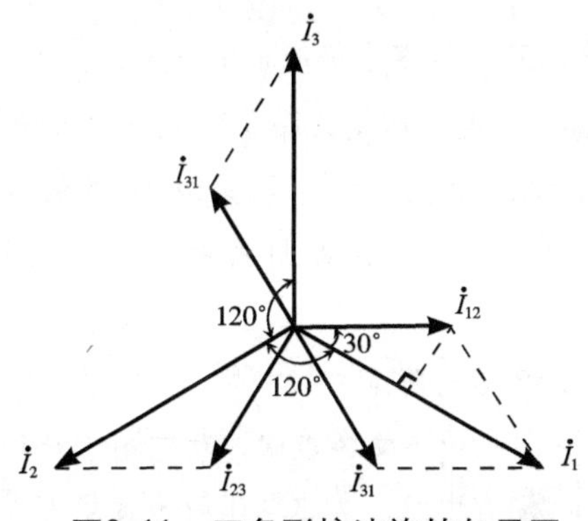

图8.11 三角形接法旋转矢量图

知识拓展 中线的作用和电路的功率

一、中线在三相不对称负载中的作用

上面已经说明，在三相对称负载中，中线电流为零，实际上中线是不起作用的。但在实际的供用电网络中，由于单相用电的普遍存在，包括家庭的照明和家用电器的用电，导致供电系统大量存在三相不对称负载，如图8.12所示。那么在不对称负载中，中线又将起着什么作用呢？下面我们用实验予以分析。

该实验电路如图 8.12(a) 所示。在三相负载电路中，将功率为100W、60W、40W的三只灯泡分别接于三相负载电路，然后将该电路接于三相四线制电源，要求电源线电压为380V，相电压 220V（与灯泡额定电压一致)。

为了实验的方便，我们在三根相线和中线上分别接上开关 S_U、S_V、S_W 和 S_N (实际应用中，中线是不能接开关的)。

当所有开关都闭合时，三只灯泡都能正常发光；如果断开 U、V、W 三相中的任意一相或两

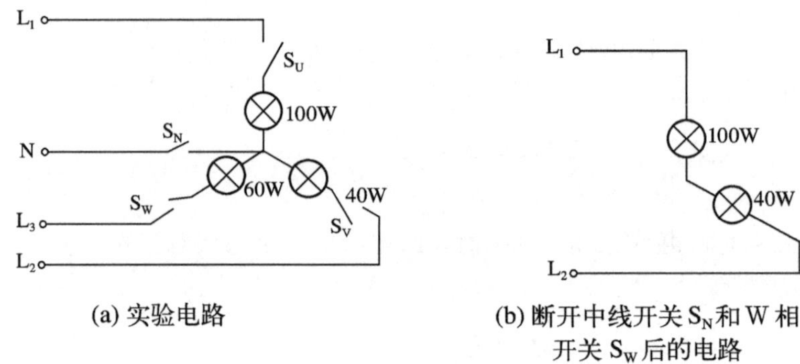

(a) 实验电路

(b) 断开中线开关 S_N 和 W 相开关 S_W 后的电路

图 8.12　三相不对称负载

相的开关，只要中线开关不断，开关闭合的那一相灯泡仍能正常发光。

如果断开中线开关 S_N 和 W 相开关 S_W，则电路演变为图 5.12(b) 所示的串联电路，这时100W 灯泡和 40W 灯泡串联于两相电源相线 L_1 和 L_2 之间并共同承受 380V 的线电压，由于 40W 灯泡电阻远大于 100W 灯泡电阻，根据串联分压原理，40W 灯泡承受的电压比 100W 灯泡承受的电压高得多，所以 40W 灯泡发光强烈，而 100W 灯泡发光暗淡，时间稍长，40W 灯泡可能被烧坏。

中线在对称三相负载中可以省去，但在三相不对称负载电路中，从上面的实验可以看出，中线显得非常重要，它不但不能省去，而且中线上连开关和保险都不允许串入。

关键与要点

这个实验说明：在三相不对称负载电路中，如果没有中线，各相电压因为负载大小的不同将严重偏离正常值，造成有的相供电电压不足，不能正常工作，而有的相供电电压太高，甚至危及用电器具的安全。

二、三相交流电路的功率

在单相交流电路的学习中我们知道，交流电路的功率分有功功率、无功功率和视在功率三种。由于三相交流电源是对称的，如果三相负载也对称，则三相交流电路的功率即可参照单相交流电路的功率进行计算，然后再算出三相电路总功率。下面探究这三种功率的计算方法。

在三相交流电路中，**三相负载的有功功率实际上等于各相负载有功功率的和**，即

$$P = P_U + P_V + P_W \tag{8.10}$$

如果已知各相的相电压、相电流有效值及功率因数，则三相负载总的有功功率为

$$P = U_U I_U \cos\varphi_U + U_V I_V \cos\varphi_V + U_W I_W \cos\varphi_W \tag{8.11}$$

式中，φ_U、φ_V、φ_W——各相的相电压与相电流之间的相位角。

上式可用于三相不对称电路（即各相有功功率不同）功率的计算，可以直接相加求和得到三相电路的总功率。

在对称负载的三相交流电路中，它们的线电压、线电流及相电压与相电流都分别相等，且它们之间的相位角也相等，即

$$U_{NU}=U_{NV}=U_{NW}=U_{NN}$$

$$I_{NU}=I_{NV}=I_{NW}=I_{NN}$$

$$\varphi_U=\varphi_V=\varphi_W=\varphi$$

所以三相负载总的有功功率为

$$P=3U_{NN}\ I_{NN}\ \cos\varphi \tag{8.12}$$

式中，U_{NU}、U_{NV}、U_{NW}——各相负载相电压，U_{NN}为相电压的一般符号，V；

I_{NU}、I_{NV}、I_{NW}——各相负载相电流，I_{NN}为相电流的一般符号，A；

φ_U、φ_V、φ_W——各相相电压与相电流之间的相位角，φ_N为相电压与相电流之间相位角的一般符号。

式（8.12）是用相电压和相电流 U_{NN}、I_{NN} 表示的三相交流电路功率计算公式，在实用中，一般已知的是线电压和线电流，所以三相交流电路的功率多用线电压和线电流 U_{NL}、I_{NL} 表示，因为在三相负载星形联结的电路中，线电压为相电压的 $\sqrt{3}$ 倍，即

$$U_{NL}=\sqrt{3}\,U_{NN}$$

又因为线电流等于相电流，所以上式可表示为

$$P=\sqrt{3}\ U_{NL}\,I_{NL}\cos\varphi \tag{8.13}$$

式（8.13）即为三相对称负载有功功率的通用计算公式。

1. *无功功率*

在交流电路中，无论是三相交流电路还是单相交流电路，它们都存在消耗有功功率的耗能设备和占用无功功率的储能设备。比如三相感应电动机，它拖动其他工作机械做功要消耗有功功率，但它绕组的感抗必然要占用无功功率；又如在家庭的用电电路中，凡是有电动机的家用电器如电风扇、洗衣机、空调器、电冰箱等都是既消耗有功功率又占用无功功率的用电器具。所以在学习交流电路功率时，既要探究有功功率，也要了解无功功率和视在功率。利用有功功率公式（8.13）可以导出无功功率的计算公式为

$$Q=3U_{NN}\,I_{NN}\sin\varphi=\sqrt{3}\ U_{NL}\,I_{NL}\sin\varphi \tag{8.14}$$

2. *视在功率*

三相交流电路中的视在功率与有功功率和无功功率的关系，仍然满足功率三角形的矢量运算关系，即

$$S=\sqrt{P^2+Q^2} \tag{8.15}$$

在对称负载的三相电路中，视在功率为

$$S=3U_{NN}\,I_{NN}=\sqrt{3}\ U_{NL}\ \ I_{NL} \tag{8.16}$$

如果已知视在功率，则有功功率、无功功率和功率因数分别为

$$\left.\begin{aligned} P &= S\cos\varphi \\ Q &= S\sin\varphi \\ \cos\varphi &= \frac{P}{S} \end{aligned}\right\} \tag{8.17}$$

【例8.1】 有一小型三相异步电动机，已知各相绕组的直流电阻为 $R=6\Omega$，感抗 $X_L=8\Omega$，三相绕组用星形联结并接于380V的三相电源上，试计算这台电动机的有功功率。

解：各相绕组的阻抗为

$$Z=\sqrt{R^2+X_{\mathrm{L}}^2}=\sqrt{6^2+8^2}=10\ (\Omega)$$

该电动机的相电压

$$U_{\mathrm{NN}}=\frac{U_{\mathrm{NL}}}{\sqrt{3}}=\frac{380}{\sqrt{3}}=220\ (\mathrm{V})$$

该电动机的相电流（等于负载线电流）为

$$I_{\mathrm{NN}}=\frac{U_{\mathrm{NN}}}{Z}=\frac{220}{10}=22\ (\mathrm{A})$$

电动机的功率因数

$$\cos\varphi=\frac{R}{Z}=\frac{6}{10}=0.6$$

这台电动机的有功功率

$$\begin{aligned} P &= \sqrt{3}\,U_{\mathrm{NL}}\ I_{\mathrm{NL}}\cos\varphi \\ &= \sqrt{3}\times 380\times 22\times 0.6 \\ &= 8678\ (\mathrm{W}) \approx 8.7\mathrm{kW} \end{aligned}$$

答：这台电动机有功功率为8.7kW。

> **关键与要点**
>
> 三相负载星形联结时的特点有：
>
> 1. 线电压是相电压的$\sqrt{3}$倍，线电流等于相电流。
>
> 2. 有功功率：三相负载对称时
>
> $$P=\sqrt{3}\,U_{\mathrm{NL}}\ I_{\mathrm{NL}}\cos\varphi$$
>
> 三相负载不对称时
>
> $$P=U_{\mathrm{U}}\ I_{\mathrm{U}}\cos\varphi_{\mathrm{U}}+U_{\mathrm{V}}\ I_{\mathrm{V}}\cos\varphi_{\mathrm{V}}+U_{\mathrm{W}}\ I_{\mathrm{W}}\ \cos\varphi_{\mathrm{W}}$$
>
> 3. 无功功率：$Q=\sqrt{3}\,U_{\mathrm{NL}}\ I_{\mathrm{NL}}\sin\varphi$
>
> 4. 视在功率：$S=\sqrt{3}\,U_{\mathrm{NL}}\ I_{\mathrm{NL}}$
>
> 5. 在不对称三相负载中，中线不能省去，中线上也不能安装开关和熔断器。

动脑筋

1. 在因特网上调查：长江上的两大发电站：三峡水电站和葛洲坝水电站各自的发电容量是多少亿度？
2. 电线杆的顶部架设有三根电线，在杆体下部2m左右的高度上，涂有黄、绿、红三种油漆的标志，试问它们代表什么意思？
3. 在你的周围，哪些地方存在对称三相负载？哪些地方又存在不对称三相负载？

实践活动：三相负载联结时电压、电流的测试

通过这项实践活动，要掌握三相对称负载对称和不对称负载星形、三角形联结时电压、电流的测试方法；了解三相正弦交流电路中性线的作用。

实践活动需要的设备与器材如表8.1所列。

表8.1 三相负载星形连接实验设备

序号	名称	型号与规格	数量	备注
1	交流电压表	0～500V	1	实训台自带
2	交流电流表	0～5A	1	实训台自带
3	万用表	500型	1	自备
4	三相交流电源		1	实训台自带
5	三相灯组负载	220V，25W白炽灯	6	DDZ-14挂箱
6	电流插座		3	实训台自带

在本实验中，为了便于观察实验现象，便于测试电压、电流，将三相灯组负载分别联结成星形和三角形接法，如图8.13所示。

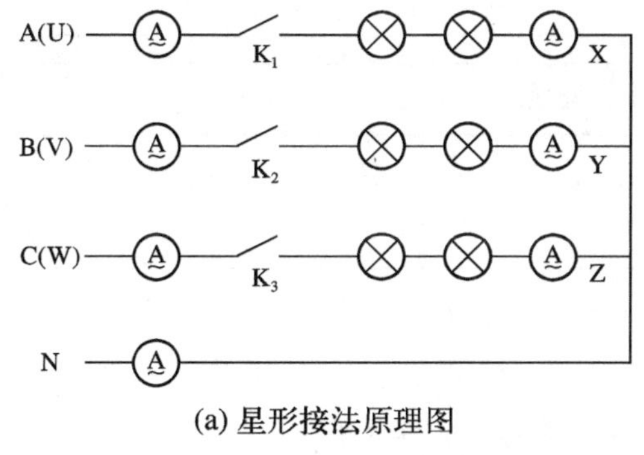

(a) 星形接法原理图

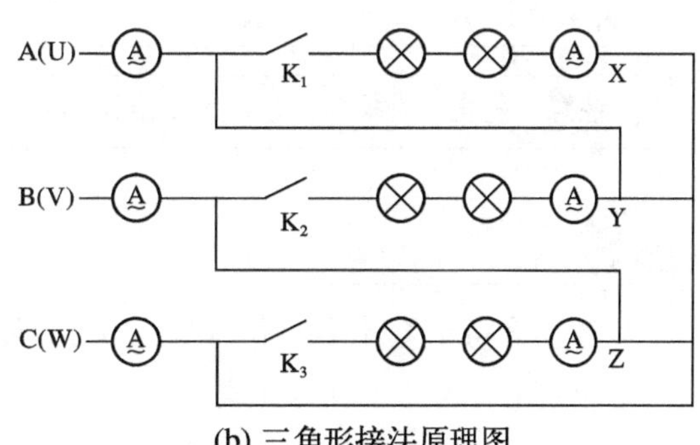

(b) 三角形接法原理图

图8.13 三相负载联结电路图

一、三相负载星形联结电压电流的测量

1）按图8.13（a）接线，再将实验台的三相电源U、V、W、N对应接到负载箱上。

2）负载对称有中线（将三相负载箱上的开关拨到接通位置）时，测量相电压、线电压、相电流和中线电流，将数据记入表8.2中，测量图如图8.14所示。

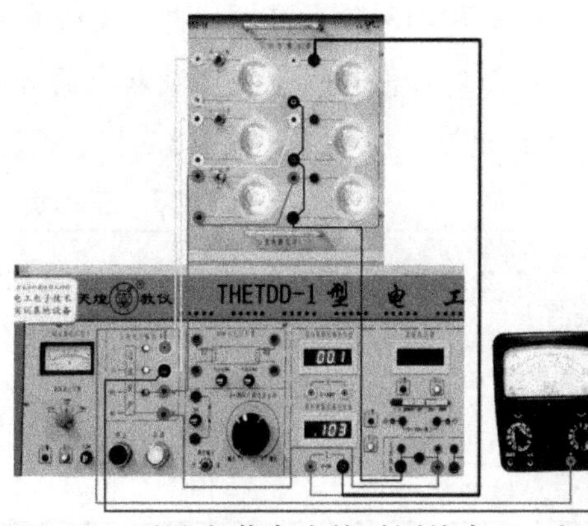

图8.14 对称负载有中线时测线电压、相电流

3）负载对称无中线（断开中线）时，重复步骤2的测量内容，将测量数据记入表8.2中。

4. 负载不对称有中线（A相的k_1开关断

开）时，重复步骤2的测量内容，将测量数据记入表8.2中。

5）负载不对称无中线时，重复步骤2的测量内容，将测量数据记入表8.3中。

表8.2 三相负载星形联结实验数据表

测量数据 \ 负载接法		对称负载		不对称负载	
		有中线	无中线	有中线	无中线
相电压/V	U_U				
	U_V				
	U_W				
线电压/V	U_{UV}				
	U_{VW}				
	U_{WU}				
相电流（线电流）/A	I_U				
	I_V				
	I_W				
中线电流/A	I_N		—		—

注意：安全规范操作，每次改接线路都必须先断开电源。

动脑筋

1. 对称负载作星形联结时，$U_L=$______U_N，$I_L=$______I_N。

2. 中线的作用：不对称负载作星形联结时，无中线，相电压______（平衡、不平衡），有中线，相电压______（平衡、不平衡），从而保证负载能正常工作。

二、三相负载三角形联结电压电流的测量

1）按图8.13（a）接线，再将实验台的三相电源U、V、W、N对应接到负载箱上。

2）负载对称（将三相负载箱上的开关拨到接通位置）时，测量相电压、线电压、相电流和线电流，将数据记入表8.3中，测量图如图8.15所示。

表8.3 三相负载三角形联结实验数据表

负载接法 \ 测量数据	线电流/A			相电流/A			线电压/V			相电压/V		
	I_U	I_V	I_W	I_{UV}	I_{VW}	I_{WU}	U_{UV}	U_{VW}	U_{WU}	U_U	U_V	U_W
负载对称												
一相负载断路												
一相火线断路												

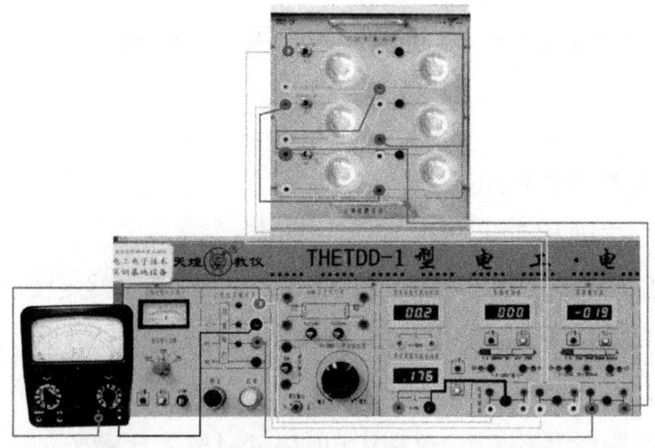

图8.15　负载对称时测线电压、线电流

3）一相负载断路（k_1开关断开）时，重复步骤2的测量内容，将测量数据记入表8.3中。

4）一相火线断线（开关全部接通，取掉A相火线）时，重复步骤2的测量内容，将测量数据记入表8.3中。

动脑筋

对称负载作三角形联结时，U_L =________U_N，I_L=________I_N。

动脑筋

1. 三相负载星形联结时，线电压与相电压、线电流与相电流的关系如何？什么情况下负载采用星形联结？中线的作用是什么？

2. 三相负载三角形联结时，线电压与相电压、线电流与相电流的关系如何？什么情况下负载采用三角形联结？

巩固与应用

(一) 填空题

1. 三相发电机绕组首端分别用__________、__________和__________表示。

2. 三相发电机绕组之间相差__________角度。

3. 三相发电机绕组星形联结时线电压是相电压的______倍，线电流是相电流的______倍。

4. 在我国的三相四线制供电系统中，所用的动力电压是____电压，数值上等于____V；所用的照明电压是______电压，在数值上等于______V。

5. 在对称三相四线制供电系统中，已知V相电压瞬时值表达式为 $U_V = U_m\sin\left(100\omega t - \frac{\pi}{4}\right)$V，则 $U_U =$______________V；$U_W =$______________V。

6. 三相电动机绕组接成三角形时，线电压是相电压的__________倍，线电流是相电流的________倍。

(二) 判断题

1. 在对称三相绕组中，线电压超前于相电压 $\frac{2}{3}\pi$。（　　）

2. 在对称三相负载电路中，中线是不能省去的。（　　）

3. 在三相四线制电路中，其中一相负载改变，将会给另外两相造成明显影响。（　　）

4. 在星形联结的三相电路中，三相负载越接近对称，中线电流越小。（　　）

5. 不管负载是否对称，三相负载中，线电流等于相电流。（　　）

(三) 单项选择题

1. 用颜色表示的三相电源的正相序是（　　）。

   A. 红、黄、绿　B. 黄、绿、红　C. 绿、黄、红　D. 绿、红、黄

2. 在三相电路中，视在功率等于有功功率与无功功率的（　　）。

   A. 代数和　B. 代数差　C. 矢量和　D. 两者之积

3. 如果其中一相负载改变，对另外两相均无影响的三相电路是（　　）。

   A. 星形联结的三相四线制电路　B. 星形联结的三相三线制电路

   C. 中线带开关或熔断器的三相四线制电路　D. 都不是

4. 能省去中线的星形联结三相电路是（　　）。

   A. 对称负载　B. 不对称负载　C. 使用中可调整的负载　D. 都不是

(四) 简答题

1. 你在生活中见到过哪些单相用电设备和三相用电设备？

2. 三相对称电动势应该具备哪些条件?

3. 已知三相四线制电源相电压是 6kV，它的线电压是多少?

4. 为什么不对称三相负载电路中，中线上不能接熔断器和开关?

(五) 计算题

1. 有一个三相电阻炉，每相电阻为 22Ω，星形联结，接到线电压为 380V 的三相对称电源上，试求其相电压、相电流和线电流。

2. 三相对称负载做 Y 联结，接入电压 380V 的三相四线制电源，每相电阻为 6Ω，感抗为 8Ω，求相电压、线电流和相电流。

3. 有一三相负载有功功率为 20kW，无功功率为 15kvar，试求该负载的功率因数。

4. 三相对称负载作 △ 联线，接入线电压为380V的三相对称电源，每相电阻为 6Ω，感抗为 8Ω，求相电压、线电流和相电流。

(六) 实践题

1. 考察学校或家庭附近的电力变压器，看它是几根线进，几根线出?请教电工师傅或专业老师，这是怎么回事?

2. 参观附近的小型工厂或车间，了解那里有多少台电动机。其中星形联结的有多少，三角形联结的有多少?

综合实训　三相配电线路的安装与检测

训练目标☞　1. 了解三相配电线路的组成、工作原理。

2. 掌握三相电能表、低压断路器、漏电保护断路器的识别、检测与接线。

3. 正确进行三相配电线路的安装与检测。

安全规范☞　1. 安全、文明、规范操作，正确使用电工工具及仪表。

2. 严格按照电工工艺安装线路。

知识准备☞　实训前要求先复习和练习以下内容：

1. 复习电能表、熔断器、低压断路器、漏电保护器、白炽灯等电气元器件的识读和质量好坏的检测方法。

2. 练习按照电路图画出其接线图。

实训器材☞　所用器材如综合实训表1.1所示。

综合实训表1.1　工具、仪表和器材表

工具	验电器、螺钉旋具、尖嘴钳、斜口钳、剥线钳、电工刀等常用工具				
仪表	MF47型万用表				
器材	符号	名称	型号	规格	数量
	kW·h	三相电能表	DT862-4型 或DT8型	3×220/380V 3×5(20A) 或3×20A	1
	kW·h	单相电能表	DD862F-4 或DD28	220V 3(6)A	1
	FU	瓷插式熔断器	瓷插：RC1A	10A 380V	5
	FU	保险丝		22# 3A或20# 5A	若干

续表

	符号	名称	型号	规格	数量
器材	QF1	低压断路器	CDM10-100/3300	400V 100A	1
	QF2	漏电保护器	NL18-20(DZL18-20) 或DZ47LE	220V 20A(20A) 或C20	1
	S	明装开关	NEW1双控	250V 10A	1
	EL	白炽灯	螺口：E27	220V 15-200W	1
	X	白炽灯灯座	螺口：E27	220V 1A	1
	XT	端子板	JX5-2010	500V、20A	4
		控制板	电木板	900mm×600mm×20mm 或 600mm×450mm×20mm	1
	W	铝芯线 (聚氯乙烯绝缘铝芯电线电缆)	BLV	电压：450V/750V 截面规格：1.5mm^2	若干
		十字沉头自攻螺钉		ϕ3.5mm×16mm ϕ3.5mm×25mm ϕ3.5mm×35mm	若干
	M	三相笼型异步电动机	Y112M-4	4kW、380V、8.8A、△联结、1440r/min	1
质量要求	1) 根据电路图检查选择的工具、仪表、器材等是否满足要求 2) 检查电器元件外观应完整无损，附件、备件齐全 3) 用万用表检测电器元件的质量好坏				

任务目标☞　该配电线路（综合实训图1.1）中包括三相动力供电和单相照明电路两部分，要能够分别实现其电路功能：三相动力供电确保三相电机正常运行，单相照明电路使白炽灯正常发光。

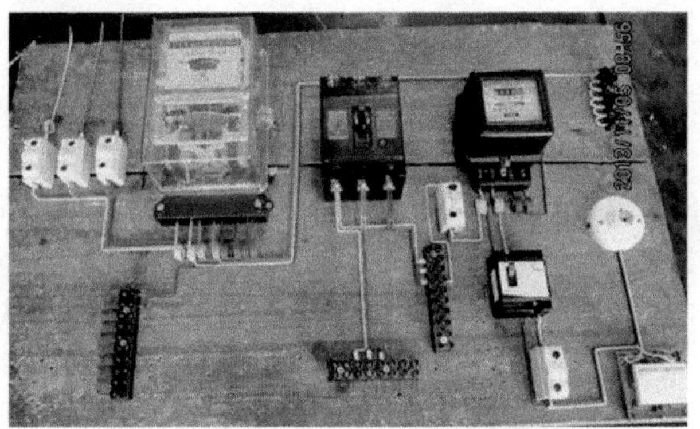

综合实训图1.1　实训安装的三相配电线路

一、元器件和材料、工具的准备

按照综合实训表1.1所列清单认真清理、核对元器件，认识每个实物名称、参数、数量及外形，有缺漏的及时调换。

二、识读电路图

将综合实训图1.2与综合实训图1.1对照，了解其工作原理，思考如何画出接线图。

画一画：

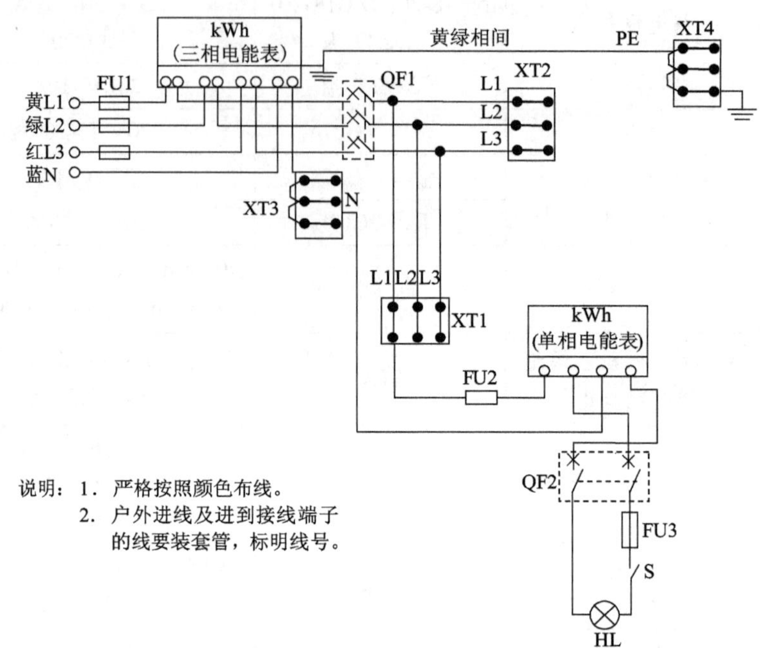

综合实训图1.2 三相配电线路的电路原理图

请在下面的方框中画出三相配电线路的接线图。

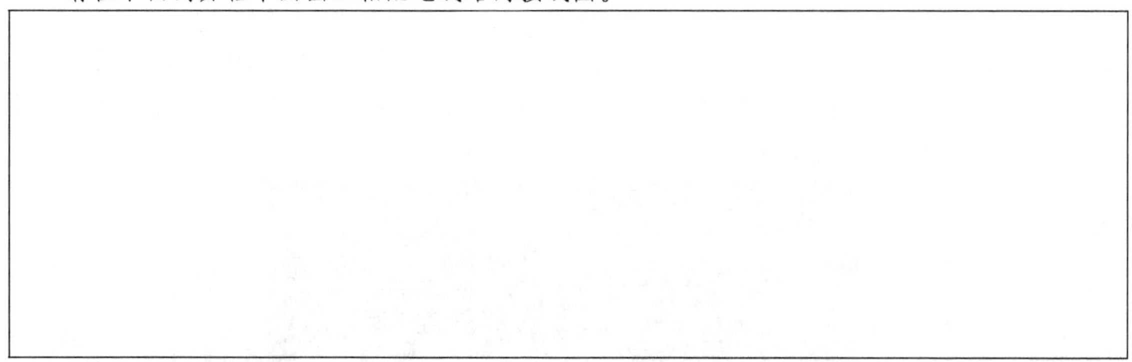

三、元器件的检测与安装

电器元件用万用表检测，有接触不良及损坏应及时更换。元器件安装应牢固、整齐、匀称，间距合理。

四、板前明线布线

1) 电路布线横平竖直、分布均匀、避免走单线、交叉线。

2) 严禁损伤导线的线芯和绝缘层。

3) 导线中间无接头。

4) 与接线端子连接时不得压绝缘层、不反圈及裸露线芯过长。

5) 要求线芯接触面足够，连接牢固可靠，有一定预留。

五、安装电动机

必须选用符合控制要求且良好的电动机作负载。控制板必须安装在操作时能看到电动机的地方，以保证操作安全。电动机的金属外壳必须按规定要求接到保护专用端子上。

六、检查安装质量

1) 用万用表R“×1”挡分别检测三相电能表进线L1、L2、L3到接线端子XT1或XT2的L1、L2、L3线是否通：将两表笔分别接触三相电能表进线L1和XT1的L1线（或是XT2的L1线），拨动低压断路器开关两次，万用表指针一次为无穷大(断路)；一次为有一定阻值（三相电能表线圈阻值)(通路)，证明电路正常。L2和L3线检测方法同L1线。

2) 检测单相照明电路：闭合低压断路器和漏电保护断路器，在灯座上装好灯泡。用万用表R“×100”挡将两表笔分别接触三相电能表的进线L1和N，拨动按键开关两次，万用表指针一次为无穷大（断路）；一次为有一定阻值（通路），证明电路正常。否则，请检查N线是否通，熔断器的保险丝是否接上，开关、灯座的接线是否正确、牢固。

七、通电试验

按严格的电工安全操作规程，将单相交流电源接入控制板，经检查合格后进行通电试运行。评价表见综合实训表1.2。

综合实训表1.2　三相配电线路安装与操作评价表

序号	主要内容	考核要求	评分标准	配分	扣分	自评分	互评分	教师评分
1	安全文明生产	1) 要求遵守学习纪律。 2) 劳动保护用品穿戴整齐规范，符合安全生产要求。 3) 电工工具佩带合理齐全，使用正确。 4) 遵守操作规程，听从指令，安全操作。 5) 尊重指导老师，讲文明礼貌；报告口令及回答问题，要求声音洪亮，吐字清晰；简洁、明朗、准确。 6) 操作结束要求清理现场，保持工位整洁	1) 该项属于扣分项。 2) 实训操作及通电试验中，违反安全文明生产考核要求的任何一项扣2分每次。 3) 通电试验结束后，拆元件，把使用过的导线搓直捆成一束，清点好器材交回给老师，不执行的酌情扣1~10分。 4) 存在故意浪费实训材料、元器件现象的，酌情扣1~5分。 5) 当指导老师发现学生有重大事故隐患时，要立即予以制止，并每次扣考生安全文明生产总分5分	本项不配分，只扣分				

续表

序号	主要内容	考核要求	评分标准	配分	扣分	自评分	互评分	教师评分
2	元件安装	1) 元件在配电板上布置要合理，安装要准确、紧固、可靠。 2) 每个接点硬线最多2根。 3) 直插式导线要打对折接入，且不压绝缘层，裸露线芯不超过1.5mm。 4) 圆垫式接线时，导线按照要求打羊眼圈接入	1) 元件布置不整齐、不匀称、不合理，每个扣1分。 2) 元件安装不牢固、安装元件时漏装螺钉，每个扣1分。 3) 元件装反或安装错误，酌情扣1~5分。 4) 损坏元件，酌情扣3~5分。 5) 接点松动、接头露线芯过长、反圈、压绝缘层，每处扣1分。 6) 损伤导线绝缘或线芯，每根扣1分 7) 单根导线接入不打对折或单个接点硬线超过2根的，每处扣1分。 8) 保险丝未按要求连接的，每处扣1分	20				
3	安装工艺	1) 布线要求横平竖直，接线紧固美观。 2) 紧贴板面布线，导线有弯角的地方成90°。 3) 不交叉，不走单线，作预留。 4) 导线不能乱线敷设。 5) 三相电能表进线、端子排进线要注明引出端子标号。 6) 按照颜色要求布线。 7) 导线不能乱线敷设	1) 布线做不到横平竖直，每根线扣1分。 2) 线不贴板、弯角不成90°的，每处扣1分。 3) 存在交叉，走单线，没有作预留的，每根线扣1分。 4) 布线整体美观性差，酌情扣1~10分。 5) 标记线号不清楚、遗漏或误标，每处扣1分。 6) 不按照颜色要求布线，每处扣1分	40				
4	通电试验	1) 在保证人身和设备安全的前提下，通电试验一次成功。 2) 万用表测线电压和相电压	1) 一次通电不成功扣10分；二次通电不成功扣20分；三次通电不成功扣30分。 2) 功能正常，但是合闸灯亮，每次扣2分。 3) 万用表测交流电压视考核情况扣1~10分	40				
备注	否定项：要求遵守实训室规章制度，不能出现重大事故。否则，本次技能实训视为不合格		合　计	100				

<table>
<tr><th>序号</th><th>主要内容</th><th>考核要求</th><th>评分标准</th><th>配分</th><th>扣分</th><th>自评分</th><th>互评分</th><th>教师评分</th></tr>
<tr><td>签名</td><td colspan="8">学生自评签名：__________、学生互评签名：__________
教师评分签名：__________
日期：______年______月______日</td></tr>
</table>

八、相关链接

参考教材：

张仁醒. 电工基本技能实训，北京：机械工业出版社，2005.

网站：

http://www.dzsc.com/

http://bbs.chinadz.com/

巩固与应用

1. 简述三相配电线路的安装工艺有哪些要求？
2. 简述通电测试的操作顺序。
3. 通电时，若安装的白炽灯不亮，可能由哪些原因引起的？如何检修？

主要参考文献

程周. 2006. 电工与电子技术 [M]. 2版. 北京：高等教育出版社.

杜德昌. 1999. 电工基本操作训练 [M]. 北京：高等教育出版社.

方孔婴. 2009. 电子工艺技术 [M]. 北京： 科学出版社.

劳动与社会保障部教材办公室. 2004. 电子CAD [M]. 北京：劳动出版社.

门宏. 2006. 图解电工技术快速入门 [M]. 北京：人民邮电出版社.

聂广林. 2007. 电工技能与实训 [M]. 重庆：重庆大学出版社.

王利敏. 2005. 电路仿真与实验 [M]. 哈尔滨：哈尔滨工业大学出版社.

王英. 2010. 电工电子技术与技能 [M]. 北京：科学出版社.

杨清德. 2008. 轻轻松松学电工（应用篇）[M]. 北京：人民邮电出版社.

杨少光. 2009. 电工技术基础与技能[M]. 南宁：广西教育出版社.

曾根悟, 等. 2002. 图解电气大百科 [M]. 程君实，等译. 北京：科学出版社.

曾祥富. 2010. 电工技术基础与技能[M]. 北京：科学出版社.

张立民, 等. 2009. 照明系统安装与维护 [M]. 北京：科学出版社.

赵承荻. 2001. 电工技术 [M]. 北京：高等教育出版社.

朱余钊. 1997. 电子材料与元件 [M]. 成都：成都电子科技大学出版社.

（日）OHM. 2006. 电工学入门 [M]. 何希才，等译. 北京：科学出版社.